国家社科基金重点项目"爱斯基摩史前史与考古学研究"
（项目编号：18AKG001）阶段性成果

聊城大学学术著作出版基金资助

北冰洋译丛
Translation Series of the Arctic

主编　曲枫

多极北方

空间、自然与理论

〔美〕萨拉·加切特·雷　　〔美〕凯文·迈尔　主编
（Sarah Jaquette Ray）　　（Kevin Maier）

孙厌舒　李燕飞　朱坤玲　　译

曲　枫　审校

Critical Norths

Space, Nature, Theory

社会科学文献出版社
SOCIAL SCIENCES ACADEMIC PRESS (CHINA)

北冰洋译丛编委会

主　　编 曲枫

编委会成员 （按姓氏音序排列）

白　兰　范　可　高丙中　郭淑云

何　群　林　航　刘晓春　纳日碧力戈

潘守永　祁进玉　曲　枫　色　音

汤惠生　唐　戈　杨　林　张小军

总　序

正如美国斯坦福大学极地法学家乔纳森·格林伯格（Jonathan D. Greenberg）所言的，北极不但是地球上的一个地方，更是我们大脑意识中的一个地方，或者说是一个想象。[1] 很久以来，提起北极，人们脑海中也许马上会浮现出巨大的冰盖以及在冰盖上寻找猎物的北极熊，还有坐着狗拉雪橇旅行的因纽特人。然而，当气候变暖、冰川消融、海平面上升、北极熊等极地动物濒危的信息不断出现在当下各类媒体中，进而充斥在我们大脑中的时候，我们已然意识到，北极已不再遥远。

全球气温的持续上升正引起北极环境和社会的急剧变化。更重要的是，这一变化波及了整个星球，没有任何地区和人群能够置身于外，因为这样的变化通过环境、文化、经济和政治日益密切的全球网络在一波接一波地扩散着。[2]

2018 年 1 月，中国国务院新闻办公室向国际社会公布了《中国

---

[1] J. D. Greenberg, "The Arctic in World Environmental History," *Vanderbilt Journal of Transnational Law*, Vol. 42（2009）：1307-1392.

[2] UNESCO, *Climate Change and Arctic Sustainable Development: Scientific, Social, Cultural and Educational Challenges*（Paris：UNESCO Publishing, 2009）.

的北极政策》白皮书，提出中国是北极的利益攸关方，因为在经济全球化以及北极战略、科研、环保、资源、航道等方面价值不断提升的前提下，北极问题已超出了区域的范畴，涉及国际社会的整体利益和全球人类的共同命运。

中国北极社会科学研究并不缺乏人才，然而学科结构却处于严重的失衡状态。我们有一批水平很高的研究北极政治和政策的国际关系学学者，却很少有人研究北极人类学、考古学、历史学和地理学。我们有世界一流水准的北极环境科学家，却鲜有以人文科学和社会科学为范式研究北极环境的学者。人类在北极地区已有数万年的生存历史，北极因而成为北极民族的世居之地。在上万年的历史中，他们积累了超然的生存智慧来适应自然，并创造了独特的北极民族文化，形成了与寒冷环境相适应的北极民族生态。如果忽略了对北极社会、文化、历史以及民族生态学的研究，我们的北极研究就显得不完整，甚至会陷入误区，得出错误的判断和结论。

北极是一个在地理环境、社会文化、历史发展以及地缘政治上都十分特殊的区域，既地处世界的边缘，又与整个星球的命运息息相关。北极研究事关人类的可持续性发展，也事关人类生态文明的构建。因此，对北极的研究要求我们从整体上入手，建立跨学科研究模式。

2018 年 3 月，聊城大学成立北冰洋研究中心（以下称"中心"），将北极社会科学作为研究对象。更重要的是，中心以跨学科研究为特点，正努力构建一个跨学科研究团队。中心的研究人员为来自不同国家的学者，包括环境考古学家、语言人类学家、地理与旅游学家以及国际关系学家等。各位学者不仅有自身的研究专长，还与同事开展互动与合作，形成了团队互补和跨学科模式。

中心建立伊始，就定位于国际性视角，很快与国际知名北极研究机构形成积极的互动与合作。2018 年，聊城大学与阿拉斯加大学签订了两校合作培养人类学博士生的协议。2019 年新年伊始，中心与著名的人文环境北极观察网络（Humanities for Environment Circumpolar Observatory）建立联系并作为中国唯一的学术机构加入该研究网络。与这一国际学术组织的合作得到了联合国教科文组织（UNESCO）的支持。我因此应联合国教科文组织邀请参加了2019 年 6 月于巴黎总部举行的全球环境与社会可持续发展会议。

2019 年 3 月，中心举办了"中国近北极民族研究论坛"。会议建议将中国北方民族的研究纳入北极研究的国际大视角之中，并且将人文环境与生态人类学研究作为今后中国近北极民族研究的重点。

令人欣喜的是，一批优秀的人类学家、考古学家、历史学家加盟中心，成为中心的兼职教授。另外，来自聊城大学外国语学院的多位教研人员也加盟中心从事翻译工作。他们对北极研究抱有极大的热情。

中心的研究力量使我们有信心编辑出版一套"北冰洋译丛"系列丛书。这一丛书的内容涉及社会、历史、文化、语言、艺术、宗教、政治、经济等北极人文和社会科学领域，并鼓励跨学科研究。

令人感动的是，我们的出版计划得到了社会科学文献出版社的全力支持。无论是在选题、规划、编辑、校对等工作上，还是在联系版权、与作者（译者）沟通等事务上，出版社编辑人员体现出良好的职业精神和高水准的业务水平。他们的支持给了我们研究、写作和翻译的动力。在此，我们对参与本丛书出版工作的各位编辑表示诚挚的谢意。

聊城大学校方对本丛书出版提供了经费支持，在此一并表示谢意。

最后，感谢付出辛勤劳动的丛书编委会成员、各位作者和译者。中国北极社会科学学术史将铭记他们的开拓性贡献和筚路蓝缕之功。

曲　枫

2019 年 5 月 24 日

译序　从单一到多重：北之极叙事

作为一个空间概念，北极经历了一个不断生成和重塑的过程。同时，在过去的 100 年中，人们对北极的认知也呈现出一个体验和想象的过程。有关北极的意义就这样不断生成、重新生成、再重新生成并被赋予到这个高纬度空间之中。这个空间既有人类学家眼中的原住民和史前人类的"原始之美"，也有欧美探险家视野中的荒野"崇高"以及男性英雄主义气概。当然，寒冷、死亡与荒凉等严肃的历史话语也占据了这一"崇高"旋律最核心的部分。然而，在最近三十年中，当气候变化以及"人类世"概念进入对北极的叙事体系之中，那种单一的有关殖民主义、民族主义与男性主义的传统表述便遇到了前所未有的挑战。

北极话语体系对人类世概念的引入清晰揭示了一个事实，那就是，北极地区早已不是存在于世界体系和现代经验之外的化外之地，工业化、资源开采、环境退化、资本流动、气候变化等因素早已与北极的自然与社会融为一体，北极因此与世界其他地区一样成为具有英国社会学家安东尼·吉登斯（Anthony Giddens）所称的"晚期现代性"（late modernity）特征的网络状社会。莉尔-安·柯尔柏（Lill-

Ann Körber）等学者认为，"北极环境空间的持续变化产生了看似矛盾的后果：我们遇到了区域化、地方化、本土化、全球化和民族化等问题。众多相互矛盾的定义是北极环境现代性的组成部分，反映了人们对环境的不同看法，这涉及影响环境的人类、社会文化及意识形态等问题，与此同时，环境也因此提供了有关北极和其他地域现代性的种种假设"[①]。

《多极北方：空间、自然与理论》一作致力于气候变化大背景下北极叙事体系的重构，因而形成了一种"反叙事"结构。这种反叙事模式不再将北极视为一个静态的荒蛮之地，而是视为全球化系统中的充满动态与复杂关系的空间。显然，北极空间不仅遭遇了气候、环境的巨大变化，也正在经历社会的、文化的、生态的变化。同时，当这些变化进入话语表述体系之中，我们可以深刻体会到感知的变化。因为意义、价值观、象征以及想象对北极叙事的赋予，我们也许不难理解北极为何会被称为"感性地理"。当然，反叙事结构的出现也与人们对知识生产社会条件的认识变化有关。早期民族志学的"表述危机"表明，以往的北极叙事受制于殖民主义、性别、资本主义和地方民族主义的权力结构，因而是权力和权威关系的结果。从这一点来说，北极空间的反叙事结构不仅意味着充满纠缠与矛盾的多重叙事模式的出现，也意味着对权力和权威关系的反叛。

《多极北方：空间、自然与理论》的反叙事结构首先体现在对环境主义修辞的批评上。当气候变化成为北极叙事的一种压迫性词语，

[①] 莉尔-安·柯尔柏、斯科特·麦肯奇、安娜·韦斯特斯塔尔·斯坦波特：《北极环境的现代性：从极地探险时期到人类世时代》，周玉芳、孙利彦、刘凤山译，社会科学文献出版社，2023，第6页。

"生态挽歌"叙事的出现在某种程度上意味着对北极纯粹性的另类想象。然而，本书并不停留在这一哀悼方式上，而是寻找新的模式以超越挽歌修辞，因为后者的本质更有可能是帝国主义怀旧叙事模式的现代版本。这一见解显然发人深省，也使本书的站位超越了当下的其他北极人文著述。其次，本书深入探讨了界限概念的复杂性与多重性。一方面，北极内部存在着不容置疑的跨国性，这种国家间界限的清晰性往往被北极叙事忽略；另一方面，北极作为一个整体，其边界是模糊不清的，因而，在很多场合，人们更愿意将北极称为北方。同时，北极的原住民族与代表强大政治、经济力量的跨国公司往往在资源、土地等问题上产生巨大的张力，他们的抗争常常跨越了国家边界，赋予了边界概念前所未有的象征意义。这一现象给我们带来了一个具有深刻启示性的问题，那就是，如何在新的叙事体系中理解边界这一概念。

人类与非人动物的本体论关系一直是北极叙事的重要主题。本书的独特之处在于，它把动物叙事置放在政治、法律和历史的框架之中。在其中一篇论文中我们可以看到人鲸关系如何与国际法律话语、国家、传统历史观发生纠缠。另一篇论文则提出了北极熊的生态文化权概念。正如文中所述，"生态文化权不仅重复强调人权，重视主观能动性，还采用主导的、可理解的经济和政治模式。实际上，生态文化权也包括转变与适应，但是需要话语模式能够解释亚北极地区高低不平、布满沼泽、灌木丛生的混乱居住地的所有生物的生存状况——包括熊、人、驯鹿、莎草，甚至蝇虫等"。在某种程度上，北极熊如同北极本身一样，既是想象也是真实，既是神话也是现实。而北极熊作为动物的主体性则在经济和文化权利的现代话语中不复存在，现代社会对人熊关系的制度化制约成为消费资本主义的象征。这是又一篇有关北极熊的论文所体现的反叙事批判视角。

《多极北方：空间、自然与理论》英文原作于 2017 年由阿拉斯加大学出版社出版。2020 年 2 月，我专门到出版社拜访了出版该书的编辑詹姆斯·恩格尔哈特（James Engelhardt）先生。出版社坐落在流经费尔班克斯市中心的奇纳河畔的别墅中。正值深冬，屋顶覆盖着厚厚的雪。在大雪深处的房屋中，我与恩格尔哈特先生经认真商谈，最后敲定了出版该书中文译本的计划。然而，在我回到聊城大学后，当我数次写信给恩格尔哈特先生询问有关版权事宜时，却始终得不到他的回音。于是，我委托阿拉斯加大学在读博士生赵键同学多次到出版社找寻恩格尔哈特先生，每次却只看到上着锁的大门。当时正值疫情，办事多有不便。赵键最后找到了校长办公室，才得知阿拉斯加大学出版社在疫情和大学财政缩减的双重打击下已经关停，版权业务已委托给本土的一家大学出版社。最后，我把新的联系方式转给了社会科学文献出版社。好事多磨，版权事宜终于落实。

中译本的出版还得到了该书的两位主编的大力支持。他们分别是洪堡州立大学教授萨拉·加切特·雷博士和阿拉斯加大学东南分校教授凯文·迈尔博士。本书原名为 Critical Norths。我曾专门就英文 critical 一词的含义向萨拉·加切特·雷请教。她非常热心地在邮件中解释：该词语在本书中首先是"极其重要"之意，另一层则是多重概念的意思。因而她非常肯定本书译者将"Critical Norths"译为"多极北方"。这一译名与书中体现的有关北极当下的多重叙事模式也是十分契合的。

中译本的翻译工作由聊城大学外国语学院的孙厌舒副教授、李燕飞教授与朱坤玲讲师担任，审校工作由本人担任。由于该书涉及多个学科领域，错误之处在所难免，诚恳欢迎读者批评指正。译文中若有任何不准确之处，责任由本人承担。

曲　枫

2024 年 11 月 11 日于聊城大学北冰洋研究中心

目　录

第三部分（上）　北方和民族的概念：
跨国界的北方

第三部分（下）　北方和民族的概念：
原住民的北方

致　谢

　　2012 年，文学与环境协会（ASLE）在阿拉斯加大学东南分校举办了主题为"快速变化中的北方环境、文化和地方"的研讨会，本书的灵感就来自这次会议。在此要感谢 ASLE，特别是主办人艾米·麦金塔尔（Amy McIntyre）、时任会长乔尼·亚当森（Joni Adamson）、阿拉斯加大学东南分校校长约翰·普（John Pugh），以及我们的行政主管艾莉森·克雷（Alison Krein）、弗吉尼亚·伯格（Virginia Berg）和玛格丽特·雷亚（Margaret Rea）。他们在资金、时间、网站更新、方案设计、现场活动和实际投入等方面都给予了大力支持。

　　研讨会上的对话促成了许多合作和项目，我们愿与所有与会者和志愿者分享本书的出版。非常感谢主讲人朱莉·克鲁沙克（Julie Cruikshank）、厄尼斯坦·黑斯（Ernestine Hayes）、南希·罗德（Nancy Lord）和艾伦·弗兰克斯坦（Ellen Frankenstein）的讨论。在 6 月研讨会之前的春季学期，本书作者共同讲授了一门本科高年级课程，学生们不仅在研讨会上展示了自己的研究，还参与了研讨会的策划、安排和召开，令我们深感惊讶和鼓舞。他们的各种志愿服务，从前台登记到带队旅游、烤鲑鱼、安排住宿等，使得这次研讨会能够顺利进行，而且把科研和教学有机结合起来。

感谢阿拉斯加大学出版社那些为本书的出版默默坚持的人，他们是詹姆斯·恩格尔哈特（James Engelhardt）、艾米·辛普森（Amy Simpson）、克里斯塔·韦斯特（Krista West）、瑞秋·福吉（Rachel Fudge）和编委会成员。特别感谢埃里克·海恩（Eric Heyne）多次校对书稿，感谢匿名审稿人提出了宝贵的建议。

感谢摄影师本·哈弗（Ben Huff）的封面照片。我们认为，这些破旧的石油管道反讽了石油工业带来的多面性，也恰好表达了这本书的主旨。哈弗从被扭曲的挡风玻璃或者说从道路的视角，表现出石油工业的景象，暗含讽刺。管道的线条也暗示了北方作为"荒野"和作为"资源"的矛盾。最后，21世纪的石油管道无疑强调了书中提到的跨国联系。

特别感谢本书的作者们，他们按照编者的要求，为适应本书的跨学科特点而耐心调整了各自的写作格式，给予我们很大的鼓舞。

萨拉·加切特·雷（Sarah Jaquette Ray）

凯文·迈尔（Kevin Maier）

引　言
多极北方

萨拉·加切特·雷，凯文·迈尔

在西方人的想象中，"北方"是一个强大而又矛盾的概念。它既一片荒芜，又充满希望；它是原住民的家园，又曾被完全征服；它原始荒凉，又有很长的人类历史；它独立于文明之外，又是地球气候变化的主要舞台。具有象征意义的是，北方为科学探索和殖民开发都提供了动力资源，不断吸引着那些寻求逃避、超越或财富的探索者和冒险家。

我们可以在一些通俗读物和文化节目中看到这样的北方，比如探索频道中以北方为背景的系列节目，包括《阿拉斯加：最后的边疆》、《致命捕猎》和电影《荒野求生》（2007）等。在杰克·伦敦（Jack London）、约翰·缪尔（John Muir）和法利·莫瓦特（Farley Mowat）等文学大师的笔下，北方是（白人）探险的地方，是具有冒险精神和自然奇观的不朽形象。同时，这些叙事中的北方原住民的视角尽管在"正在消失的"壮美景观中有重要地位，却一直被边缘化。这些文学和文化作品是北方原住民和民族殖民叙事的重要组成部分。

近年来，北方呈现出深远的环境意义。融化的冰盖、饥饿的北极熊，以及国际上关于北极国家野生动物保护区（ANWR）的公开争论，都使北方成为地球环境危机的中心话题。它成为气候变化的"指示区"。其他问题还包括发达国家的消费权、经济发展、动物保护、原住民主权以及公有地悲剧等。北方的跨国特点改变了人们关于它是贫瘠、偏远的地区的看法。甚至萨拉·佩林（Sarah Palin）也明白这一变化，她在谈论国际外交问题时，指出阿拉斯加距离俄罗斯非常近（喜剧演员 Tina Fey 在周六的夜场短剧中演绎为"可以从我家看到俄罗斯"）。虽然这对提升佩林的外交官形象并无益处，但它确实代表了一种思考阿拉斯加的新方式，这是那些指责她的人无法理解的。

当然，北方的跨国化并非新鲜事。长期以来，不同政治、经济力量，无论远近，都在进行争夺北方资源的斗争。然而，如果把气候变化因素考虑在内，目前的环境问题其实更加严峻，对每个人的影响也更大——无论在"此处"还是"更远的地方"（从北方的视角来看）。持续提出的矿产开采项目表明，发展中国家渴望电子产品消费、快速的交通和稳定高速的网络发展，这些也加剧了北方发展和生产的风险。在过去的几十年中，从阿尔伯塔省的企业、国家、环保主义者和原住民社区之间的油砂之争，到关键排水区的卵石矿项目，再到阿拉斯加布里斯托湾（Bristol Bay）的三文鱼，以及最近气候变化引发的"最宜居之地"的讨论（例如，2015 年 5 月 15 日《奥古斯塔自由时报》上发表的文章《气候变暖，哪里是宜居之地》），北方由于其特殊性，在过去几十年里重要性日益凸显。

不列颠哥伦比亚省陆续开发的一些大型煤矿不太有名气，规模却很大，也引发了全球关于生态问题的讨论。围绕该地区几十个矿产开发的政治斗争更直接反映了北方环境问题的国际化。波利山矿（Polley

Mine）也许是最有名的加拿大矿产项目，2014 年因为尾坝倒塌，引起了媒体关注，美国新闻也报道了下游生态不可避免地遭到破坏的问题，但是很多项目仍继续进行。这些项目大多以空壳公司为掩饰，投资者分散在全球各地。也许更有趣的国际化表现是，很多受到影响的流域都在美国境内，美国环境保护署（Environmental Protection Agency）也许对矿石问题有最终发言权，但美国对加拿大的项目无能为力。乌纽克（Unuk）、斯蒂金（Stikine）、塔库（Taku）等正在开发的矿山附近的跨境河流是重要的阿拉斯加鲑鱼产地，支撑着每年高达十亿美元的鲑鱼产业，然而遭受巨大损失的美国渔民却不知道该向哪里投诉，来制止这些影响他们所热爱的故乡和生活的大型项目。

渔民和环境协会都面临着与众多公司的长期艰苦斗争，值得注意的是，当地的人们开始了跨国联合反击。上、下流域之间原本有着数百年的传统关系，一旦阿拉斯加原住民和其他民族紧密联系起来，停滞的古老关系将被重新激发，并将对殖民边界争端产生深刻影响，促使塔尔坦人（Tahltan）、特林吉特人（Tlingit）与渥太华人、华盛顿人一起努力，维持自己的原有生活方式，而不仅仅与河流附近的老邻居一起斗争。这些原住民和阿拉斯加人也参与了大陆另一端的原住民活动，从反对拱心石（Keystone XL）管道项目和北达科他石油管道项目的运动中获取了斗争经验。

跨境的矿山冲突、反石油管道运动、原住民"反对失业"的抗议活动都具有跨国特征，使北方地区和人民与非北方地区和人民联系起来，具有实际意义和象征意义。当我们想到比尔·麦吉本（Bill McKibben）在其著作《自然的终结》（*The End of Nature*）中提到的"自然的消失"时，我们会联想到碳排放对冰川的影响。另外我们还要知道，我们对最新款的 iLife 等电子产品的需求导致了北方的大规模采矿。身份和地方、发展规模和生态系统关系、国家化和全球化等问题强化了人们长期以来的观念，即认为北方是一个与人类基本活动领域隔离的空间。但是，如果气候变化迫使"美式思维"①认可北方和其他地区的全球性联系，人们就需要重新思考关于北方的概念，思考关于北方的修辞和叙事如何塑造并影响着环境问题。

重新界定这一地区有何利弊？过去的界定为何不能全面地解释北方的环境、人类和其他生物？你会发现，因为北方的界限并非清晰，本书并非对北方进行界定或描述，而是旨在考察由于对北方的不同界定而引发的不同观点，以及由此给北方内外的环境和人们带来的不同影响。换句话说，关于北方的界定是有争议的，而大量环境问题——从身份政治到资源管理策略，再到物种定义——都取决于我们如何界定北方。有很多关于我们目前是否生活在"人类世"的争论，而北方的景观、物种和居民是核心争议问题，现有的关于北方和北方居民的叙事又往往是不准确的，加剧了社会矛盾和不公，因此必须从更合乎道德的视角描述北方。现在是改变叙事的关键时期，而这种新的叙事应该是批判性的。

因此，本书名为"多极北方"具有双重意义。复数形式的"北方"（norths）涵盖了对"北方"的不同理解。"多极"（critical）一词强调了重新定义"北方"的紧迫性和重要性，北方就像"煤矿里的金丝雀"一样，已经成为气候变化的一个标志。北方面临的问题是紧迫的，虽然我们对一些危言耸听的话语持批评态度，但是聚焦北方的环境变化可能会为其他地区提供一些经验和见解。所以我们用

---

① "美式思维"指的是雷斯罗维兹（Anthony Leiserowitz）关于美国人如何看待气候变化的重要研究，具体参见纳什（Roderick Nash）所著《美国思维里的荒野》（*Wilderness in the American Mind*）。

"critical"（关键的；批判的）一词，既批判性地阐释"北方"的内涵，又指出了北方问题的紧迫性。

本书写作的前提是，北方并非传统地理认为的那样，是静态、离散的地区。我们同意多琳·马西（Doreen Massey）、大卫·哈维（David Harvey）、克里斯塔·科默（Krista Comer）、尼尔·坎贝尔（Neil Campbell）和苏珊·科林（Susan Kollin）等学者所支持的批判性区域地理理论，即北方是动态、多层次的，互相之间紧密联系，并且与人类社会息息相关。这种观点认为，北方既是一个地区，也涵盖文化价值观和联想意义，即地理学家所谓的"感性地理"。基于以上观点，本书并没有把"北方"仅仅看作区域概念，虽然它的确也属于这一范围。这样，虽然北方是一个真实的、具体的地区，但是我们对这一"北方"的概念持批评态度。本书所收入的文章批判性地讨论——如果不是反驳的话——空间、自然和北方的问题。例如，本书表明，北方是一个跨国空间，而不是一个孤立的无人区。本书表明，北方并非空空如也，而是历史悠久，洋溢着持续的、坚韧的人类和非人类生活的气息。本书表明，北方在国家构建、男权社会、人文主义和资源开发等方面都具有强烈的象征意义，并且被这些因素左右。北方有独有的特征，但很多特征是与其他方面密切相关的。总之，本书将北方视为一个物质和语篇叙事的广角透镜，透过它可以理解国家、民族身份、性别以及人类之外的世界。

本书的结构

在某种程度上，关于北方的环境论述反映了普遍使用的环境修辞方式，就像描述其他濒危的环境一样，对北方环境的描述倾向于使用同样的修辞和写作手法。本书第一部分批判性地探讨了"挽歌"的叙事方式，这是环境修辞中最具影响力，也许是最成功的一个比喻。第一部分标题为"正在消失的北方"，概括地指代（并质疑）了关于北方的这种老生常谈。"消失的北方"与"消失的印第安人"的叙事相似并且相关，本书认为，我们应当更细致地考察这一框架下的具体含义。环境文学学者劳伦斯·布尔（Lawrence Buell）和格雷格·格雷德（Greg Garrard）指出，挽歌可以有效地设想末日景象，避免最终覆灭，但是多数学者怀疑这种夸大的修辞手法能否达到预期效果，而原住民社区也一直拒绝接受这种具有种族灭绝意味的比喻。尽管"挽歌"一词反映了世界末日和开发投资的问题，但它仍然是保护面临威胁的北方环境的最流行的修辞方式，也正如北方一直是"最后的边疆"一样。文章作者探讨了这一叙事方式，最终对其提出否定，因为它不能推动人们采取紧迫的、可持续性的措施。因此，第一部分通过讨论北方叙事中所谓"至关重要的"紧迫性，开启了全书的序章。

在第一部分，伊斯珀·图洛（Elspeth Tulloch）探讨了三篇关于爱斯基摩麻鹬灭绝的文章。图洛详细考察了三篇文章里的"生态挽歌"问题，她使用这个词指代未来可能出现的哀悼方式。图洛以审慎的、批判的态度指出，我们对"挽歌"一词应持怀疑态度，原因有很多，最明显的原因也许是这种修辞很容易采用帝国主义叙事模式，它所说的"消失的"事物并不一定真正消失。

后面的两篇文章不像图洛那样关注加拿大北极地区，而是聚焦阿拉斯加。威尔·艾略特（Will Elliott）分析了当代阿拉斯加文学，指出其中人类与非人类环境之间的关系令人惆怅甚至伤感，而气候变化使这种感觉变得更为复杂。他指出，承认气候变化的现实意味着"一旦不再以人类为中心，就无法找到道德确定性、最终解决方案、无可指责的生存方式"。艾略特认为，今天的环境问题需要我们重新思考环境叙事形式，尤其是要超越传统挽歌形式。艾略特主张"尽可能广泛延伸，跨文化、跨学科地重建阿拉斯加的未来"。艾略特的结语很乐观，他建议我们在西方标准之外，寻找新的叙事模式和隐喻，例如可以谨慎地借用阿拉斯加渡鸦这一传统的代表形象进行叙事。

阿利森·阿森（Allison Athens）同样主张通过北方的叙事传统来考虑有效地调整环境政策。她首先讲述了一只北极熊迁徙到极地阿萨巴斯卡村庄（Gwich'in Athabascan）的事情，并把它和其他几个故事联系起来，认为北极熊迁徙是气候变化的反映。阿森指出，"人们关注各种小故事和其他的叙事范式，从而有机会继续与北极熊和北方生态保持联系，即使它们在不太遥远的未来改变了生存形式"。第一部分的这三篇文章都详细探讨了北方问题，指出了我们看待环境问题的局限性，以及在这个日益不确定的时代，北方的各种发展前景。

这三位作者都从动物叙事的视角来审视这一"挽歌"比喻——这并不奇怪，因为正如萨拉·沃特莫（Sarah Whatmore）所说，野生动物的消失和野生空间的消失之间存在着转喻关系——但我们还是要把第一部分与第二部分"关于北方动物的思考"区分开来。虽然都涉及动物，但第二部分更侧重政治、法律和历史背景，而不是情感和叙述。在第二部分的第一篇文章，作者罗素·菲尔丁（Russell Fielding）比较了阿拉斯加和法罗群岛的社区通过国际条约争取捕鲸权的问题。菲尔丁通过关注国际法中"原住民捕鲸权"的问题，提出了以保护为导向的，而不是基于身份的国际捕鲸管理办法。菲尔丁指出，在跨文化背景下，原住民身份是一种不可靠、不恰当的衡量标准。科蒂斯·博耶（Kurtis Boyer）在文章开头，也分析了原住民的狩猎问题，他特别关注了因纽皮亚克人（Iñupiat）对北极熊的猎杀。与菲尔丁一样，博耶也注意到了国家和国际法律话语的局限性，但他更加广泛地质疑了对人与动物关系的传统理解。与之类似，约翰·米勒（John Miller）批判性地探讨了人类与非人类的恰当关系的规范概念，详细解读了一段 19 世纪的离奇探险故事。正如米勒所总结的，他的解读"对帝国主义北极探险的传统历史提出了质疑，并对 19 世纪的北极人类与非人类相遇的意义提供了更为复杂和自省的观点"。米勒含蓄地提出后人类主义观点，这与动物研究领域的重要发展相一致，类似于唐娜·哈拉威（Donna Haraway）、加里·沃尔夫（Cary Wolfe）等人最近在研究中对人类与非人类的界限所提出的质疑。正如本书的作者们所指出的，这是一个在北方语境下特别令人忧虑的界限问题。

第三部分题为"北方和民族的概念"，同样对北方的殖民叙事方式进行了有力的批判，但是更直接地聚焦于这些叙事如何影响了该地区的居民。这部分更具体地突出了北方问题是如何对民族-国家的传统定义构成挑战的，强调了跨国环境、文化和想象中的根源问题，因为加拿大把阿拉斯加与美国大陆分离开，这些问题更加引人深思。因为领土的联系，有时加拿大和阿拉斯加之间比阿拉斯加和美国之间有更多的共同点，这使得民族归属的问题更加复杂。因此，在地理和民族构建方面，北方对领土和政府概念、空间和权力、身份和归属等概念提出了挑战。这一部分包括两个模块"跨国界的北方"和"原住民的北方"，但其中的文章相互关联。尽管两个模块相关，原住性之类的北方身份问题也往往是跨国思考北方问题的基础，但重点各有不同，在"民族"这个广泛的主题下，分别做了细致分析。两个模块的划分，既方便统一主题，也顾及了当地人在空间和自然问题上对民族、民族－国家概念质疑的不同方式。这些文章或挑战现有的民族界限，揭示历史上的跨国和跨民族关系，或阐述北方如何与全球的运输、通信与生态网络相联而非分离，或细察一些社区如何在想象中被排除在民族群体之外，总之所有文章都展现了北方国家和民族概念构成的复杂性。

第三部分（上）"跨国界的北方"，不仅指出了全球资本对北方地区的影响，而且指出在更广阔的全球权力、发展和科学叙事中关于北方景观和人口的叙事方式。首先，切·萨卡其巴拉（Chie Sakakibara）通过北方两个地区与鲸的联系，将两个不同的社区联系起来。萨卡其巴拉提供了一个有效的过渡与桥梁，使本书从前面关于动物的章节（特别是菲尔丁的文章）转到关于北方原住民的章节。与菲尔丁的观点类似，萨卡其巴拉认为，面对气候变化带来的挑战，阿拉斯加的因纽皮亚克人和北大西洋的亚速尔岛人共享的跨国文化身份出现一种弹性。在这一仍存有异议的"弹性"框架下，萨卡其巴拉对第一部分提到的"生态挽歌"作了有力的批判，对有关原住民身份的传统说法提出挑战，并提出详细的理论，阐述了在殖民主义和气候变化的持续威胁下，跨民族的身份识别也许会强化这种基于地域的身份识别的弹性。

拉森和汉摩森（Larsen & Hemmersam）的文章与萨卡其巴拉在与世界的联系中寻找地域身份的主题相一致，他们主张把地方景观艺术作为抵制跨国公司利益的工具。以批判性的眼光考察社区的抵制行为，可以看到对跨国公司的探险和资源开发的叙事过于影响个人和社区身份。作者考察了巴伦支海边的三个受到影响的俄罗斯和挪威社区，发现"它以前所未有的规模和速度受到跨国公司、集团公司的关注"。作者认为这些城镇的"当地情况、地质条件和气候与全球经济利益之间存在着根本性的冲突"。为解决这个问题，作者引用了景观艺术理论，认为政治问题的解决不仅"是特定地点的，而且是特定地方的，在空间和时间上都是特定的，不仅要对预测的情境做出反应，而且要认识到多种机构的作用，包括当地社区的机构和景观本身的机构"。

卡莉·多克斯（Carly Dokis）在环境决策方面也同样支持地方机构，她分析了加拿大西北部的萨赫图地区对环境规划的反应。多克斯指出，政府和企业评估采矿项目的风险和影响时往往只考虑经济因素，而不考虑当地"土地和基于土地的实践中的精神、情感和本体论上的重要性"。

在第三部分最后一篇文章中，作为对我们生活在由人类主导的地质时代这一最新共识的直接回应，肯德拉·特纳（Kyndra Turner）构建了对北方文学想象的两种批判性解读。特纳建议，作为人类世批判性阅读的两个例子，在日益增强的全球气候变化的背景下，玛丽·雪莱的经典小说《弗兰肯斯坦》和理查德·鲍尔斯的当代小说《回声制造者》，可以视为对占据主导地位的探险和权力叙事方式的一种干预。

第三部分（下）"原住民的北方"转向了北方的身份和代表性概念，特别是原住民身份和北方资源管理的复杂政治问题。谢丽尔·J.菲施（Cheryl J. Fish）考察了萨米人导演的两部纪录片，认为电影为探索身份政治提供了一种独特的媒介，有助于消除"外人对萨米人的不公正看法"。

苏珊·科林也聚焦对表现力的批判性解读。她把目光投向20世纪早期阿拉斯加原住民演员雷·马拉（Ray Mala）的好莱坞生涯。通过考察其生活与作品，科林与萨卡其巴拉形成呼应，指出基于文化和地域身份的殖民叙事往往过于狭隘，在马拉的作品和其好莱坞生涯中会发现很多意想不到的反面实例。

接下来的文章将身份与叙事联系起来，重点是口述历史的力量，有助于我们理解人类与非人类世界的关系。丹尼尔·蒙提斯（Daniel Monteith）探索了地质学家从口述历史的角度对景观变化的理解，认为科学家可以得益于传统的生态知识研究。此外，他还展示了跨学科研究方法，呈现了与大学生（尤其是阿拉斯加原住民）一起工作的前景，使我们对自然世界的认知更加复杂。

最后，马戈·希金斯（Margot Higgins）从批判环境历史学家的视角，探讨了兰格尔-圣伊利亚斯国家公园暨保护区关于采矿和殖民史的表现方式。她认为，这些叙事方式抹去了该地区当代原住民的影响，延续了国家公园叙事和景观本身的省略传统。

最后几篇文章展现了关于北方的批判性视角，对某些国家认为北方是附属于甚至是颠覆其他地区的思想作了批判。本书的结构侧重特定的修辞和主题，包括挽歌、动物和人类的关系、民族-国家的关系，而没有涉及其他的重要问题，希望我们的读者能够以其他语篇形式（用福柯的话来说）对其重新分类。本书章节没有按照年表、地区、体裁或学科划分，没有跟从某些主导的西方范式。至少对我们编辑来说，很有启发性的是原住民和动物的影响几乎无处不在。希望这本书能在整体上提供一个强有力的理论，把北方以及北方之外的地理、人类、非人类联系起来。最重要的是，我们希望这些文章能够揭示北方问题的复杂性，北方是我们想象中的地区，但同时也是真实的空间，有着独特的文化与生态历史及其相应的问题，其意义并不仅仅局限于这一地区。

参考文献

Alaska: The Last Frontier. Discovery Channel. 2011-present. Television.

Buell, Lawrence. *The Future of Environmental Criticism: Environmental Crisis and Literary Imagination*. New York: Wiley Blackwell, 2005.

Garrard, Greg. *Ecocriticism*. New York: Routledge, 2011.

Haraway, Donna. *When Species Meet*. Minneapolis: University of Minnesota Press, 2007.

Harvey, David. *Spaces of Hope*. Berkeley: University of California Press, 2000.

Leiserowitz, A. , E. Maibach, C. Roser-Renouf, G. Feinberg, and S. Rosenthal. *Climate Change in the American Mind: October, 2015*. Yale University and George Mason University. New Haven: Yale Program on Climate Change Communication, 2015.

Massey, Doreen. *For Space*. New York: Sage, 2005.

McKibben, Bill. *The End of Nature*. New York: Random House, 2006.

Nash, Roderick. *Wilderness and the American Mind*. 4th ed. New Haven: Yale University Press, 2001.

Whatmore, Sarah. *Hybrid Geographies: Natures, Cultures, Spaces*. New York: Sage, 2002.

Wolfe, Cary. *What Is Posthumanism?* Minneapolis: University of Minnesota Press, 2009.

第一部分

正在消失的北方

1

谁的北极？谁会在意？
爱斯基摩麻鹬灭绝叙事的地方、
责任与挽歌的目的

伊斯珀·图洛

拉瓦尔大学

乌苏拉·K. 海斯（Ursula K. Heise）在《丢失的狗、最后的鸟和受保护的物种：灭绝的文化》中，把关于生物多样性丧失的科学叙事置于大自然逐渐恶化的传统背景中。她提醒我们，传统的灭绝叙事关注的是终点，而不是起点，这简化了我们理解灭绝的方式。这些叙事方式主要以悲剧和挽歌的形式，对"现代化进程"表达不安的情绪，或者就现代化对人与自然关系的破坏进行批判。海斯认为关于物种灭绝的这种模式化概念具有局限性，并借鉴约瑟夫·W. 米克（Joseph W. Meeker）的开创性著作《生存喜剧》的手法，探索采用另一种方式来叙述"衰退"，即融合滑稽与讽刺的方式。她认为米克的这种方法可以表现"持续变化的未来，而不是大自然终结"的愿景。[1]

一说到气候变暖时代北方物种的命运，令人感到挑战的是如何寻求一种不同的叙事模式。[2] 的确，正如米克所说，提倡更喜剧化的方法意味着融合和适应，可能被误解为鼓励淡化甚至忽视人类活动所造成的物种消失。与米克和海斯的初衷相反，这种方式可能被视为一种逃避道德责任的行为。这种偏离问题的叙事方法是有问题的，尤其是北方居住地发生了不可逆转的变化，北方特有物种被破坏，人们一直为此忧虑。引起人们持续关注的原因是多方面的，也是众所周知的：北方环境不断恶化，不断增加的资源开采，曾经人烟稀少的栖息地逐渐被侵占，等等。在资源利用、传统生活方式及相关问题方面，当地人的诉求使这些情况更加复杂。围绕北极主权的紧张局势加剧了人们对控制或减少环境破坏的担忧。可以理解，这些相当快速的转变引发了人们深深的失落感，尤其那些目睹生态系统遭到破坏的人。对许多野生物种来说，适应这种变化是复杂的、困难的、不确定的。有些动物，比如象牙海鸥，面临着灭绝。[3] 因此，这种情况导致了前面所说的传统叙事方式。

本文不打算聚焦第一种悲剧模式，因为这种模式与古典悲剧相关，而古典悲剧模式错误地助长了米克所称的傲慢的道德观，将人类置于"自然环境和动物起源"之上。[4] 本文拟考察更沉静的挽歌模式，这种模式会思考，或者会让读者思考文章所描述的损失。[5] "挽歌"一词最初指的是缅怀、哀悼的诗歌，也被用来描述类似主题的散文作品，比如有关"消失的生活方式"的作品。[6] 用提莫西·莫顿（Timothy Morton）的话来说，环境散文可以"融合哀歌和预言，成为未来的挽歌"。[7] 因此，"生态挽歌要求我们去哀悼那些还没有完全消失，甚至根本没有消失的东西"。[8] "预想挽歌"是邦妮·科斯特洛（Bonnie Costello）在生态诗歌中也观察到的一种现象，她创造了"生态挽歌"（ecoelegy）一词来描述这种现象。[9] 关于环境的挽歌指出了目前衰落的趋势，使人们感受到不断临近的、终将到来的巨大失落感，也解释了在这个被生物学家称为第六次灭绝的时代这种形式盛行的原因。生态挽歌哀叹物种即将在未来消失，这种话语与帕特里克·布兰特林格（Patrick Brantlinger）的帝国主义语篇"预想挽歌"使用的话语有相似之处，"在种族消失之前悼念那些即将逝去的人"。[10]奥尔多·利奥波德（Aldo Leopold）的经典作品《沙地历书》（A Sand County Almanac）中的文章《湿地挽歌》（"Marshland Elegy"），可以作为生态挽歌的例证。文章描述了湿地的长期退化和几近消失，最后预测了以此为栖息地的迁徙鹤的消亡。利奥波德的挽歌激励了来自加拿大海洋四省（加拿大南部）的鸟类保护主义者乔治·阿奇博尔德开启了他的终身事业，他前往北方寻找鹤并成立了国际鹤类基金会。[11]阿奇博尔德对于鸟类挽歌的热情回应彰显了挽歌的魅力，在挽歌的呼吁下，人们开始研究北部物种和远离人类的动物栖息地，尤其是那些往南部迁徙的物种。下面，我将考察一个流传甚广但很少有人研究的物种的灭绝来回应这种叙事方法，这是一个北方的，至少是很依恋北方的物种——爱斯基摩麻鹬。我的目的是阐明关于这一北方物种消失的叙事如何在大众文化中发挥作用，如何打动了北美其他地方的居民，以及如何像环境挽歌文学的通常做法一样，预言式地将哀悼模式从过去转向未来。在这个时代，跨区域、跨国界，甚至全球性的解决方案被视为解决复杂生态问题的关键，因此人们日益希望能提高南方人对北方问题的敏感性，因为他们的人数众多，资源消耗量大。

在这一过程中，基于非传统模式的灭绝叙事成为受欢迎的、不可缺少的创新。的确，正如本书其他文章作者所探讨的那样，在这个变化的世界，用新的、开放的、适应的方式概括北方的未来，在前途未测时找到一条或几条道路是至关重要的，然而，最终的拯救生命的方案可能需要社会经历长期混乱的妥协过程。这将涉及至少两种状态之间的波动：一方面要减少损失，特别是不必要的、破坏性的巨大损失；另一方面在适应未来的过程中重建一个尽可能多样化的未来。根据定义及其表现形式，在这一过程的任何时间点都需要减少损失。分类学心理学家玛格丽特·斯特罗比（Margaret Stroebe）和亨克·舒特（Henk Schut）在大约 15 年前提出，这种复杂的处理过程，就像失去亲人的人在"以损失为导向"和"以恢复为导向"之间摇摆。[12]这种二元关系的一方与另一方的关系并非互相排斥。

在这个物种衰落与消失的时代，考察一种常见的叙事模式如何引起读者或观众对某个遥远的地方及受威胁的物种的共鸣和责任感，仍然有很大的意义。在凄美的凭吊过程中，挽歌为疏导悲伤、痛苦、哀悼和绝望的情绪提供了文化空间。正如那些寻求培养道德伦理的人士所观察到的，悲伤可以产生愤怒，愤怒可以转化为关怀、倡导、引导生态的行动。[13]的确，无论是诗歌还是散文，生态挽歌在这方面的作用都是复杂的。正如科斯特洛（Costello）引用 R. 克利夫顿·斯帕戈（R. Clifton Spargo）的著作所解释的，[14]"生态挽歌以预想挽歌的形式，哀悼一种特别的损失，仿佛可以避免损失，提供迟来的保护"。[15]

20 世纪下半叶，三种有关爱斯基摩麻鹬的叙事赋予了这一物种象征意义，它成为北方和南方的代表，打动了南方的居民。在这个时期，当代文化中北方环境运动和对保护北方及其物种的兴趣开始发展起来。1948 年成立的国际自然保护联盟（International Union for the Conservation of Nature）促使人们关注濒危物种，该联盟于 1963 年开始编制和发布"濒危物种红色名录"（Red List of Threatened Species）。在此之前的 1955 年，加拿大记者、博物学家弗雷德·博兹沃思（Fred Bodsworth）（1918～2012）出版了他的第一部小说《最后的麻鹬》，一部预示爱斯基摩麻鹬即将灭绝的挽歌。[16]爱斯基摩麻鹬原本数量众多，在迁徙时能遮蔽整个天空，但是在 19 世纪末 20 世纪初，出现毁灭性的锐减。博兹沃思的这部纪实小说是他于 1954 年 5 月 15 日在《麦克林杂志》发表的同名中篇小说的扩展。这部小说卖出 300 多万册，在美国和加拿大唤起了人们对保护爱斯基摩麻鹬和其他鸟类的兴趣。[17]从那以后，这部小说成为关注环保的读者心目中的经典，但在文学界受到忽视。[18]后来这本书几次再版（包括 1955 年在广泛发行的《读者文摘》连载），1972 年，也就是近 20 年后，被汉娜-巴巴拉电影公司（Hanna-Barbera Studios）改编制作成 ABC 课外特别节目动画片。[19]这次改编正好赶上了新兴的环保运动。1996 年，在首次出版 41 年后，纪录片《荒野探索》（*The Barrens Quest*）又改编了爱斯基摩麻鹬的故事，介绍了博兹沃思。[20]纪录片展现了由于加拿大北部矿业发展而重新引起的人们的担忧。[21]

物种灭绝的叙事经常有双重意义：相关物种的真正毁灭和更具象征性的人类给其他物种带来的毁灭性威胁。[22]而在博兹沃思的小说及基于小说改编的动画和电影中，主角和其伴侣的命运以及麻鹬作为一个物种的命运却不止这两种含义。《荒野探索》直截了当地总结道："濒危物种的故事总是在濒危的空间中展开。"因此，在这三部作品里，爱斯基摩麻鹬的灭绝可以被解读为濒临灭绝的北方物种和正在消失的空间两种含义，并试图通过挽歌的形式引发读者对二者的保护愿望。

然而，从时间顺序来看，这三部作品也越来越多地暗示了北方人在环境恶化方面的影响，削弱了促使南方读者关心北方未来环境的修辞力量。这种扩大化的做法，减少了那些最应当为环境或物种退化负责的人的责任。因此，它与布兰特林格（Brantlinger）所说的帝国主义修辞的隐晦立场有一些相似，哀悼种族衰落的帝国主义挽歌就是这样。布兰特林格注意到，这种挽歌会设法把衰落的责任归咎于种族本身，即使是在追悼死者的语篇中也是这样。[23]我要说明的是，这些文本对责任的处理，也导致了纪录片中对地域的限制和对生态责任的狭义化。而博兹沃思的小说和动画片中责任的分配则更广泛。另外，纪录片试图通过打动南方的主要种族群体来团结大众共同参与。而且，它扩大了爱斯基摩麻鹬的象征性。这些策略成功地使这一挽歌指向了未来。这种清晰的未来立场使一个物种灭绝的叙事成为当代北方物种衰落故事的一部分。因此，这部纪录片充分利用了预期的生态挽歌的叙事力量。这些作品结尾都明确呼吁外界保护该地区岌岌可危的生物独特性，但结果可能背道而驰。考虑到该地区的历史和地缘政治，人们不禁要问这种模式是否有效。下面我将详细回顾每部作品，来说明这个问题。

《最后的麻鹬》（1955）

像许多物种灭绝的叙事一样，博兹沃思的小说《最后的麻鹬》也是围绕一个重要物种展开的。该书里的麻鹬曾经数量巨大，据说一度数以百万只，[24]能够完成艰难的迁徙。为了提高读者的关注度，故事聚焦幸存的唯一雄性麻鹬寻找伴侣的过程[25]。这只鸟历经一年的辗转，从北方迁徙到南美洲最南端，然后折回。在温暖的南方，它终于找到了一只雌性——也许是最后一只麻鹬——与它一起返回北方，希望能与它交配。但是在它们到达北极栖居地之前，一个农民射中了雌鸟。雄鸟一直守护着雌鸟，直到它死去，交配最终没有完成。在本能的驱使下，雄鸟又回到北极，等待着新的配偶。

　　故事按照时间顺序讲述了这只孤独的雄麻鹬的迁徙，其中一段路程有一只雌麻鹬相伴，中间穿插题为"艰险"的历史文献节选。这些文献简洁而清晰地记录了爱斯基摩麻鹬在过去迁徙中遭受的大规模捕杀，尤其是在19世纪后期的北美洲。因此，这部结构紧凑的小说坚定地认为，人类在短短几十年的时间里蓄意地捕杀，是导致雄性麻鹬陷入孤独境地的主要原因。在麻鹬迁徙途中，人类对它们大肆捕杀，或者找机会射杀，或者用棍棒将筋疲力尽的候鸟打死。雌鸟死于农夫之手暗示了这一物种濒临灭绝的另外两个原因，尽管这些原因故事没有直接提及：一是鸟儿往北迁徙时，草原被农田取代；二是落基山蚱蜢的消亡。[26]在曾经的大草原上，对食物的需求使得鸟儿与人类距离太近：鸟儿会跟在犁后寻找食物，结果招来农夫的致命攻击。[27]

　　故事模糊地设定了三十多种鸟的迁徙起点，都像爱斯基摩麻鹬一样从"加拿大北极"的某个地方出发。[28]但是小说只有一次明确地将北极与加拿大联系起来。多数时候，小说中的北极被视为一个非国家的空间，用"苔原"或"不毛之地"指代。书中未给出麻鹬的理想筑巢地的确切位置。[29]这是一个明显的遗漏，因为麻鹬最南端的觅食地位于巴塔哥尼亚地区，归属阿根廷，而其他地名在整个叙事中经常出现，提示读者麻鹬的迁徙路线。

　　两个叙事线索表明，麻鹬可能在加拿大北极开始它们的迁徙，在南方过冬后，再重返加拿大的栖息地，[30]但是我不认同——至少不太认同——利·弗鲁（Lee Frew）的观点，他认为这些线索是为了"激发当地人的民族主义"。[31]相反，我认为这是对该物种实际筑巢地的认知。[32]在文本中比较突出的是北极作为一个类别名称多次出现，夹杂着南部加拿大和美国的某些定居地[33]。这些提法区分了南北界限。北极被理想化地描绘成一个没有被人类破坏的地区，[34]而南方在历史上则是聚集了猎人的地方，到处是农业景观和鸟类的敌人。

这种麻鹬让人联想到北方是一个原住民居住的、非民族化的区域。爱斯基摩麻鹬是个古老的名字，承载着复杂的内涵，根据拉丁语命名法，*Numenius borealis* 可以翻译成"北方的灵魂"[35]，表明它的历史活动范围主要是加拿大西北地区或者阿拉斯加[36]。同时，爱斯基摩麻鹬代表了跨越国界和大陆的运动，它的迁徙跨越南北半球。故事里反复提到，它的迁徙方向不是向北（春季）就是向南（秋季）。事实上，它的范围被明确地描述为"从美洲大陆最北端延伸到最南端"。[37]而它的所有威胁都处于中间地带，美国和加拿大的残酷而令人沮丧的数字都说明了这一点。这两个栖息地所在的国家都因此受到了指控。历史上，在爱斯基摩麻鹬春季迁徙期间，对它们的捕猎大多发生在美国平原上，而这部小说明确指出加拿大是这一物种的最终灭亡地，并把雌麻鹬遭到捕杀的地方设定为机械化的"加拿大草原"。[38]它离北极的筑巢地已经如此之近，这更增加了讽刺意味，也警示了南方的加拿大读者——据说是博兹沃思最早的一批读者——说明他们与北方候鸟之间的联系以及早期加拿大人在爱斯基摩麻鹬的灭绝中所扮演的角色。

虽然爱斯基摩麻鹬是一种迁徙的鸟儿，但它们的老家一直被视为北方。北极是它们的筑巢地——如果可能的话，它们会在这片土地上养育后代。故事里的麻鹬在向南飞行的过程中，一直把当地与北极做比较，北极对它们有"家"的吸引力。[39]无论鸟儿身在哪里，北极都是它们最终的目的地。因此，它们虽然是一种跨地界的生物，但总是与北方联系在一起，它们的生存不仅依赖于自己的本能和技能，而且依赖于南方人们的善意，让它们安然无恙地经过。

因此，爱斯基摩麻鹬可以视为北方的一种转喻，关于这个物种被屠杀的历史文献可以视为一个警示，表明北方的生态系统与南方息息相关。从这一角度解读，这部小说表明在该地区以外的人完全意识到之前，人们对该地区的环境或物种的破坏已经开始。等到他们想做点什么的时候，已经太晚了。这部小说就像一首生态挽歌，在某些章节通过引证历史来强化这种预期，说明未来必定更加黯淡。例如，小说中有一段摘自《波士顿自然史学会会刊》（1906~1907），其中提到爱斯基摩麻鹬种群数量突然减少，并得出结论说这个物种"正在走向灭绝"。[40]随后小说又援引了鸟类学家和其他科学家的报告，也是对这种鸟类灭绝的各种恐惧。个别学者基于一对或一只鸟的出现，对这个物种的再生抱有希望。但是整个故事讲述了一只虚构的麻鹬孤独的旅程。故事重点暗示这个物种只生活在我们的想象中，在一个希望不断减小的迁徙循环中。

雌鸟死后，这只鸟继续飞行，本能地寻找另一个伴侣，从中我们领会到作者的讽刺意味。结尾处有大量关于肆意杀戮鸟类的报道，可以想到，这只鸟儿求偶的愿望很可能得不到满足，即使得以满足，这个物种也难以繁衍。尽管我们可能会支持这只麻鹬愿望实现，尽管在现实面前我们仍强烈地希望这个物种生存下来，但最终一定会绝望。事实上，小说开始采用帝国语篇的未来挽歌修辞，也许已经不经意地落入了绝望的套路中。这样，它使"消失的种族"这个存在争议的概念成为濒临灭绝物种的一种修辞。尽管故事从头到尾都围绕着麻鹬和鸟类学的事实证据展开，但同时也形成这样一种修辞形象。

具体地说，从故事一开始，我们就为一个"垂死的种族"哀悼，[41]而这只雄麻鹬是其最后的代表之一。随着故事接近尾声，这个物种的死亡丧钟也敲响了，雌鸟在受精之前就被杀死。在利·弗鲁看来，倒数第二章对性欲进行了模糊的拟人化描述，带有帝国主义话语中常见的对受害者的指责和对种族注定灭亡的暗示。[42]被荷尔蒙驱动的野生动物被瞬间消灭。帝国主义（殖民）修辞中种族灭亡的比喻和种族优越感，被转移到了人类与非人类的关系中，"优越"的人类火炮最终战胜了鸟类。

尽管如此，随着故事的发展，人类仍然要对物种灭绝负责，引发了人们对环境伦理的思考。故事里，有时候这个物种由于某些特征而遭受人类攻击。尽管这可以被解释为引入了早期物种灭绝语篇中的"责怪受害者"论调，但人类才是被指控的对象。[43]人类反复利用这些物种的弱点来达到某种与人类生存无关的目的。此外，通过把麻鹬的旅程设在近期，叙事强调了生态和非人类因素，而不是北美随着现代化出现的帝国主义和人类挽歌。读者在一开始就了解到，当代原住民所有关于鸟群宏大的迁徙旅程的记忆都已消失。小说通过唤起人们对于候鸟遮蔽天空的时代的记忆，暗示即使麻鹬作为一个物种幸存下来，要恢复以前的数量也是非常困难的。最后，小说聚焦于非人类物种，可以解读为对整个地区目前的生态发出了警告。

的确，作为北方环境命运的象征，麻鹬的叙事轨迹令读者感到，北方不仅无法弥补过去的损失，而且只能独自面对自己的命运，就像这只孤独的麻鹬一样。这是一个关于生态悲剧和生态绝望的故事，小说中渗透的生物现实性使物种复兴的希望变得渺茫，甚至完全抹杀了这种希望。因此，这部小说主要是对（未来）物种灭绝的生态挽歌。然而，这种把生态挽歌置于帝国主义或殖民挽歌修辞框架中的做法事实上削弱了人们的动力，无意中把南方的读者与麻鹬的命运割裂开来（有些历史学家甚至认为南方人是北方的殖民者[44]）。小说引用了有关物种屠杀的历史文献，谴责了人类现代化造成的影响。然而，正如布兰特林格所指出的，故事以濒临灭亡的物种为框架，陷入自以为是的帝国主义和扩张主义的意识形态中，[45]使得麻鹬的灭绝最终会被理解为一种可悲但不可避免的死亡、一种进步的代价。即使以开着拖拉机的农民和猎人为象征的现代化被描述为罪魁祸首，这种批判也被帝国主义和定居者的叙事背景削弱了。这种叙事手法暗含着无奈和接受的意味。

《最后的麻鹬》（1972）

《最后的麻鹬》是根据博兹沃思的小说改编的动画电影，由汉娜-芭芭拉电影制作公司制作，1972 年 10 月 4 日在 ABC 下午特别节目的第一期播出。它获得了几项大奖，包括 1973 年的艾美优秀儿童节目奖，制作人威廉·汉纳（William Hanna）和约瑟夫·巴贝拉（Joseph Barbera）以及制作设计伊沃·高本（Iwao Takamoto）都将其视为自己职业生涯的珍贵作品。[46]这部动画电影的吸引力在于它对自然背景的关注。与汉娜-芭芭拉电影制作公司的另一部著名动漫作品《摩登原始人》（The Flintstones）的极简主义美学风格相比，这部电影在色彩和细节处理上细致入微。当时在电视动画产业中，为了节省时间和成本，往往会牺牲对人物环境或身体的刻画。这部特别作品的背景意象却回归迪士尼长篇动画的现实主义风格，这是美工高本（Takamoto）在迪士尼工作期间掌握的技术。对爱斯基摩麻鹬生活的自然世界的艺术关注表明，制作人和设计师都对描绘自然环境有着浓厚的兴趣。制作人指出，"这个动漫处处是……飞翔的形象以及有时可爱、有时狂暴的大自然。这个特别节目是爱的作品"。[47]

美丽的环境虽然无声，但很有吸引力，与影片严肃的环保话题形成了鲜明对比。影片中李·瓦因斯（Lee Vines）的解说令人印象深刻，开场的小男孩对狩猎残酷性的认识非常动人，这种道德上的说教与故事的客观语调形成了对比。[48]这部原本寓意尖锐的"环保卡通"[49]生动地利用画面向儿童观众展示了鸟类在不同国家的各种生存环境，吸引观众在不知不觉中欣赏自然世界。这使得观众更加关注这个世界、这个物种，以及它们面临灭绝的处境。就像原小说插图（由著名鸟类画家 T. M. 绍特基于加拿大版本绘制，由美国自然画家阿比盖·罗尔改绘）一样，影片的背景画面打开了一扇大门，使观众直观地跨国界、跨地域地陶醉于多姿多彩的景观中。

然而，尽管小说和电影都谴责对物种的大规模捕杀，电影把普通的北方居民视作迁徙鸟类的主要管理人员。小说控诉了 19 世纪在资本主义利益推动下的大规模和小规模的狩猎，结尾处的农民猎手代表了农业思想下农耕文化的延续。然而，这部电影一方面突出北方人与动物之间的狩猎关系，另一方面又试图推翻这种用文化来自我辩护的立场。为此，电影在改编时穿插了一对父子（小说中没有出现的人物）的三个"枪指向动物"的狩猎场景，同时在电影开头加入了 19 世纪和 20 世纪的狩猎历史。这一时间线取代了原小说中雄麻鹬寻找配偶的坎坷经历。小说中，南方人残忍、浪费、贪婪，与北方人的原始、脆弱、野性形成刻板的对比（除拉布拉多的猎人外，北方人没有伤害过麻鹬）。相比之下，电影特别将当代的北方猎人引入了叙事框架。这种做法若不是故意地，至少隐晦地，让南方人摆脱了物种保护的困境。[50]

电影中，在北方某地，男孩正在跟父亲学习狩猎。他们第二次亮相时，两人穿着传统的雪鞋，在森林的深雪中追踪一只雄鹿。电影暗示北方的猎人特别需要学会尊重动物保护法。电影中，父亲对候鸟的数量等问题认识错误，而男孩逐渐摆脱了父亲的错误影响。父亲认为狩猎者就像食肉动物一样，有助于维持自然的平衡，因此后来他对禁止射杀候鸟的法律提出疑问。他认为这些法律会使鸟类数量激增。画外音对此进行了纠正，解释说目前阿根廷"只有一只"爱斯基摩麻鹬在绝望地寻找配偶。电影的标题又强调了这只麻鹬的特殊性，说明这只麻鹬和它暂时找到的雌性伴侣确实是"仅存的"，消除了原小说标题暗示的模糊性。电影直截了当地总结道："曾经有成千上万只爱斯基摩麻鹬；后来变成两只；现在只有一只。很快将完全消失。"[51]

电影谨慎地没有提及濒危的物种属于哪一个国家。它并没有说明杀死雌性麻鹬的农场主是在美国还是加拿大，只是提到了"北方富饶的农田"。通过这种方式，影片将当代农民和猎人的暴虐行为限定于局部地区，避免了像小说中描述的那样指责或把物种衰落的责任强加于某个国家。同样，电影也没有特别提及"加拿大的北极"，而是聚焦更泛化的"北极"。一张候鸟迁徙的照片被置于包括南北半球在内的地图上，没有确定麻鹬迁徙的具体起始点。也就是说，包括阿拉斯加在内的整个北半球都在地图上。因此，电影使美国和加拿大的观众都可以将北极与他们的区域联系起来，激发他们的热情。地图显示麻鹬可能来自美国的某个区域，能够含蓄地鼓励以美国儿童为主的观众关心这种鸟。

一些保护该物种的出版物显示，爱斯基摩麻鹬的筑巢地有双重归属。例如，在得克萨斯出版的《濒危和受威胁的动物：生活史和管理》一书中，肯定它们"在阿拉斯加和加拿大的北极地区都有筑巢地"；而大多数科学报告，包括阿拉斯加野生动物管理者的报告，都谨慎地只把阿拉斯加列为一个可能的、未经证实的筑巢地。[52]这里值得注意的是，得克萨斯州是爱斯基摩麻鹬最后一次被目睹的地点（1962 年在加尔维斯顿岛），之前和之后也有人声称在此地见过，但并未得到确认。因此，将爱斯基摩麻鹬指定为"得克萨斯州的物种"，并尽量确定它在阿拉斯加的筑巢地，有利于得克萨斯人开展更多的保护工作。从美国物种保护的角度来看，让远在南方的居民感到这个物种属于他们，有助于他们参与到物种保护中来。汉娜-芭芭拉电影制作公司的作品巧妙地做到了这一点，在描述麻鹬向北迁徙时，把小说中提到的"路易斯安娜和得克萨斯的沼泽海岸"改成了"路易斯安娜和得克萨斯的欢迎海岸"。总而言之，影片试图培养北方猎人的动物保护意识，同时也温和地让南方人善待这个穿越南方的濒危物种。这样，一个讲述过去的损失的悲歌被嵌入当代物种保护的框架内，超越了国家界限，既评论了北方的猎人，也感召了南方的居民。

《荒野探索》（1997）

基于博兹沃思激起的对爱斯基摩麻鹬的兴趣，由彼得·布罗（Peter Blow）执导的 44 分钟纪录片《荒野探索》探讨了 20 世纪 90 年代加拿大西北地区钻石开采可能造成的环境影响，并请博兹沃思担任顾问专家。这部纪录片将挽歌模式引入了当代区域发展的争论中。博兹沃思的小说与改编的动漫电影关注的是过去人类对麻鹬的灭绝所负的责任。这部纪录片则通过 19 世纪的猎人对爱斯基摩麻鹬的残酷屠杀，警示当代人对脆弱的生态系统的影响和破坏，以保护濒临灭绝的物种的家园。这里的挽歌模式以未来为导向，试图促使人们采取行动。在这部纪录片拍摄前的 5 年时间里（1991~1996），很大一部分冻土带已经成为野蛮的钻石开采场，用解说词来说，这是"有史以来最大的采矿潮之一"。纪录片警告说，由此导致的人类对野生动物栖息地的侵占，尤其采矿设施和日益增多的大型捕猎，将威胁到脆弱的生态系统。生物学家安妮·冈恩（Anne Gunn）警告说，即使像巴瑟斯特驯鹿那样数量庞大的野生动物，也不能避免数量锐减，她还特别提到了曾经数量众多的爱斯基摩麻鹬。

布罗的纪录片特别呼吁加拿大保护以爱斯基摩麻鹬等主要物种为象征的受到威胁的北部荒野。这与汉娜-芭芭拉电影制作公司的动漫电影形成了鲜明的对比，后者将爱斯基摩麻鹬的加拿大北极筑巢地扩展到阿拉斯加，从而提出了双重呼吁。而这部纪录片是由加拿大广播公司制作，在加拿大国家电视台播出，由加拿大国家电影委员会发行，因此布罗针对加拿大的呼吁并不意外。西北迪恩地区的环保主义者辛迪·科尼-格尔迪（Cindy Kenny-Gilday）在纪录片开头断言："我们加拿大人必须为苔原上的一切负责；这是加拿大人的遗产；这是每一个加拿大人的苔原。这是世界上最后的荒野，世界上最后的驯鹿群。"她的呼吁表明文化认同与象征性物种是结合在一起的——物种的消失将削弱文化认同感，海斯（Heise）指出，对此的恐惧是物种灭绝挽歌常见的主题。[53]

在纪录片中，这片荒野被视为"苔原"，而其中的驯鹿则被视为"珍宝"，制片人由此构建了一个复杂的比喻，试图将加拿大的文化和政治与北方的命运联系起来。这部纪录片用钻石来象征消费文化无尽的欲望，同时也象征丰富而脆弱的生态系统中动植物群的美丽和珍贵。对前者的追求会威胁后者。与此同时，这些钻石让人想起了过去我们失去的珍宝，也就是爱斯基摩麻鹬。它的命运，按照纪录片中的说法，"象征着苔原上所有生物面临的危险的未来"。而在博兹沃思的小说中，这一点只是含蓄的暗示。然而，这部纪录片通过两个方面的诠释减轻了加拿大人的环保责任。一方面，它呼吁加拿大人对自己管辖的荒野承担责任。另一方面，它特别指出了美国人猎杀爱斯基摩麻鹬的行为，从而免除了加拿大人和他们的祖先对这种鸟类灭绝的责任。纪录片回顾了东部大城市，尤其是波士顿，对爱斯基摩麻鹬的捕杀，认为麻鹬是"非常珍贵的美味"，纵容拉布拉多对其猎杀。博兹沃思的小说中也有这样的描写。纪录片提到"西部大围捕"以及"美国春天平原上最后的屠杀"，这使得重点集中于南部边境的屠杀以及众多的贩卖市场和猎人。这种策略回避了鸟类栖息地被破坏的问题，栖息地被破坏在美国很普遍，但加拿大西部鸟类栖息地被破坏是这种鸟最终灭绝的最重要因素，尽管这种因素出现的时间较晚，也比美国的小。[54]同样，纪录片聚焦澳大利亚矿业巨头必和必拓公司（Broken Hill Proprietary Company）竞标"原始苔原"的钻石开采许可，凸显外国公司对这片荒野的入侵。这种强调外来势力对野生物种和栖息地的破坏可被理解为加拿大的一种隐性民族主义。

对于居住在南部的加拿大人来说，起诉非本国企业的倾向反而遮蔽了真正的信息，尤其是考虑到纪录片很自然地关注由于地区经济发展需求和原住民的矛盾立场（既是传统的驯鹿猎人，又探求更多的主权、工作机会和繁荣）而产生的争论。实际上，南方的加拿大人，尤其是非原住民，完全可以对这种破坏性开采的经济影响置之不理，而把关于北极未来的斗争留给已经参与其中的当地人。博兹沃思的小说及改编的动画电影采取了开放的策略。然而，这部纪录片又回归了单一的、封闭的地区，回归到人们熟悉的加拿大与外部世界对抗的民族主义范式。

使问题复杂的是，对这个单一地区的兴趣同时伴随着对该地区如何发展经济的内部斗争，这种斗争意味着北方的荒原至少在被部分摧毁。现代化的诱惑分裂了北方民族，把原住民和非原住民分成了三个阵营：拒绝牺牲自然荒野和传统生活方式的人；提倡发展的人；主张通过采矿实现现代化，同时为野生动物和传统生活方式寻求空间的人。这部纪录片的叙事结构与动漫影片一致。显然，科尼-格尔迪真心希望促使加拿大人保护其自然遗产。但是，这部纪录片的叙事结构可以说是让居住在南部的加拿大人在很大程度上成为毫无瓜葛的旁观者，何况他们的居住地本就遥远，可能永远也见不到那个世界。那些从未参与其中的非原住民尤为如此。

也许这部纪录片更广泛也更传统的吸引力在于，它通过对博兹沃思小说的再加工，激发了那些有环保意识的观众的悲伤和道德感。这部纪录片没有围绕爱斯基摩麻鹬失败的求偶旅程展开，而是把几个寻宝任务交织在一起，既有现实世界中的，也有比喻意义上的。一位孤独的生物学家花了 10 年时间，徒劳地寻找难觅踪迹的北方瑰宝——爱斯基摩麻鹬[55]，与此同时，矿产公司、当地政府和人们则在竭力寻找"宝藏"。这部纪录片采用物种灭绝叙事中常见的情节设计，讲述了生物学家约阿希姆·奥布斯特（Joachim Obst）追踪鸟儿过去的筑巢地点的过程。一切证据都表明麻鹬已经消失。纪录片的标题一语双关，这个地区正在寻求用资源换取就业和经济增长，最终可能会导致资源枯竭的绝望结果。这部纪录片暗示这片荒原可能会变成不毛之地，钻石和野生动物等一度丰富的资源最终都会枯竭。这部纪录片隐晦而悲伤地警示了末日的来临。

虽然纪录片聚焦特定的北方地区，可能无意中强化了南方人的冷漠，但是它找的外部目击证人则分散在其他地方。这些证人使南部的加拿大居民产生了一种间接的北方归属感，或者至少是一种对北方支持者的模糊的认同感。在一场关于环境的听证会上，一些被采访或作证的科学家并不是本地人，这从他们的口音就可以得到证实：奥布斯特来自德国；冈恩来自英国；大卫·辛德勒是加拿大公民，原籍美国，在阿尔伯塔大学工作；第四名不愿透露姓名的目击者是一位来自加拿大南部的白种人，他在经过无数个小时的跋涉后爱上了这片苔原。所有人都热情地谈论着他们对北方野生动物生活和栖息地的关注。奥布斯特还采访了原住民，询问他们对爱斯基摩麻鹬的了解，他甚至在环境发展的辩论中偏向北方，在一次听证会上公开指责他的前雇主必和必拓对原住民和北方物种不够尊重。作为一个中间人，他的努力可能会让居住在南方的白人观众感觉更接近那些发声反对为发展经济而破坏环境的原住民。

因此，这部纪录片以加拿大白人为例，呼吁所有加拿大人保护野生物种和它们的苔原栖息地。事实上，这部纪录片试图打造一个包容的生态圈——一个包括非北方人的生态圈。它表明这里是不同的人们居住的地方，来激发加拿大的泛民族主义，保护北方独特的野生物种，并通过南方非原住民寻求其他地区政治团体的支持。

然而，这种对开放的关注回避了该地区复杂的殖民和新殖民主义历史，这一历史导致了资源的密集开发、非原住民的涌入以及随之而来的社会和居住环境加速被破坏。[56] 尽管如此，这部纪录片的修辞是批判性的。它含蓄地暗示，以狩猎为基础的传统生活方式的被破坏或丧失，加上以北美驯鹿为代表的野生物种的灭绝，将会带来至少两个后果。首先，它将改变那些直接受到影响的人的生活，这种改变也许不可逆转。其次，它使这个国家的多元文化结构变得简单。它在挽吊北方物种和土地的同时，也是一个民族的生活方式和民族身份的悲歌。

有人可能认为，纪录片导演及制作方都沉浸在一种被雷纳托·罗萨尔多（Renato Rosaldo）称为"帝国主义怀旧"的民族情绪中。[57]他们都在加拿大南部，可以说他们是破坏荒原、原住民生活和生态的同谋。他们间接受益于试图让观众凭吊的北方开发和物种灭绝故事。然而，这部纪录片为这个地区据理力争的形象和声音超越了这一立场。挽歌的悲哀之处部分来自对即将丧失的现存生活方式的记录，这种生活方式一直是当地民众所强烈争取的。该片也记录了原住民的矛盾与挣扎，他们试图在外部强加的经济新秩序中找到自己应有的位置。同时，纪录片也见证了一部分原住民积极适应这一经济新秩序，利用这一秩序为人民谋福利的努力。值得注意的是，该片采访了斯蒂芬·卡克弗（Stephen Kakfwi），他是萨赫图迪恩（Sahtu Dene）人，任西北地区资源、野生动物和经济发展部部长，也是该地区北方管理的倡导者（他后来成为西北地区总督）。

虽然这部纪录片关注了原住民的各种立场，但围绕着荒原物种的命运，它也保留了挽歌的预言性质。这种预言含蓄地质疑所有的非人类生命形式能否适应即将到来的变化并生存下去。这部纪录片的焦虑源于野生物种的灭绝，而不是北方的原住民。该片以爱斯基摩麻鹬灭绝的叙事为中心媒介，把这些焦虑与北方物种和空间的现在与未来有力地结合在一起。总而言之，这部纪录片把具有象征意义的麻鹬扩大到其他尚存的北方物种（如驯鹿），表达了促使以南部居民为主的所有加拿大人保护加拿大北方野生资源的清晰立场。人类在物种灭绝方面的影响如此之大，纪录片以挽歌的方式疏导观众的震惊和悲伤情绪。纪录片警告人们，北方其他特有物种正在减少，含蓄地鼓励人们行动起来。为了强调对陆地及野生物种的关注，影片以荒原的形象开场，并以各种具有象征意义的物种的形象作为开头和结尾，从现存的候鸟到北方正在减少的哺乳动物，如麝牛、北极熊和北美驯鹿等。纪录片表

明所有这些动物都受到了人类活动的威胁，而这些活动并非人类生存所
必须的。

现在呢？

随着时间的流逝，这部纪录片已经成为一份历史文献，一份记录
现代化力量与脆弱的生态系统及传统生活方式之间重重矛盾的文件。
在爱斯基摩麻鹬灭绝的文化旅程中，这部纪录片是一个里程碑，使我
们质疑挽歌模式在当今语境下对于减轻人类对北方环境破坏的说服
力。这三部作品使用了不同的挽歌策略来鼓励北美洲的南方人承担责
任，因为他们也间接地对北方物种造成伤害。不管这种模式是加拿
大、美国还是非民族视角，我们都需要思考这种模式的有效性。

不可否认，资本主义、工业化和资源开发的要求越来越多、越来
越高，侵占性越来越强，这可以解释这种模式为何无法触动（更不
用说撼动）这些人从倾听到采取行动。毕竟经济利益分散并主导了
他们的注意力。我们不能期望产生像雷切尔·卡森（Rachel Carson）
的《寂静的春天》（1962）所达到的那种预期挽歌的效果。矿业、采
石业和石油、天然气开采共同构成了西北地区和阿拉斯加最大的经济
产业，而西北地区和阿拉斯加都是爱斯基摩麻鹬的主要筑巢地。事实
上，加拿大和美国都奉行一种新自由主义的资源开采经济模式，将北
方视为最后一块有待开发的财富之地。

两国的相似之处是否足以让他们以挽歌或其他形式，跨区域确定
一个像爱斯基摩麻鹬一样的共同的环境形象，作为北方野生动物及其
栖息地的象征？为了跨国环保叙事的有效性，我们可能需要考虑到不
同国家和地区占主导地位的产业的比重及其国家政策。这意味着要认

识到西北地区和阿拉斯加的特殊工业优势有所不同，以钻石开采为主的采矿业在加拿大占主导地位，而石油和天然气开采业在阿拉斯加占主导地位。[58]在范围更广的加拿大北部地区，其他一些引人注目的初级产业使这一组合更复杂，比如阿尔伯塔省北部的沥青混合原油工业、萨斯喀彻温省北部的铀矿开采等。矿业公司的业务范围广大，令人眼花缭乱，种类不胜枚举，需要在当地和全球范围考虑叙事策略。

环境保护应当在国家范围内还是超越国家范围更有效，这已经超出了本文的讨论范围，然而我们可以给出评论。三部作品的话语表明，鉴于目前北美北极地区的地缘政治划分，每种方法都有其存在的理由，并由于目标受众的不同而不同。不过，在理想的情况下，跨国公司的视角和方法将是未来任何组合的一部分。如果说过去为了爱斯基摩麻鹬这样的候鸟所做的一切干预仍能给我们什么经验的话，那就是，为了保护长途迁徙的野生物种，多国共同努力是有益的。这是一个时间问题，也是参与努力的人数规模的问题。一个很好的先例是1916年美国和加拿大之间的《美加候鸟保护公约》，至今仍然有效。爱斯基摩麻鹬以及其他被不加选择地猎杀的候鸟，包括著名的旅鸽的灭绝，都说明公约是必需的。虽然拯救爱斯基摩麻鹬为时已晚，但它会帮助其他物种恢复性增长。[59]

说到时间问题，我们就说到了最后一点。挽歌模式与时间紧密相连，传统意义上是与过去相关。而生态挽歌这样的挽歌符号也隐含着未来，正如多位评论家指出的，它预示着未来的完美，或者某些情况下的进步。这些挽歌会引发对未来的哀痛，或者不确定性。因此，尽管它们可能推动人们尽快采取措施阻止悲剧发生，但也可能抑制行动。它们可能会令人麻痹地把结局与现在绑在一起，预示着对模糊未来的绝望。以爱斯基摩麻鹬为例，在博兹沃思的小说出版时，拯救这个物种的所有希望都已经破灭了。小说中鸟的命运只是象征性的。实际上，它已经变成一个幽灵，促使人们采取行动的幽灵。

令环境挽歌的困境变得更加复杂的是，这些挽歌的语言过去无意中与未来挽歌交织在一起，就像博兹沃思的小说一样。这种纠葛带着无意识的意识形态包袱，可能会破坏生态挽歌的信息。在物种濒临灭绝时，这种纠葛却可能暗示其数量并没有减少（这是"物种消失"这一古老前提背后的错误信息）。虽然我们可以通过更明智的写作方式来小心避免这些陷阱，但是海斯关于寻找另一种挽歌模式的建议仍然值得考虑。也许有其他的方式来继续这个故事，表达人们的关切，激发人们保护濒危的北方物种及其栖息地的愿望。

正如海斯所言，从广义上讲，喜剧模式也可占有一席之地。鉴于爱斯基摩麻鹬及其他物种的故事一直在不断上演，这种方式的讽刺张力具有特别的吸引力。正如米克所解释的那样，喜剧模式在更新和再生中达到高潮，并强调适应和融合，可能会让人们在一个堕落的世界中看到生存的希望。但这也提出了一个问题，谁能活下来？包括智人在内的一些物种能够适应环境，而那些死去的呢？随着生态系统的重新配置和再生，那些衰亡的生态系统怎么办？我们是否在使北方的生态变得更复杂？如何再生？需要多长时间？与此同时呢？

一个多世纪以前，鸟类学家就预测了爱斯基摩麻鹬的灭绝，从那时起，我们已经有了太多值得哀悼和讽刺的事情。就像未来挽歌一样，时间的流逝又强化了这一切，但也显示了人类的愚蠢如何导致这一物种和太多其他野生动物的命运。爱斯基摩麻鹬的故事尾声及其文化符号暗示着南方。环境变化的征兆说明我们居住在南方的人不顾科学家的警告和该地区物种的减少，在毫无顾忌地浪费北方资源。在南方的需求驱动下，不断开采破坏，持续推进工业化。虽然政府和工业的金库可能会被填满，但生态损失是空前的，其中许多损失是巨大的。面对所有科学的可能性，试图明确这些具有象征意义的鸟类的灭绝标准似乎过于谨慎和严苛。难道人类还要继续逃避吗？愚蠢盲目地希望吗？随着气温升高，那些迁徙的物种又会怎样呢？关于我们对生物多样性的承诺和所谓的"北方"独特性，这些物种的出现说明了什么？它仅仅是一种南方怀旧情绪，还是对行动的呼吁？

这个持续的、复杂的讽刺故事，也许并不比生态挽歌更能促进未来读者改变北方的发展进程。这种方式也许可以使我们用其他方式来设想，考虑另外的重点——不是终点，也不是新的起点——而是赤裸裸的事实所揭示的荒谬现实：我们无法预先阻止预言的实现，我们自己也深陷于我们所建立的经济、政治和社会系统。或许，它还提供了一种情感路径，或者说，是一种辛辣的催化剂，促使我们行动起来，应对当前的形势。的确，我们最终会发现仅仅讽刺也是不够的，不同模式间的切换、结合以及新模式的使用，都将是我们面对不断变化的形势的最佳反应方式：我们可以去哀悼，去谴责，去战斗，去恢复，去适应，去再次哀悼，去质疑，去反思，去行动。我们是否能够希望多样化的模式有助于达到生物多样性？这一切都等着我们来回答。

后　记

自从 1963 年最后一次观察到爱斯基摩麻鹬，50 多年已经过去，这是宣布一个物种灭绝的必需时段。虽然偶尔有未经证实的发现，对其栖息地的调查也未结束，爱斯基摩麻鹬已被世界自然保护联盟

（IUCN）的"濒危物种红色名录"列为濒危物种（可能已经灭绝）。[60]

许多在北极繁殖的候鸟数量正在严重减少。许多从北方森林迁徙的鸟类数量也是如此。爱斯基摩麻鹬是公认的"矿井里的金丝雀"。2013年，北极理事会（Arctic Council）通过北极动植物保护工作组织发起了《北极候鸟行动计划》（Arctic Migration Birds Initiative），希望能促使候鸟迁徙的沿线国家改变这一情况。

在《荒野探索》中，麻鹬的命运成为一个不祥的预兆。很快，巴瑟斯特驯鹿的数量下降了93%，"从1986年的472000头降到2010年的32000头"，[61]1996年的纪录片中生物学家安妮·甘恩接受采访时的预言可怕地发生了。

2013年，必和必拓公司完成了纪录片中所提到的艾卡提钻石矿的股权出售。艾卡提钻石矿是加拿大第一座钻石矿。2012年首次出售时，人们认为除非发现更多的矿藏，否则该矿的预期寿命将缩短7年。[62]

如今，有数据可查的大部分环极地驯鹿和驯鹿群数量都在减少，包括在美国和加拿大北部迁徙的鹿群。有些鹿群面临灭顶之灾。虽然造成这种现象的具体原因与导致爱斯基摩麻鹬大量死亡的原因不同，但北美驯鹿是生态系统的一部分，其根源最终可以直接或间接归因于人类活动对生态系统的影响：气候的变化、栖息地的改变，以及北方矿物、石油和天然气开采引起的改变。[63]

在气候变暖的影响下，尽管野生动物学家预测某些北方物种数量将持续下降，尤其是北美驯鹿和北极熊，但其他不依赖寒冷气候的物种仍然可能大量繁殖，如白尾鹿和浣熊。[64]这些物种并非该地区所独有的，更容易适应不同的气候。最终，被牺牲的主要是那些像爱斯基摩麻鹬一样体现着"北方的灵魂"的动物吧？那么，新北方将会是什么样子呢？

　　谁来回答？谁来关心？答案是我们。

致　谢

　　感谢莎拉·凯勒（Sarah Keller）的研究协助。

注释

1. Ursula K. Heise，"Lost Dogs，Last Birds，and Listed Species：Cultures of Extinction，" *Configurations* 18，no. 1-2（Winter 2010）：49-72.

2. 另一个挑战是对"北方"的定义。首见谢里尔·格雷斯（Sherrill Grace）的《加拿大和北方的概念》［*Canada and the Idea of North*（Montreal and Kingston：McGill-Queen's University Press，2001）］。她认为"北方……是人类的建构"（第 15 页）。而对她来说，这是"多重的、多变的、有弹性的……过程"（第 16 页），也是"历史上生活过的地方，不断变化，空间……非常模糊不清"（第 22 页）。也可参见地理学家路易斯-埃德蒙·哈默林（Louis-Edmond Hamelin）关于"北欧"的概念和术语。他通过物理和社会文化变量的测量，确立了北方的层次（中北、远北、极北），有助于构建起一个巨大而复杂的空间概念。但他也承认多重北方的概念，即北方是变化的，是人们脑海中的构建。他的译作包括《加拿大的北方：这也是你的北方》［*Canadian Nordicity: It's Your North*，*Too*（Montreal：Harvest House，1979）］和《加拿大大北部及其概念》［*The Canadian North and Its Conceptual Referents*（Ottawa：Canadian Studies Directorate，1988）］。他的著作《北方话语》［*Discours du Nord*（Quebec：GÉTIC，Collection Recherche 35，Université Laval）］包括 200 个术语和相关解释。在早期工作的基础上，自 2003 年以来，丹尼尔·夏蒂尔主持魁北克大学蒙特利尔分校的北方研究中心工作。一个国际研究团队对魁北克及其他地方的文本中关于北方和冬天的表征形式进行文化比较研究，研究认识论和方法论问题。

3. 有关一般性、非区域的概述，参见 David W. Orr，"Baggage：The Case for Climate Mitigation，" *Conservation Biology* 23，no. 4（2009）：790-793。他肯定地说："无论怎样调整，我们都会失去很多物种。"关于加拿大的物种灭绝程度，参见 Laura E. Coristine and Jeremy T. Kerr，"Habitat Loss，Climate Change，and Emerging Conservation

Challenges in Canada," *Canadian Journal of Zoology* 89 (2011)：435-451。有关加拿大濒危物种名单，参见濒危物种登记网站，http：//www. sararegistry. gc. ca/。

4. 约瑟夫·W. 米克 (Joseph W. Meeker) 指出："悲剧人物认真对待冲突，认为面对自身的毁灭，必须肯定其伟大之处。"参见 "The Comic Mode," in *The Ecocriticism Reader: Landmarks in Literary Ecology*，eds. Cheryll Glotfelty and Harold Fromm (Athens：University of Georgia Press，1996)，157。引文见第 158 页。

5. 本文遵循海斯的先例，将"挽歌和悲剧故事"分开。并不是所有的评论家都这样做。例如，诺斯罗普·弗莱 (Northrop Frye) 在他的理论中，把挽歌文学归为悲剧文学的一类，参见《批评学的解剖》[*Anatomy of Criticism* (Princeton：Princeton University Press，1973. 1975 edition)]。他根据"英雄的行动"，区分了高模拟悲剧和低模拟悲剧，前者指英雄的毁灭，后者可以指普通人的放逐或动物的死亡。在生态学和文学的关系中，关于弗莱的悲剧形态如何打破米克的经典悲喜剧的狭隘范式，这超出了本文的研究范围，但值得深入探讨。

6. Chris Baldick，"Elegy," in *Oxford Dictionary of Literary Terms* (Oxford：Oxford University Press，2008)，105.

7. Timothy Morton，"The Dark Ecology of Elegy," in *The Oxford Handbook of the Elegy*，ed. Karen Weisman (Oxford：Oxford University Press，2010)，251-271. 见第 254 页。

8. 同上。

9. Bonnie Costello，"Fresh Woods：Elegy and Ecology Among the Ruins," in Weisman，*The Oxford Handbook of the Elegy*，324-342. 见第 330 页。

10. Patrick Brantlinger，*Taming Cannibals: Race and the Victorians* (Ithaca：Cornell University Press，2011)，2. 又见 Patrick Brantlinger，*Dark Vanishings: Discourse on the Extinction of Primitive Races，1800-1930* (Ithaca：Cornell University Press，2003)，3-5.

11. George Archibald，"Following the Cranes to the Arctic," in *Arctic Voices: Resistance at the Tipping Point*，ed. Subhankar Banaerjee (New York：Seven Stories Press，2012).

12. Margaret Stroebe and Henk Schut，"The Dual Process Model of Coping with Bereavement：A Decade On," Omega—*Journal of Death and Dying* 61，no. 4 (2010)：273-289.

13. Mishka Lysack，"Emotion，Ethics，and Fostering Committed Environmental Citizenship," in *Environmental Social Work*，eds. Mel Gray，John Coates，and Tiani Hetherington，231-245 (London：Routledge，2012). 见第 238 页。

14. R. Clifton Spargo，*The Ethics of Mourning：Grief and Responsibility in Elegiac Literature* (Baltimore：The Johns Hopkins University Press，2004). 见引言，第 1~13 页，尤其第 6 页。

15. Costello，"Fresh Woods," 330.

16. 弗雷德·博兹沃思 (Fred Bodsworth)，《最后的麻鹬》[*Last of the Curlews* (Toronto：McClelland and Stewart，2010)]。博兹沃思在小说中虚构了一只濒临灭绝的鸟，在

此之前，坦纳（James T. Tanner）曾在纪实作品《象牙色鸟喙的啄木鸟》[James T. Tanner, *The Ivory-Billed Woodpecker* (1942; repr. , Mineola, NY: Dover, 2003)] 中写过一只濒临灭绝的鸟。

17. John W. Fitzpatrick, "The American Ornithologists' Union and Bird Conservation: Recommitment to the Revolution," in *Bird Conservation*, *Implementation and Integration in the Americas: Proceedings of the Third International Partners in Flight Conference*, eds. John Ralph and Terrell D. Rich (USDA, Forest Service, Gen. Tech. Rep. PSW – GTR – 191, 2005), 46. 又见 Janet Foster, *Working for Wildlife: The Beginning of Preservation in Canada* (Toronto: University of Toronto Press, 1978), 120-148。

18. 这部小说出现在关于爱斯基摩麻鹬的科学论文中，尽管加拿大文学偶尔在动物和鸟类保护研究中会提到它，但它在北方文化研究中往往被忽视。例如，玛格丽特·阿特伍德（Margaret Atwood）在《生存》[*Survival* (Toronto: Anansi Press, 1972)] 一书中，说明牺牲的动物象征了加拿大的新殖民统治。但是，谢里尔·格雷斯的《加拿大和北方的概念》[*Canada and the Idea of North* (Montreal: McGill-Queen's University Press, 2007, p.184)] 一书强调"严肃文学"，几乎没有提及此书，胡兰（Renee Hulan）的《北方经历和加拿大文化神话》[*Northern Experience and the Myths of Canadian Culture* (Montreal and Kingston: McGill-Queen's University Press, 2001)] 也忽略了此书。艾莉森·米查姆（Allison Mitcham）指出，小说中对鸟的无谓捕杀说明一种价值判断：将人类基于娱乐的狩猎与野生动物基于需求的捕杀进行对比。见 Mitcham, *The Northern Imagination* (Moonbeam, ON: Penumbra Press, 1983), 26。其他学者的研究将在分析中涉及。

19. *The Last of the Curlews* (Hanna-Barbera Studios, 1972).

20. "*The Barrens Quest*", directed by Peter Blow (Bar Harbour Films/Lindum Films/ National Film Board of Canada/Canadian Broadcasting Corporation, 1997). https://www.nfb.ca/film/the_ barrens_ quest.

21. 20 世纪 70 年代以来，开发对北方的影响一直不断被提起。20 世纪 60 年代末 70 年代初，美国的环保主义者对阿拉斯加的管道开发提出担忧。20 世纪 70 年代，伴随加拿大北部和西北地区的管道开发项目（分别在麦肯金峡谷和育空）进行了两次调查，加拿大的北方问题进入公众视线。参见 Shelagh D. Grant, *Polar Imperative: A History of Arctic Sovereignty in North America* (Vancouver: Douglas & McIntyre, 2010), 360-361 and 364-366。

22. Heise, "Lost Dogs, Last Birds, and Listed Species," 62.

23. Brantlinger, Dark Vanishings, 2.

24. David A. Kirk and Jennie L. Pearce, COSEWIC Assessment and Status Report on the Eskimo Curlew Numenius Borealis in Canada (Canadian Wildlife Service, Environment Canada, 2006). 科学家们现在认为，在欧洲人刚接触爱斯基摩麻鹬时，这些鸟可能

有上万只。

25. 标题开头缺少定冠词"The"，这使得文本后面麻鹬的状态不明确。

26. 科学家们指出了导致其灭亡的三个主要因素：过度捕猎，栖息地的消失，美国西部一种主要食物的灭绝。参见 Kirk and Pearce, COSEWIC Assessment, 18 - 20, and "Eskimo Curlew: Three Strikes in the Wink of an Eye"。康奈尔大学鸟类实验室网址：http：//www. birds. cornell. edu/allaboutbirds。

27. 这里的农夫有潜在的猎人形象，因为他射杀了鸟。杀害爱斯基摩麻鹬的两种致命力量——狩猎和农业，在此结合为一体。

28. Bodsworth, Last of the Curlews, 27.

29. 描述为陆地构造、岩石和"河流的 S 形"（同上）。

30. 这对麻鹬的最终目的地是加拿大，"加拿大遥远的北方"描述了麻鹬穿越墨西哥湾，在春天来到北极的情景（Bodsworth, *Last of the Curlews*, 96）。

31. Lee Frew, "A Kinship with Otherness: Settler Subjectivity and the Image of the Wild Animal in Canadian Fiction in English" (PhD diss. , Toronto：York University, 2011), 212.

32. 戈勒普（G. B. Gollop）、巴里（T. W. Barry）和伊弗森（E. H. Iversen）说："在阿拉斯加没有找到具体的繁殖证据。""Eskimo Curlew：A Vanishing Species?" subsection："Fall Migration in Northern North America." 并参见 Saskatchewan Natural History Society. *Special Publication* No. 17, Regina, Saskatchewan, 1986；http：//www. npwrc. usgs. gov/resource/birds/curlew/。

33. 这些地方包括拉布拉多、新英格兰、南塔开特、得克萨斯、内布拉斯加、达科他和加拿大草原。

34. 其中提到这片土地的原住民爱斯基摩人，把他们描绘成猎人——但仅仅为了生存，而不是像南方的猎人那样为了恣意娱乐和利益。他们也是生态文化历史的重要组成部分。故事认为随着爱斯基摩麻鹬的消失，只留下了传说。

35. 这是《荒野探索》给出的翻译，似乎是拉丁语 numen minis，意为"神圣的意志，神力，威严，神，上帝"。参见 B. C. Taylor and K. E. Prentice, *Selected Latin Readings* (J. M. Dent & Sons, 1962), 370。然而，一些科学出版物根据拉丁语的希腊词根给出了不同的翻译，参见 Gollop, Barry, and Iversen, "Eskimo Curlew"。

36. 科学报告区分了已知筑集地点（西北地区）和在更远的阿拉斯加所看到的飞行中的鸟。

37. Bodsworth, Last of the Curlews, 66.

38. 同上，第 109 页。

39. 小说使用了"家"这个词（第 68 页）。李·弗鲁将这对迁徙的麻鹬视为"游客"，将它们与"南美洲驼和印第安牧者两个形象"进行对比（第 213 页）。

40. 参见小说第 32 页和第 33 页。报告另外还指出，1882 年至 1894 年，这一数字有惊人的下降（第 52 页）。

41. 参见小说第 2 页。

42. Frew，"A Kinship with Otherness，"216-217.

43. 关于这一论述，参见 J. B. MacKinnon，*The Once and Future World*（Toronto：Random House Canada，2013），28-35。

44. 参见 Kenneth Coates，*Canada's Colonies: A History of the Yukon and the Northwest Territories*（Toronto：James Lorimer，1985）。

45. Brantlinger，*Dark Vanishings*，6.

46. 参见 Ted Sennett，William Hanna，and Joseph Barbera，*The Art of Hanna Barbera: Fifty Years of Creativity*（New York：Viking Studio Books，1989），210，213；Joseph Barbera，*My Life in 'Toons: From Flatbush to Bedrock in Under a Century*（Atlanta：Turner Publishing，1994），192；Iwao Takamoto，*Iwao Takamoto: My Life with a Thousand Characters*（Jackson：University Press of Mississippi，2009），107-108。高本还认为，动漫导演查尔斯·A. 尼科尔斯（Charles A. Nichols）曾在迪士尼工作，在本片中的贡献没有被记住。

47. Barbera，*My Life in 'Toons*，192. 该电影公司在 20 世纪 60 年代后期开始涉足动画长片和特别节目，这部电影显示了汉娜-芭芭拉电影制作公司向更完整的动画风格的转变，丰富了之前电影背景中的非人类角色，比如《夏洛的网》（*Charlotte's Web*）（1973），形象刻画了影片人物的自然世界，如《海蒂之歌》（*Heidi's Song*）（1982）。

48. 在 2009~2014 年上传的关于这部动画电影版本的大量 YouTube 帖子中，已经长大成人的观众对这部电影有着深情的回忆，但也有人反感它说教的语气。参见 "ABC Afterschool Specials，" in *The Encyclopedia of Guilty Pleasures: 1, 001 Things You Hate to Love*（Philadelphia：Quirk Books，2004），9-10。1971 年，苏斯博士（Dr. Seuss）的《老雷斯的故事》（*The Lorax*）出版后，儿童文学的作者们开始积极讨论当代环境问题，这部电影也因袭了道德说教的传统。参见 Carolyn Sigler，"Wonderland to Wasteland：Toward Historicizing Environmental Activism in Children's Literature，" *Children's Literature Quarterly Association* 19，no. 4（Winter 1994）：148-153。

49. Deidre M. Pike，*Enviro-Toons: Green Themes in Animated Cinema and Television*（Jefferson：North Carolina：McFarland & Co.，2012），12-13，以及 Robin L. Murray and Joseph K. Heumann，*That's All Folks? Ecocritical Readings of American Animated Features*（Lincoln：University of Nebraska Press，2011），1-2，并参见 Jaime J. Weinman，"Things That Suck：The Smoggies，" "Something Old，Something New：Thoughts on Popular Culture and Unpopular Culture，" Sept. 1，2004，and "A Good Enviro-Toon，" Sept. 6，2004（blog），http：//zvbxrpl. blogspot. ca。

50. 这部动画电影强烈控诉了狩猎文化，承袭了迪士尼《小鹿斑比》的传统。例如可以参见 Ralph H. Lutts，"The Trouble with Bambi：Walt Disney's Bambi and the American Vision of Nature，" *Forest & Conservation History* 36，no. 4（October 1992）：160-171。

不同的是，《小鹿斑比》并没有真正射杀斑比的母亲，而汉娜-芭芭拉电影制作公司的电影则展示了母鹿被射、挣扎和最终死亡的情景。

51. YouTube 和 IMDb 上关于这部电影的帖子说明，随着许多观看这部电影的孩子长大，那个时代已告终结。海洋生物学家和作家伊娃·索利提斯（Eva Saulitis）在《沉默的世界：虎鲸消失的记忆》（*Into the Great Silence: A Memory of Discovery and Loss in Orcas*, Boston：Beacon Press, 2013）的"序言"中表明，这部电影对野生动物的生命有决定作用。索利提斯来自纽约，年轻时曾冒险北上，一生都献给了鲸鱼研究。

52. Linda Campbell, *Endangered and Threatened Animals of Texas: Their Life History and Management*（Austin：Texas Parks and Wildlife Press, 1995, 1-3；由 USFWS 2003 修订批准）。关于爱斯基摩麻鹬，文章不是很确定，但仍指出这个物种"可能也在阿拉斯加苔原上筑巢"，http://www.tpwd.state.tx.us/publications/pwdpubs/media/pwd_w7000_0013.pdf。而阿拉斯加野生动物保护官员报告称，爱斯基摩麻鹬"历史上曾在西北地区的苔原筑巢，可能与努勒维特相邻，也可能在阿拉斯加"。*Eskimo Curlew*（*Numenius borealis*）5-*Year Review: Summary and Evaluation*, U.S. Fish and Wildlife Service, Fairbanks, Alaska, August 31, 2001, 3.

53. Heise, "Lost Dogs, Last Birds, and Listed Species," 69.

54. 在 1896 年大规模定居加拿大西部之前，爱斯基摩麻鹬的数量在 1870~1890 年急剧减少。定居所造成的环境变化又影响了剩余麻鹬的数量。有关这一时期加拿大和美国的狩猎和农业发展对候鸟的影响，参见 Janet Green, "The Federal Government and Migratory Birds: The Beginning of a Protective Policy," *Canadian Historical Association: Historical Papers 11*, no. 1（1976）：207-227, especially p.210, 以及 Dan Gottesman, "Native Hunting and the Migratory Birds Convention Act：Historical, Political, and Ideological Perspectives," *Journal of Canadian Studies* 18（Fall 1983）：67-89。

55. 这让人想起其他著名的北方物种灭绝的例子，比如横跨北大西洋的海雀。

56. 鉴于这段历史，认为这种修辞策略有助于反对生物领域的排外现象并不客观，因为正如珍妮·克伯（Jennet Kerber）所言，排外的话语通常是由仇外或白人至上的意识形态所驱动。参见 Jenny Kerber, "Nature Trafficking：Writing and Environment in the Western Canada-U.S. Borderlands," in *Greening the Maple: Canadian Ecocriticism in Context*, eds. Ella Soper and Nicholas Bradely（Calgary：University of Calgary Press, 2013）, 199-225, 见第 207~210 页。

57. Renato Rosaldo, "Imperialist Nostalgia," *Representations* 26（Spring 1989）：107-122.

58. "Northern Economic Diversification Index," Canadian Northern Development Agency, http://www.cannor.gc.ca/eng/1388762115125/1388762170542, June 11, 2014. 2012 年，采矿、采石与石油和天然气开采占西北地区生产总值的 28%。2005 年，这些行业占加拿大北极地区生产总值的 27.2%，占阿拉斯加地区生产总值的 27.9%，石油和天然气开采在阿拉斯加占主导地位（23.9%），也在加拿大北极地区占主导地位

（19.5%）。Solveig Glomsrød et al., "Arctic Economies within the Arctic Nations," in *The Economy of the North 2008*, eds. Solveig Glomsrød and Iulie Aslaksen (Oslo-Konsvinger: Statistics Norway, 2010), 37 – 67. Neoliberal model: 16 – 17; Alaska (by industry): Table 4.1, p.38; Arctic Canada (by industry): Table 4.2, p.42. http://www.ssb.no/a/english/publikasjoner/pdf/sa112_ en/sa112_ en.pdf, June 11, 2014.

59. 它还提出了如何允许原住民狩猎的问题，这也是本书作者之一菲尔丁的关注点。尽管《美加候鸟保护条约》对鸟类数量产生了积极的影响，但在面对"生物多样性丧失的终极驱动因素"时，加拿大和美国大陆有关生物多样性的各种法律和法规整体无效。参见 Reed F. Noss, et al., "Priorities for Improving the Scientific Foundation of Conservation Policy in North America," *Conservation Biology* 23, no.4 (2009): 825-833。

60. 1963 年在巴巴多斯射杀了一只麻鹬。此后的几次目击参见 Kirk and Pearce, COSEWIC *Assessment and Status Report*, 15-16。1963 年以前的几次目击，参见 Gollop, Barry, and Iversen, "Eskimo Curlew"。

61. Ed Struzik, "A Troubling Decline in the Caribou Herds of the Arctic," *Yale Environment 360* (blog), Yale School of Forestry and Environmental Studies, Sept. 23, 2010, / http://e360.yale.edu/feature/a_ ing_ decline_ in_ the_ caribou_ herds_ of_ the_ arctic/2321/.

62. Pav Jordan, "BHP Billiton Breaks Its Diamond Engagement," *Globe and Mail*, Nov.13, 2012, http://www.theglobeandmail.com/report-on-business/industrynews/energy-and-resources/bhp-billiton-breaks-its-diamond-engagement/article 5227127/ and "Dominion Diamond Wins Final Approvals to Acquire Ekati Mine," Financial Post, April 1, 2013, http://business.financialpost.com/2013/04/01/dominion-diamond-ekati/.

63. Liv Solveig Vors and Mark Stephen Boyce, "Global Declines of Caribou and Reindeer," *Global Change Biology* 15, no.1 (2009): 2626-2633, p.2626.

64. Mark S. Boyce, et al., "Harvest Models for Changing Environments," in *Wildlife Conservation in a Changing Climate*, eds. Jedediah F. Brodie, Eric S. Post, and Daniel F. Doak (Chicago: University of Chicago Press, 2012), 293-306, p.293.

参考文献

Archibald, George. "Following the Cranes to the Arctic." In *Arctic Voices: Resistance at the Tipping Point*, edited by Subhankar Banaerjee. New York: Seven Stories Press, 2012.

Atwood, Margaret. *Survival*. Toronto: Anansi Press, 1972.

Baldick, Chris. "Elegy." In *Oxford Dictionary of Literary Terms*. Oxford: Oxford University

Press, 2008.

Barbera, Joseph. *My Life in' Toons: From Flatbush to Bedrock in Under a Century.* Atlanta: Turner Publishing, 1994.

The Barrens Quest, directed by Peter Blow. Bar Harbour Films/Lindum Films/National Film Board of Canada/Canadian Broadcasting Corporation, 1997.

Bodsworth, Fred. *Last of the Curlews.* 1955; repr. , Toronto: McClelland and Stewart, 2010.

Boyce, Mark S. , et al. "Harvest Models for Changing Environments. " In *Wildlife Conservation in a Changing Climate*, edited by Jedediah F. Brodie, Eric S. Post, and Daniel F. Doak, 293-306. Chicago: University of Chicago Press, 2012.

Brantlinger, Patrick. *Taming Cannibals: Race and the Victorians.* Ithaca: Cornell University Press, 2011.

———. *Dark Vanishings: Discourse on the Extinction of Primitive Races, 1800-1930.* Ithaca: Cornell University Press, 2003.

Campbell, Linda. *Endangered and Threatened Animals of Texas: Their Life History and Management.* Austin: Texas Parks and Wildlife Press, 1995.

Canadian Northern Development Agency. "Northern Economic Diversification Index. " Acccessed June 11, 2014. http: // www. cannor. gc. ca/eng/1388762115125/1388762170542.

Coates, Kenneth. *Canada's Colonies: A History of the Yukon and the Northwest Territories.* Toronto: James Lorimer, 1985.

Coristine, Laura E. , and Jeremy T. Kerr. "Habitat Loss, Climate Change, and Emerging Conservation Challenges in Canada. " *Canadian Journal of Zoology* 89 (2011): 435-451.

Costello, Bonnie. "Fresh Woods: Elegy and Ecology Among the Ruins. " In *The Oxford Handbook of the Elegy*, edited by Karen Weisman, 324 - 342. Oxford: Oxford University Press, 2010.

Eskimo Curlew (Numenius borealis) 5-Year Review: Summary and Evaluation, U. S. Fishand Wildlife Service, Fairbanks, Alaska, August 31, 2001, 3.

Fitzpatrick, John W. "The American Ornithologists' Union and Bird Conservation: Recommitment to the Revolution. " In *Bird Conservation, Implementation and Integration in the Americas: Proceedings of the Third International Partners in Flight Conference*, edited by John Ralph and Terrell D. Rich. USDA, Forest Service, Gen. Tech. Rep. PSW-GTR-191, 2005.

Foster, Janet. *Working for Wildlife: The Beginning of Preservation in Canada.* Toronto: University of Toronto Press, 1978.

Frew, Lee. "A Kinship with Otherness: Settler Subjectivity and the Image of the Wild Animal in Canadian Fiction in English. " PhD diss. , Toronto: York University, 2011.

Frye, Northrop. *Anatomy of Criticism.* 1975; repr. , Princeton: Princeton University

Press, 1973.

Glomsrød, Solveig, et al. "Arctic Economies within the Arctic Nations." In *The Economy of the North 2008*, edited by Solveig Glomsrød and Iulie Aslaksen, 37 – 67. Oslo-Konsvinger: Statistics Norway, 2010.

Gollop, J. B. , T. W. Barry, and E. H. Iversen. "Eskimo Curlew: A Vanishing Species?" Saskatchewan Natural History Society. Special Publication No. 17, Regina, Saskatchewan, 1986; http: //www. npwrc. usgs. gov/resource/birds/curlew/.

Grace, Sherrill E. *Canada and the Idea of North.* Montreal and Kingston: McGill-Queen's University Press, 2001.

Grant, Shelagh D. *Polar Imperative: A History of Arctic Sovereignty in North America.* Vancouver: Douglas & McIntyre, 2010.

Green, Janet. "The Federal Government and Migratory Birds: The Beginning of a Protective Policy." *Canadian Historical Association: Historical Papers* 11, no. 1 (1976): 207-227.

Gottesman, Dan. "Native Hunting and the Migratory Birds Convention Act: Historical, Political, and Ideological Perspectives." *Journal of Canadian Studies* 18 (Fall 1983): 67-89.

Hamelin, Louis-Edmond. *Canadian Nordicity: It's Your North*, *Too.* Trans. William Barr. Montreal: Harvest House, 1979.

——. *The Canadian North and Its Conceptual Referents.* Ottawa: Canadian Studies Directorate, 1988.

——. *Discours du Nord.* Quebec: GÉTIC, Collection Recherche 35, Université Laval, 2002.

Heise, Ursula K. "Lost Dogs, Last Birds, and Listed Species: Cultures of Extinction." *Configurations* 18, no. 1-2 (Winter 2010): 49-72.

Hulan, Renée. *Northern Experience and the Myths of Canadian Culture.* Montreal and Kingston: McGill-Queen's University Press, 2001.

Jordan, Pav. "BHP Billiton Breaks Its Diamond Engagement." *Globe and Mail*, Nov. 13, 2012, http: //www. theglobeandmail. com/report – on – business/industry – news/energy–and–resources/bhp–billiton–breaks–its–diamond–engagement/article227127/.

Kerber, Jenny. "Nature Trafficking: Writing and Environment in the Western Canada-U. S. Borderlands." In *Greening the Maple: Canadian Ecocriticism in Context*, edited by Ella Soper and Nicholas Bradely, 199-225. Calgary: University of Calgary Press, 2013.

Kirk, David A. , and Jennie L. Pearce. *COSEWIC Assessment and Status Report on the Eskimo Curlew Numenius Borealis in Canada.* Canadian Wildlife Service, Environment Canada, 2006.

The Last of the Curlews. Hanna-Barbera Studios, 1972.

Lutts, Ralph H. "The Trouble with Bambi: Walt Disney's *Bambi* and the American Vision of Nature. " *Forest & Conservation History* 36, no. 4 (October 1992): 160-171.

Lysack, Mishka. "Emotion, Ethics, and Fostering Committed Environmental Citizenship. " In *Environmental Social Work*, edited by Mel Gray, John Coates, and Tiani Hetherington, 231-245. London: Routledge, 2012.

MacKinnon, J. B. *The Once and Future World*. Toronto: Random House Canada, 2013.

Meeker, Joseph W. "The Comic Mode. " In *The Ecocriticism Reader: Landmarks in Literary Ecology*, edited by Cheryll Glotfelty and Harold Fromm. Athens: University of Georgia Press, 1996.

Mitcham, Allison. *The Northern Imagination*. Moonbeam, ON: Penumbra Press, 1983.

Morton, Timothy, "The Dark Ecology of Elegy. " In *The Oxford Handbook of the Elegy*, edited by Karen Weisman, 251-271. Oxford: Oxford University Press, 2010.

Murray, Robin L. , and Joseph K. Heumann. *That's All Folks? Ecocritical Readings of American Animated Features*. Lincoln: University of Nebraska Press, 2011.

Noss, Reed F. , et al. "Priorities for Improving the Scientific Foundation of Conservation Policy in North America. " *Conservation Biology* 23, no. 4 (2009): 825-833.

Orr, David W. "Baggage: The Case for Climate Mitigation. " *Conservation Biology* 23, (2009) 4: 790-793.

Pike, Deidre M. *Enviro-Toons: Green Themes in Animated Cinema and Television*. Jefferson, NC: McFarland & Co. , 2012.

Rosaldo, Renato. "Imperialist Nostalgia. " *Representations* 26 (Spring 1989): 107-122.

Saulitis, Eva. *Into the Great Silence: A Memory of Discovery and Loss among Vanishing Orcas*. Boston: Beacon Press, 2013.

Sennett, Ted, William Hanna, and Joseph Barbera. *The Art of Hanna-Barbera: Fifty Years of Creativity*. New York: Viking Studio Book, 1989.

Sigler, Carolyn. "Wonderland to Wasteland: Toward Historicizing Environmental Activism in Children's Literature. " *Children's Literature Association Quarterly* 19, no. 4 (Winter 1994): 148-153.

Spargo, R. Clifton. *The Ethics of Mourning: Grief and Responsibility in Elegiac Literature*. Baltimore: The Johns Hopkins University Press, 2004.

Stroebe, Margaret, and Henk Schut. "The Dual Process Model of Coping with Bereavement: A Decade On. " *Omega—Journal of Death and Dying* 61, no. 4 (2010): 273-289.

Struzik, Ed. "A Troubling Decline in the Caribou Herds of the Arctic. " *Yale Environment- 360* (blog), Yale School of Forestry and Environmental Studies, Sept. 23,

2010, http: //e360. yale. edu/feature/a_ troubling_ decline_ in_ the_ caribou_ herds_ of_ the_ arctic/2321/.

Takamoto, Iwao. *Iwao Takamoto: My Life with a Thousand Characters.* Jackson: University Press of Mississippi, 2009.

Tanner, James T. *The Ivory-Billed Woodpecker.* 1942; repr. , Mineola, NY: Dover, 2003. Vors, Liv Solveig, and Mark Stephen Boyce. "Global Declines of Caribou and Reindeer. " *Global Change Biology* 15, no. 1 (2009): 2626-2633.

Weinman, Jaime J. "Things That Suck: The Smoggies. " "Something Old, Something New: Thoughts on Popular Culture and Unpopular Culture," Sept. 1, 2004, and "A Good Enviro-Toon," Sept. 6, 2004 (blog), http: //zvbxrpl. blogspot. ca.

2

渡鸦的世界：变化中北方的生态挽歌及其他

威尔·艾略特

阿拉斯加大学东南分校

凭吊阿拉斯加失去的边疆

在现代化进程中，文学和电影不乏对逝去的北方景观和生活方式的怀念之情。近年来，很多阿拉斯加非文学作品的标题都有共鸣——《离开阿拉斯加》《最后的拓荒者》《最后的定居者》，以及《消失》《地图》等——反映了一种愈加广泛的挽歌趋势，凭吊消失的或正在消失的北方。[1]正如埃里克·海恩（Eric Heyne）所说，阿拉斯加文学中许多权威的文本，比如诗人约翰·海恩斯（John Haines）的回忆录《星星、雪、火》（*The Stars, the Snow, the Fire*），"往往回顾过去，基调主要是怀旧或凭吊"。[2]这样的"忧伤叙事"不仅仍然是美国环境艺术的重要组成部分，而且常常影响着文学和环境领域的学术话语。然而，最近，阿拉斯加作家越来越多地将目光投向挽歌之外。海恩特别提到，南希·罗德（Nancy Lord）的短篇小说集《与海狸一起游泳的人》（*The Man Who Swim with Beavers*）（2001）选择了非西方的叙事传统，采用喜剧、反讽或讽刺的方式。[3]这里，我将聚焦当代阿拉斯加作家塞斯·坎特纳（Seth Kantner），他的作品有助于将当代阿拉斯加文学的焦点从挽歌转向当代北方，讲述人类与其他生物如何在加速变化的文化和环境中生活。

海恩对前瞻性北方叙事的呼吁，与上一代作家威廉·亨特（William Hunt）的呼吁一致。[4]1978 年，亨特在一篇评论阿拉斯加因石油开发而转型的文学作品的文章中，讽刺那些写"失去的边疆"的作者就像连环画中那些凌乱的人物一样预示末日即将来临：

> 最近的写作趋势是把失去的阿拉斯加边疆当作大事。这一定会让那些对阿拉斯加了解不够透彻的美国人感到沮丧，他们会突然意识到"最后的边疆"已经消失了。但是，它并未失去，也不是最后的，甚至也不是边疆。我们应解决这个问题，考虑一下荒野概念。（22）

亨特反对诸如"最后"和"迷失"这样的终结性语言，相反，他坚持"在不受荒野概念干扰的情况下，有机会权衡具体的土地提案"（同上）。然而，我们或许可以深入讨论亨特的批判，更广泛地思考为何阿拉斯加挽歌蕴含了阿拉斯加与资本主义晚期现代性的关系问题。

正如伊斯珀·图洛（Elspeth Tulloch）在第一篇文章所言，这种世界末日般的环保辞令的危险是它们似乎自我定位为必然实现的预言。提莫西·莫顿（Timothy Morton）明确提出了此类预言隐含的帝国主义逻辑：

如果资本主义本身依靠天启幻想来维持自身的繁衍，结果会怎样呢？如果这样的大自然，或社会体系之外的游离体，只是一个资本主义幻想，甚至确定是资本主义幻想，结果将怎样呢？……那宣告历史走到了尽头，资本主义形式是最终归宿。[5]

阿拉斯加被想象为美国环境中一个特殊的空间，它就像莫顿所描述的那样游离在外，是世界之巅的最后一片疆域，它的终结也就宣告了"历史的终结"。[6]因此，尽管在短期内，阿拉斯加挽歌可能在动员人们努力应对北极变暖等威胁方面是有效的，但长期来看，它暗示着一切努力都将无效，后资本主义现代性将终结，一切都将终结。

这种隐含的宿命论思想在旅游宣传中表现得很明显，比如最近的一份游轮宣传册声称，"如果你想看看原生态的阿拉斯加，马上就去，因为它可能很快消失"。这种消失不仅仅因为"全球变暖和环境变化"，更直接的原因是"保护动物免受游轮伤害的新法律"。[7]宣传册不但将阿拉斯加消费与阿拉斯加混为一谈，更将气候变化和环境保护都描述为"对阿拉斯加重要自然景观的威胁"。在这一时间有限的景观里，资源和代表事物都被吞噬，而供应仍在持续。因此，挽歌与阿拉斯加的未来关系不大，事实上，它还促使人们合法地施加影响，危害阿拉斯加的未来。

下面，我从格兰特·西姆斯（Grant Sims）的回忆录《离开阿拉斯加》（*Leaving Alaska*）开始说起。该书详细描述了1989年埃克森·瓦尔迪兹号油轮在威廉王子湾（Prince William Sound）发生漏油事故后，西姆斯对"阿拉斯加最后的边疆"想象的幻灭。我对其中忧郁、怀旧的思想持批判态度，从总体上探讨西姆斯的情感立场的后果。我研究了其中多米尼克·福克斯（Dominic Fox）的"寒冷世界"

的概念与寒冷的阿拉斯加北极世界的对比。具体来说，虽然福克斯的哲学对西方消费主义提出强烈批评，但他的批判中的天启维度应用在阿拉斯加农村社区很有问题。之后，我转向塞斯·坎特纳富有创意的纪实作品集《寻找豪猪》（*Shopping for Porcupine*），以及关于渡鸦的阿拉斯加本土故事。[8]传统中的故事各种各样；我借鉴了特林吉特（Tlingit）诗人和科育空（Koyukon）阿萨巴斯卡（Athabascan）诗人对渡鸦的当代描述。[9]我希望，这种前现代主义和后现代主义影响的融合，会促使我们重新思考习以为常的乡村在地理和时间上的被边缘化对未来环境审美的影响，并寻找更加包容的阿拉斯加前景，而不受过去、失落或边疆等辞令的影响。

《离开阿拉斯加》

格兰特·西姆斯的回忆录《离开阿拉斯加》以"失去"为开端。1989 年，埃克森·瓦尔迪兹号油轮在威廉王子湾发生漏油事故，这打破了人们将阿拉斯加视为人类堕落前的荒野异域的印象，西姆斯感到阿拉斯加已经被异化，他难过地与之告别，写道："最终发现，我们的荒原原来是一种幻觉。埃克森·瓦尔迪兹号油轮在排放废油……我们不得不承认，今天的荒原不过是自我陶醉罢了……依赖的仅仅是企业的仁慈。"西姆斯表示，这种哀悼不是关于一个特定的地方，而是关于一个抽象地方的浪漫"幻觉"，这种逻辑与环境挽歌绑定在一起，可以延伸到整个"荒原"，哀悼对某些地方的有害影响（比如威廉王子湾）。

《离开阿拉斯加》很复杂，很有价值，特别是它记录了漏油事件对地方、政治和环境历史的直接后果。问题在于凭吊失去了边疆地位的阿拉斯加时（具体来说是公司法律体系的受害者），如莫顿所说，西姆斯不仅影射出"资本主义形式的历史已经结束"，而且强化了"消失的印第安人"的修辞，这种修辞长期以来损害了原住民的合法权利。[10]因此，《离开阿拉斯加》对后来者所提出的挑战是，既要表现出像埃克森·瓦尔迪兹号这样天启般的灾难所带来的极大痛苦，又要清晰地展现未来，无论未来会做多少妥协或多么不完美。

西姆斯的幻灭始于一个名叫维吉尔·詹姆斯的格威辛男孩，他因为酗酒而溺水死亡。由此西姆斯发现随着边疆的失去，边疆文化也在瓦解。西姆斯追溯到140年前，哈德逊湾公司在此成立办公室，几代人之后这里成为男孩的母亲拉蒙娜居住的村庄。西姆斯发现，最初"拉蒙娜的村邻，也就是大河沿岸的人们，并没有村庄"，所以拉蒙娜没有想过要找到一个定居点。阿萨巴斯卡人约有15000年的历史，而其后人只能沿着海岸漂泊，被迫做出悲惨的选择，"要么在白人的购物中心之间找到去处，要么去古老的格威金路，那条路通往一个至今仍与世隔绝的阿拉斯加小村庄"（57~58）。西姆斯在这里重申了莫顿早些时候提出的"社会体系之外的游离"和晚期资本主义现代性的"最终目的地"之间的错误困境。在西姆斯看来，拉蒙娜·詹姆斯既无法放弃自己的传统，也无法恢复游牧的生活方式，她选择了一条没有未来的道路。

在最后一章，西姆斯在州外的新家深情地回顾阿拉斯加。在这一点上，《离开阿拉斯加》让人想起了著名的挽歌作家丁尼生的诗句——"爱过再失去／胜过从未爱过"。[11]而这些对于被西姆斯抛在身后的人来说则很不一样，他们在失去中挣扎。这种差异在维吉尔·詹姆斯死后尤为明显：

艾迪·詹姆斯每次在小河弯弯曲曲的弯道上经过时，肯定能够感受到那种疯狂而又清醒的痛苦。正如当时仍然醉醺醺的拉蒙娜对着梅纳德的录音机说："很快我们就发现维吉尔不见了，艾迪尖叫着把啤酒扔出了船外。"（65）

艾迪的悲痛欲绝与丁尼生的另一段诗相呼应，在这段诗中，忧郁的人面对灭绝哭了，"没有语言，只有一声哭泣"（第54章）。詹姆斯和阿拉斯加原住民的未来，并不在《离开阿拉斯加》的情感范围之内。

冰冷的世界

拉蒙娜·詹姆斯的故事不过是《离开阿拉斯加》中对失去的边疆的悲伤和无奈的众多写照之一。然而，我们可能会问，悲伤、徒劳和失落的比喻是否像看起来的那样不可避免。多米尼克·福克斯提出，鉴于晚期资本主义对享受的禁令，或许相反的体验——沮丧、困难——可能在美学和政治上具有革命性的潜力。[12]他把这种状态称为"冰冷的世界"，一种枯竭状态，在这种状态下，现代化的空洞承诺——人人都有手机，家家都能吃上炖鸡——都失去了迷人的光环：

> 冰冷的世界的到来是终结性的，因为这是世界的终结，冰冻、黑暗。正如一个"生命世界"可以赋予我们美好的资源和品质，冰冷的世界（或"非生命世界"）给人的体验是资源的枯竭，一切美好的消失。（7）

福克斯将这种"终结和枯竭"与"战士"形象联系起来——

"拒绝一切安慰的战士，拒绝相信明天会带来希望，带来喘息或意料之外的好消息"。这一形象对资本主义的诱惑免疫，像战士一样放弃了所谓的"好日子"，而致力于探索其他生活方式（43）。

福克斯的观点耐人寻味。图洛指出挽歌在描写现代时隐含着未来的灭绝，预示着对一个模糊的未来的深深绝望，因此会阻碍人们采取行动。福克斯则表明，放弃未来——"绝对的绝望"——对于设想另一个未来非常重要，因为后资本主义的乐观蓝图并没有未来。然而，福克斯没有提到的是，当这个冰冷世界的核心移向北方时，是否能够形成政治变革。

尽管"冰冷的世界"可能成为一种模式，刺激人们抵制资本主义无休止的市场扩张和不断增长的欲望，但要实现福克斯所描述的世界，也会有严重的附带灾害。福克斯将"冰冷的世界"定义为一个完全的、最终的状态，因此必须扩展其边界，把"世界由生机勃勃变得毫无生气……被神灵遗弃"这一事实包括进去（6）。"生命与万物有灵的世界"的祈愿是我们所熟悉的。它与西姆斯从威廉王子湾到"荒原异域"（all that is wild）的整体飞跃类似，也提出了相似的原住民处境问题。

世俗的、以人类为中心的、物化的世界，福克斯的"被神灵遗弃的万物有灵世界"意味着西方帝国主义世界已经燃烧殆尽。北方面临的问题是，这种燃烧不仅造成字面上的北极变暖，而且它对环极地物种和文化造成的伤害也极不均匀。福克斯所描绘的世界末日也许打动了人们的情感，但对于在变化中摸索的北方来说，这只是一个尚存疑问的路标而已。

《寻找豪猪》

现在我们从记录问题转到思考北方文学可能提出哪些解决方案。

我们处于气候变化之中，这种气候变化的叙事应该是怎样的呢？这种叙事不仅关注拉蒙娜和艾迪·詹姆斯的痛苦，而且涉及整个濒危社区的未来，叙事并不局限于人类语境，也包括所有生灵，甚至包括从福克斯冰冷的世界里离开的"主宰的神灵"。

首先，它应该超越人类中心主义。南希·罗德最近出版的《早期变暖：气候变化中的北方的危机和应对》（*Early Warming: Crisis and Response in the Climate-Changed North*）清楚地表明，如果将环境伦理以气候的尺度来衡量，它将变得多么不清晰。云杉树正在死亡，而树皮甲虫却因气候变暖而欢欣鼓舞，因此，罗德描述的甲虫的"横越大地的死亡之旅"对于从栖息地更替中受益的草原物种来说，也是生命之旅。[13] 这种令人困惑的相对性表明，我们一旦不再以人类为中心，就无法找到道德确定性、最终解决方案、无可指责的生存方式。它促使作家思考环境变化的各种非人类维度，不再局限于虚假的审美统一（挽歌、天启、警示故事、生存叙事等），而是克制人类主宰一切的欲望，认识到最好的解决方法也许是，首先承认我们只是广阔世界的一个失落的分子。

在最近的关于阿拉斯加的作品中，这种认识可能在塞斯·坎特纳的作品中最为明显。他的纪实作品集《寻找豪猪》详细描述了他在阿拉斯加北极地区，夹在因纽皮亚克人的传统生存方式和现代文化之间的生活。其中《这些快乐的云杉》（These Happy Spruce）一文反映了全球气候变化对因纽皮亚克文化的影响。坎特纳从记录北极生态系统的变化开始：

> 整个地区都在谈论这个阳光炽热的夏天……一只海象奇怪地出现在上游……海豹在淡水中一直游到洋葱滩（Onion Portage），

而白鲸竟然在错误的仲夏时节来到了科策布湾（Kotzebue Sound）。（197）

他又补充了其他的例子，比如由于栖息地的更替，开阔的苔原被灌木和云杉取代。他还讲述了两位老人的故事，他们在变得越来越薄的冰面上捕海豹时失踪。

这里达到了挽歌的高潮。他写道，"如今由于冰面变薄或重新冻结，淹没的人越来越多……我们已经熟悉了天边那不祥的黑云——那是海洋在冬季天空的反射"（207）。坎特纳又提到另一朵黑云——大气中的碳，并列出重要的损失。我们似乎又回到开头，格兰特·西姆斯在书里哀悼阿拉斯加失去的边疆。然而，《这些快乐的云杉》似乎准备找到解决出路，突破了对叙事的依赖。文章最后写道：

> 具有讽刺意味的是，至少在表面上，温暖并不难接受。尤其是在北极。我担心，我们可能不得不同时接受许多事，凭吊的不仅是人类，也包括物种、食物和我们所喜爱的生活方式——如冰上旅行。然而，贫瘠的土地迫使人们接受土地能提供的一切。从我爸爸的故事……我知道他钦佩老爱斯基摩人面对未知的明天时的乐观精神，黄昏前我沿着小路走回他的小屋，吃了几个还没上冻的甜美诱人的浆果，远望着这些欢乐的、蔓延到北部苔原的大树。（207）

就像坎特纳的其他作品一样，这段话似乎显示出一种决心，但很快就又改变了，突出了作者和居民面对自己不断变化的家园的挣扎。一方面，土地将一直提供"甜美诱人的浆果"和欢乐的大树。而另一方面，这种乐观与接受在一开始就被框定为"讽刺"，正如老年人的乐观主义也被定义为"爸爸的故事"。在这些愉快的叙事框架之外，由于严酷的北极周期性衰荣，这块"贫瘠的土地"有时一无所出。

因此，尽管文章的结尾似乎回归了田园式的自得其乐，但这绝不是一个回归自然的故事。当一大片蓝莓在温暖的气候下苗壮成长时，碳排放带来的黑云也在增加，而这两种都不属于提莫西·莫顿所称的全球变暖的"超物质"。[14]坎特纳所表现的那种不可调和的异质性，在任何一种叙事结局中都难以容纳，因此《这些快乐的云杉》以文学形式结尾。尽管坎特纳极力反对将阿拉斯加挽歌视为失落的边疆，但他的文章也批评了"甜蜜……快乐"的乐观主义，当这种乐观主义达到极限时，似乎几颗蓝莓的快乐就能够抵制物种灭绝的不幸。

结尾的讽喻打破了作者的权威，文章反映了读者的期望和坎特纳的生活经历之间的艰难妥协。它对读者面对气候变化的各种期望提出了质疑，包括气候变化的确定性、相关指导以及根本上的协调等。坎特纳既不哀悼逝去的苔原，也不能不加批判地接受"快乐的云杉"继续向北发展。作为一个艺术家，他只能讽刺。因此，《这些快乐的云杉》既描写了气候的变化，也阐述气候变化本身。坎特纳在一封信中，描述自己在为一个文化上有争议、生态上不确定的领域代言，面对观众和市场的不断需求，被不可能达成的、相互冲突的需求控制。他解释道："毫不夸张地说，最终这些因素可能使我把每个词重写400次，而不是4次。可能这些因素用意是好的，但这一切并不有趣。"[15]坎特纳无法继续，但还要坚持。这里，阿拉斯加挽歌的真正困境在于自我反思和矛盾的双重性，不在于永远离开，也不存在于冰冷的世界。

《渡鸦的世界》

《这些快乐的云杉》证明近期阿拉斯加文学出现一种转变，从最后的荒野和失去的边疆转向一种远比通常的北方文学更具世界性、争议性和更现代的视角。然而，某些方面可能会让我们觉得不安，因为它暗含着矛盾和讽刺。比如，坎特纳的作品表明北方文学终于在"成熟"或"赶上"文学理论的过程中，开始抛弃地方色彩。在本文结束前，我想探讨是否有其他的方式来理解坎特纳在文学现代主义和现代性中的地位。

这需要我们在西方经典之外去寻找。我们可以从关于渡鸦的阿拉斯加原住民传统文学开始。故事里的渡鸦喜欢欺骗、讽刺，过着放纵的生活。故事讲述者都明确说明渡鸦的本性——欺骗、偷窃，以操纵他人为乐。然而渡鸦创造了人类，给世界带来了光明，并创造了其他的奇迹。[16]加思·斯坦的小说《渡鸦偷月亮》，通过现代特林吉特萨满人和白人主人公之间的对话，塑造了渡鸦的矛盾的本性：

> "你明白吗，弗格森？渡鸦给了我们太阳、月亮和星星，这些是渡鸦从别处偷来的。"
>
> "我不懂。"
>
> "偷窃是一种罪恶，但给予是一种善行。那么渡鸦是善还是恶？"
>
> 弗格森有点困惑，但必须找到答案。
>
> "两者都有吧。"[17]

渡鸦是既古老又现代的生物，是跨文化的话语建构，是既神圣又有争议的形象。它跨越整个地球，既是地方的也是全球性的，融合了自然与人为、神话与历史、卑贱与崇高。

因此，我不禁把渡鸦与另一个神话般的人物——唐娜·哈拉维（Donna Haraway）笔下的机械人（posthuman cyborg）相比，后者也以"混淆边界和构建边界的责任为乐"。[18]哈拉维以"具有讽刺意味的政治神话"描写了当代人类半机械的后现代生活方式，即人类和动物、有机体和机器、材料和信息混合在一起（149）。哈拉维写道，"机械人政治支持污染和噪声，喜欢动物和机器的融合"，而我们能看到渡鸦有时在城市的灯杆下叽叽喳喳，有时在农村垃圾桶前挤挤挨挨，又或者在路边看着死去的驼鹿幸灾乐祸（176）。就像机械人，或者像本书中阿利森·K. 阿森（Allison K. Athens）笔下北极熊的隐喻形象，渡鸦"越过了初始整体性的步骤"（151），放弃了"初始曾经比现在更真实"的概念。在斯坦的笔下，渡鸦从一开始就是矛盾的角色，既是小偷又是施予者。[19]

我想指出的是，这些前现代主义和后现代主义观点的相似之处对于北方研究，尤其对于那些对比较文学感兴趣的西方人文主义者有重要意义。如果我们要把渡鸦定位为北方自身的"具有讽刺意味的政治神话"，必须首先承认这种说法可能带来的棘手后果。在一次采访中，南希·罗德谈到了阿拉斯加的"外来者（作家、人类学家、科学家）进入村庄获取故事和专业知识的不太愉快的经历，他们采取的方式往往对当地人不公平"。[20]考虑到这些"不太愉快的经历"，我们的挑战是如何把渡鸦和机械人放在一起考虑，同时又不把前者强加给后者，也不把阿拉斯加的传统发展轨道强制并入一个广大的、自由的思想交流空间。

这是一个西方人文主义者可能应对的挑战，但这种应对不是武断地把渡鸦形象置于封闭的批评性话语之中，而是通过恢复渡鸦的真实面貌实现的。这种探究常常与渡鸦的物种生存联系在一起，怀有一种警惕，结合我们的具体情况，这种警惕可能会转化为冒失和自卑两种极端倾向。[21] 在学术上努力在两种极端倾向间保持平衡，意味着在不确定间徘徊，承认那些随着跨文化挑战而展现的不可避免的失态和虚伪。这也超出了本文的范围，意味着直接涉及当代阿拉斯加本土作家和艺术家的工作——如果没有他们的工作，这个提议最多只会是心怀善意的文化挪用。

因此，这篇文章题目里的渡鸦有多重性。在《二十一世纪的环境批评》中，编者指出，"如果生态批评学家在跨学科项目中不可能完全拒绝隐喻……那么，至少我们可以选择隐喻……选择那些活跃的主体，而不是纯粹幻想的修辞"。[22] 我在这里谨慎地使用渡鸦的隐喻——这一隐喻在概念上联合并强调了内在的差异。作为动物学的研究对象，渡鸦是具有魅力的动物，是神圣的存在，也是一个生态批评的隐喻，一只无足轻重的鸟，一个害人精，而在我们的讨论中，渡鸦集以上身份于一体——这一点不只是学术问题。

在结尾，唐娜·哈拉维宣称，"我宁愿做一个机械人，也不愿做女神，尽管两者的舞步轨迹都被限制"（181）。讽刺的是，这篇后现代主义作品反对所有的二元结构，结尾却出现了一个精辟的二元论，而我想借用它为北方文学研究提供一个类似的选择。面对像全球气候变化这样颠覆世界的现象，可以选择一方面哀悼阿拉斯加失落的边疆，另一方面尽可能广泛延伸，跨文化、跨学科地重建阿拉斯加的未来。虽然两者都受制于关于北方的各种幻象，但我宁愿做一只渡鸦，也不愿做一个幽灵。

致　谢

感谢编者迈克·吉斯（Mike Ziser）、提姆·莫顿（Tim Morton）、胡安·苏（Hsuan Hsu）。

注释

1. Grant Sims, *Leaving Alaska* (New York： Atlantic Monthly, 1994). James Campbell, *The Final Frontiersman* (New York： Penguin, 2002); Jennifer Brice, *The Last Settlers* (Pittsburgh：Duquense University Press, 1998); Sheila Nickerson, *Disappearance, a Map: A Meditation on Death and Loss in the High Latitudes* (New York： Doubleday, 1996).

2. Eric Heyne, "From 'the Last Frontier' to The Island Within： Two Versions of Alaska in Contemporary Nonfiction Narrative," *The Northern Review* 21 (Summer 2000)： 38−56.

3. Eric Heyne, " 'Such Humble Awareness'： The Emergence of a Northern Vision in the Fiction and Non-Fiction of Nancy Lord," *The Northern Review* 27 (Fall 2007)： 66.

4. William Hunt, "Between Myth and Apocalypse," *The Nation* 7 (January 1978)： 22.

5. Timothy Morton, "Don't Just Do Something, Sit There! Global Warming and Ideology," in *Rethink: Contemporary Art and Climate Change*, ed. Anne Sophie Witzke (Copenhagen： Alexandra Institute, 2009), 49-52.

6. 苏珊·科林（Susan Kollin）在 *Nature's State: Imagining Alaska as the Last Frontier* (Chapel Hill： University of North Carolina Press, 2001) 中阐述了阿拉斯加的特殊地位。

7. Erica Silverstein, "8 Compelling Reasons to Cruise to Alaska Now," in The Independent Traveler, Inc. , Cruise Critic, 2011, http： //www. cruisecritic. com/articles. cfm? ID = 1237.

8. Seth Kantner, *Shopping for Porcupine: A Life in Arctic Alaska* (Minneapolis： Milkweed Editions, 2008).

9. 这里指 Robert Davis 的诗集 *Soul-catcher* (Juneau： Raven's Bones Press, 1986) 和 Nora Dauenhauer 的短剧 *Life Woven with Song* (Tucson： University of Arizona Press, 2000)。Richard Nelson 的 *Make Prayers to the Raven: A Koyukon View of the Northern Forest* (Chicago： University of Chicago Press, 1983) 阐述了纳尔逊关于渡鸦信仰的诠释；一位

科育空（Koyukon）长者凯瑟琳·阿特拉（Catherine Attla）在 *Bekk'aatugh Ts'uhuney: Stories We Live By*（Fairbanks：Yukon Koyukuk School District and Alaska Native Language Center）里直接把渡鸦描述为一个伟大的、矛盾的形象。

10. Brewton Berry，"The Myth of the Vanishing Indian," *Phylon* 21，no. 1（1960）：51-57.

11. Alfred，Lord Tennyson，"In Memoriam A. H. H. OBIIT MDCCCXXXIII," Canto 27.

12. Dominic Fox，*Cold World: The Aesthetics of Dejection and the Politics of Militant Dysphoria*（Winchester, UK：Zero Books，2009）.

13. Nancy Lord，*Early Warming: Crisis and Response in the Climate-Changed North*（Berkeley：Counterpoint，2011），25.

14. Timothy Morton，*Hyperobjects: Philosophy and Ecology after the End of the World*（Minneapolis：University of Minnesota Press，2013）.

15. 与塞斯·坎特纳（Seth Katner）的交流，2012 年 2 月。

16. Joseph Bruchac，ed.，*Raven Tells Stories: An Anthology of Alaska Native Writing*（Greenfield Center, NY：The Greenfield Review Press，1991）.

17. Garth Stein，*Raven Stole the Moon*（New York：Harper Collins，1998），46.

18. Donna Haraway，"A Cyborg Manifesto：Science，Technology，and Socialist Feminism in the Late Twentieth Century," in Simians，*Cyborgs and Women: The Reinvention of Nature*（New York：Routledge，1991），150.

19. 关于后人文主义排斥起源和权威的浪潮，参见 Zakiyyah Iman Jackson，"Animal：New Directions in the Theorization of Race and Posthumanism," *Feminist Studies* 39，no. 3.（2013），and "Outer Worlds：The Persistence of Race in Movement 'Beyond the Human,'" *GLQ: A Journal of Lesbian and Gay Studies* 21，no. 2-3（2015）：215-218。

20. Holly Hughes，"Finding Beauty in a Troubled World," *Terrain: A Journal of the Built Environment* 30（Fall 2012），http：//terrain. org/2012/interview/interview - withnancy - lord/.

21. Lawrence Kilham，"Roadkills and Fear Reactions" and "Reaction to Snow," in *The American Crow and the Common Raven*（College Station：Texas A&M University Press，1990）.

22. Stephanie LeMenager，Teresa Shewry，and Ken Hiltner，*Environmental Criticism for the Twenty-First Century*（New York：Routledge，2011），3.

参考文献

Alfred，Lord Tennyson. "In Memoriam A. H. H. OBIIT MDCCC XXXIII." Canto 27.

Attla，Catherine. *Bekk'aatugh Ts'uhuney: Stories We Live By*. Rev. ed. Transcribed by Eliza Jones. Translated by Eliza Jones and Chad Thompson. Fairbanks：Yukon Koyukuk School

District and Alaska Native Language Center, 1996.

Berry, Brewton. "The Myth of the Vanishing Indian. " *Phylon* 21, no. 1 (1960): 51-57.

Brice, Jennifer. *The Last Settlers*. Pittsburgh: Duquense University Press, 1998.

Bruchac, Joseph, ed. *Raven Tells Stories: An Anthology of Alaska Native Writing*. Greenfield Center, NY: The Greenfield Review Press, 1991.

Campbell, James. *The Final Frontiersman*. New York: Penguin, 2002.

Davis, Robert. *Soulcatcher*. Juneau: Raven 's Bones Press, 1986.

Dauenhauer, Nora. *Life Woven with Song*. Tucson: University of Arizona Press, 2000.

Fox, Dominic. *Cold World: The Aesthetics of Dejection and the Politics of Militant Dysphoria*. Winchester, UK: Zero Books, 2009.

Haraway, Donna. "A Cyborg Manifesto: Science, Technology, and Socialist-Feminism in the Late Twentieth Century. " In *Simians, Cyborgs and Women: The Reinvention of Nature*, 149-181. New York: Routledge, 1991.

Heyne, Eric. "From 'the Last Frontier' to *The Island Within*: Two Versions of Alaska in Contemporary Nonfiction Narrative. " *The Northern Review* 21 (Summer 2000): 38-56.

——. "Such Humble Awareness: The Emergence of a Northern Vision in the Fiction and Non-Fiction of Nancy Lord. " *The Northern Review* 27 (Fall 2007): 60-76.

Hughes, Holly. "Finding Beauty in a Troubled World. " *Terrain: A Journal of the Built Environment* 30 (Fall 2012), http: //terrain. org/2012/interview/interview - with - nancy - lord/.

Hunt, William. "Between Myth and Apocalypse. " *The Nation*, January 1978.

Jackson, Zakiyyah Iman. "Animal: New Directions in the Theorization of Race andPosthumanism. " *Feminist Studies* 39, no. 3 (2013): 669-685.

——. "Outer Worlds: The Persistence of Race in Movement 'Beyond the Human.' " *GLQ: A Journal of Lesbian and Gay Studies* 21, no. 2-3 (2015): 215-218.

Kantner, Seth. Message to the author, February 2012.

——. *Shopping for Porcupine: A Life in Arctic Alaska*. Minneapolis: Milkweed Editions, 2008.

Kilham, Lawrence. "Roadkills and Fear Reactions" and "Reaction to Snow." *The American Crow and the Common Raven*. College Station: Texas A&M University Press, 1990.

Kollin, Susan. *Nature's State: Imagining Alaska as the Last Frontier*. Chapel Hill: University of North Carolina Press, 2001.

Morton, Timothy. "Don't Just Do Something, Sit There! Global Warming and Ideology. " In *Rethink: Contemporary Art and Climate Change*, edited by Anne Sophie Witzke. Copenhagen: Alexandra Institute, 2009.

——. *Hyperobjects: Philosophy and Ecology after the End of the World.* Minneapolis: University of Minnesota Press, 2013.

——. *The Ecological Thought.* Cambridge, MA: Harvard University Press, 2010.

Nelson, Richard. *Make Prayers to the Raven: A Koyukon View of the Northern Forest.* Chicago: University of Chicago Press, 1983.

Nickerson, Sheila. *Disappearance, a Map: A Meditation on Death and Loss in the High Latitudes.* New York: Doubleday, 1996.

Silverstein, Erica. "8 Compelling Reasons to Cruise to Alaska Now." *Cruise Critic.* The Independent Traveler Inc., 2011. http://www.cruisecritic.com/articles.cfm? ID=1237.

Sims, Grant. *Leaving Alaska.* New York: Atlantic Monthly, 1994.

Stein, Garth. *Raven Stole the Moon.* New York: Harper Collins, 1998.

3

"始作俑者"与气候变化的隐喻

阿利森·阿森

加州大学圣克鲁兹分校

熊是始作俑者。据说，
我从下面上来。
我不是熊，或者其他
你给我的任何标签。
[……]
我拒绝这些隐喻：我不是
偷窃孩子者，不是变色龙
不是拾荒者，
用比喻来说：完完整整的我
并不像人类。

我拿回你偷走的东西
我用你们的语言宣布

我是无名氏。

我真正的名字就是咆哮。[1]

——玛格丽特·阿特伍德

在玛格丽特·阿特伍德（Margaret Atwood）的诗《动物拒绝名字，事物回归本源》（"The Animals Reject Their Names and Things Return to Their Origin"）中，熊第一个拒绝了自己的名字。然而，即使熊没有名字，它也无法逃脱在语言和诗歌里被以拟声词命名的命运，两者都依赖隐喻，在语义、认知、本体和身体差异之间建立起联系。通过不同单词和短语的标记，诗歌将不同的本体区分开又统一起来。题记里熊的故事证明，即使它回到范畴化还没有造成潜在危害的时候，也无法摆脱意义的束缚。尽管在阿特伍德的诗中，动物们努力寻求摆脱语言赋予的角色，回到不受人类语言束缚的初始时刻，但它们的转变过程表明，改变并不能消除这些角色的影响。

变化、转变、适应和消失，这些都是所谓"人类世"时代出现的物种和环境术语。在这个时代，人类活动的影响被蚀刻在地质记录中。[2]伊斯珀·图洛（Elspeth Tulloch）在第一篇文章分析"生态挽歌"时，描述了博兹沃思笔下的爱斯基摩麻鹬，而戴维·阿滕伯勒（David Attenborough）则追踪了另一日益脆弱的物种——北极熊，它由于人类活动造成的地质变化而面临灭绝。在《行星地球》电视系列节目中，摄制组罕见地呈现了在浮冰中游泳的北极熊。随着直升机后退，镜头远去，阿滕伯勒展示了春天的破冰，北极熊游到海里寻找食物，而母熊和幼崽待在陆地上。虽然他并没有提及全球变暖，但镜头中弥漫的失落感暗示了这一点。摄制组、阿滕伯勒、观众和北极熊的相遇实质上是一场告别。[3]在故事中以及在BBC纪录片《行星地球》

中，北极熊似乎都越来越不合时宜，在"人类世"的挽歌叙事中，北极熊可能已经过时了。然而，与阿滕伯勒镜头里的熊不同，我下面要讨论的北极熊不是一只出海寻找食物的熊，而是一只从北极沿海流浪到阿拉斯加南部内陆育空堡（Fort Yukon）的熊，那里传统上从没有北极熊。在育空堡阿萨巴斯卡的哥威逊人（Gwich'in Athabascans）生活的亚北极，更常见的是灰熊，来自北方的熊令人不安。而且，在当代的政治和环境管理中，北极熊的到来使人们更关注阿萨巴斯卡人对于家乡的心理边界和不断妥协的情感边界。在阿滕伯勒、阿萨巴斯卡人和许多人看来，北极熊适应全球变暖的努力说明人类未能关爱这个世界，突兀出现的北极熊揭示了迫在眉睫的危机：人类引起的气候变化几乎让这个星球无法居住。

危机模式的故事有着对物种和环境的固定分类，警示巨大的生态危害即将来临，而且修复几乎已经为时太晚。如果为时已晚，那么努力改变生态的艰难过程似乎就不值得了。与这种无法避免、无可奈何的现象相反的是，人们关注各种小故事和其他的叙事范式，从而有机会继续与北极熊和北方生态保持联系，即使它们在不太遥远的未来改变了生存形式。目前错综复杂的联系可能会使我们承认并对转变持开放态度，用其他方式来关爱我们居住的世界。或者如威尔·艾略特（Will Elliott）在前一篇文章所言，"尽可能广泛延伸，跨文化、跨学科地重建阿拉斯加的未来"。

如果不把熊看作即将来临的灾难和损失，不采用天启叙事，而是以旅行叙事的形式讲述，这个故事会怎样呢？故事不是关于熊的死亡（尽管它的确死在了阿萨巴斯卡），而是一个关于迁徙的故事，一个关于迁徙、回归和转变的故事。这种叙事方式变化的意义不仅是对已知的破坏，因为变化的结果无法预知。在单一环境中（阿拉斯加北部的北冰洋海岸），北极熊是海洋生态系统中的白熊，一种食肉哺乳动物，依靠海洋捕食（海豹），依靠冰雪获取巢穴和捕猎技巧。当它南下时，对它的定义就不那么清晰了。这头熊穿过阿拉斯加的严酷的地域，这是一次重要的跨越。随着北极熊跨越不同的叙事模式和景观，北极和亚北极被定位为多元的、相关的、毗连的、有地方属性和意义的空间。

查尔斯·沃尔弗斯（Charles Wohlforth）研究冰雪，关注阿拉斯加北部因纽皮亚克人（Inupiaq）对气候变暖的反应，他详细记录了北极陆地临界区的气候变化和冰缘线。此外，他还讨论了北极国家野生动物保护区（ANWR）以及钻井平台和管道对驯鹿群的影响。[4]阿拉斯加大学在布鲁克斯山脚下（Brooks Range）设置了一个观测点(Toolik Station)，沃尔弗斯与那里研究环境的研究生谈话后，在报告中准确地描述了亚北极地区："北极国家野生动物保护区只有潮湿的苔原和蚊子，向东方、西方、北方绵延数百英里……这位研究生原以为特别的自然风景会更好看。"[5]这位研究生强调环保运动的一个策略是发掘地区的独特性，然而身临其境时却大失所望，心里不知是什么滋味。这位研究生的经历引出一个问题：审美语言是否能够充分与世界交流，情感是否能够成为政治和道德行为的基础。对于沃尔弗斯来说，当道尔顿高速公路和跨阿拉斯加输油管道加上了"统一的主旨"时，亚北极的"景观故事"才有"开始、中间和结尾"。[6]在这个叙事里，北极国家野生动物保护区的亚北极的沼泽仍是一片难以辨认的荒原，缺乏保护的理由，就因为它本身缺乏叙事结构。

我认为，关于北极和亚北极的批判性讨论，并没有首先考虑全球变暖造成的非常具有破坏性的影响，比如北极冰和北极熊的消失。相反，文学想象中，关于"北方"的诗意语言并不包括混乱、不太有代表性的亚北极。与北极一样，亚北极地区的冰也在融化，该地区的动植物和文化也面临着不可逆转的变化。然而，沃尔弗斯和这位研究生找不到一个参照系来理解亚北极的经历或景观。虽然这位研究生的专业是微观植物鉴定和苔原图分析，但这一景观既宏大又平淡，难以描述。摄影师和气候学家萨班卡·班尼杰（Subhankar Banerjee）通过摄影，提供了一种与广阔空间共存的方式。他既认可同时又驳斥了非北极地区的人们看待北极和亚北极地区景观的逻辑框架。他通过镜头，而不是通过敬畏或空虚的话语，重新构建这两个区域，或庄严或荒凉，或纯净或被污染。他拍摄的人和动物在北方和谐共生（被驯鹿围着的牧民、数千只把地球不同地区连在一起的驯鹿的迁徙、北极熊母亲和幼崽），通过人与动物的生活方式，把两个气候区域结合在一起。

班尼杰在亚北极地区拍摄的照片和记录展现了北极国家野生动物保护区周围格瓦拉人的生活，揭示了一个与北部沿海平原一样充满争议和变革的地方。他提供了一个新的框架来想象北方，超越了浪漫的崇高，例如他的作品对"以地为家"和"生态文化权"表现出的包容。[7]生态文化权包括对生活环境的理解、人类追求繁荣兴旺的权利以及其他物种和陆地、海洋、各种水域系统存在的权利。[8]简而言之，这是一种生态系统（或者"生态社会"）理念，认为人类和人类文化塑造了人们对土地的理解和与土地共存的能力，但土地从根本上来说是人类生活和文化的必需。班尼杰的作品体现出他对经历着巨大变化的北极世界的关怀，也使我们更好地理解育空堡北极熊的故事，而不仅仅将其作为气候突变中难民的悲剧。

事情发生于2008年早春，亚北极地区的育空堡，阿拉斯加内陆豪猪（Porcupine）河和育空河汇合处的阿萨巴斯卡的一个哥威逊社区。社区位于内陆，距离北极海岸超过 250 英里，在布鲁克斯山脉以北、阿拉斯加山脉以南，因此成为历史、社会想象、殖民、石油工业、环保活动等因素交汇的中心。一只年轻的雌北极熊穿过北极平原，越过北部山脉，在社区附近被一名哥威逊猎人射杀。[9]跨越布鲁克斯山脉并不寻常，因为这座山不仅是景观上的分界线，而且是北极海岸的因纽皮亚克爱斯基摩人和亚北极苔原上的阿萨巴斯卡印第安人在物理、心理和文化上的分界线。[10]阿萨巴斯卡印第安人和爱斯基摩人之间的历史紧张关系由于殖民统治和北极国家野生动物保护区的石油开采问题而日益严重，这种紧张关系也波及关于这只北极熊的讨论。[11]两个群体都在寻求摆脱其他地区的政府管理，因为这样的政府始终无法理解因纽皮亚克人和阿萨巴斯卡人的历史性和现代性。[12]这只任性的北极熊不仅仅是在错误的时间出现在错误的地方。熊的出现本身即气候变化的结果以及代表了为政治倾向而战的形象。

朱莉·克鲁克夏克（Julie Cruikshank）在研究"社会生活故事"时指出，"叙事提供了一系列观点，可以解释人类历史和日常经验的不同含义。通过情节叙述，时间顺序和可识别的模式显现出来"。[13]关于行为古怪的熊，哥威逊人有一个可参考的故事——《冰熊》（The Ice Bear）。在摩西·彼得（Moses Peter）的版本中，冰熊（哥威逊人称为"Kutchin"）能预知时间和环境。彼得说，它"不同于其他的熊，它是不冬眠的灰熊。不冬眠的时候，它知道自己处于危险之中，所以它会去开阔的水域，浸入水中，全身上下结了一层厚厚的冰甲。要杀死那样一只熊是很困难的，因为它的毛皮上结了很多冰"。[14]冰熊的故事说明需要在人类和非人类之间建立一种理解，避免煽情地将动物当作先知。

巴里·洛佩兹（Barry Lopez）也试图解释动物的意想不到的行

为，但他是采用较为少见的西方科学观察者的视角："我们有时不知怎样描述（猎食者与猎物关系中的反应），因为我们无法想象动物本能。我们对它们的动机和行为心存疑虑。"[15]故事中，冰熊必须对无法冬眠这一无法预料的事做出反应。年轻的猎人遇见逐渐靠近的熊时，也必须考虑这种新情况，他要决定为了未来，需要去保护什么。为了回村警告其他人，猎人先牺牲了朋友，又舍弃了财物（箭、衬衫、斧头），最后一个人回到村子。"他喊道：'冰熊！'这是他最后一句话，血从他的嘴里流出来。他奔跑时肺部一定冻僵了，当场死去。"[16]熊是一种有思想、有理性、有意图地采取行动的生物，熊和人类都在相遇中改变了。虽然他们都死了，但熊和哥威逊人的关系在故事中依然存在。"冰熊"的故事为阿萨巴斯卡哥威逊人提供了一个框架，可以适应和解释像育空堡的北极熊这样的新情况，即使它不能完全缓解或者让人接受所有形式的变化。

哥威逊人常见的故事开头这样描述人类和非人类的交流："在古代，所有的人都能和动物说话，所有的动物也都能和人交谈。"哥威逊英雄瓦沙吉德扎克（Vasaagihdzak）因善于与动物交流而闻名，曾制止动物们对他的取笑。在凯瑟琳·彼得（Katherine Peter）编写的传说故事中，"瓦沙吉德扎克以乐于助人而闻名。他还帮助动物。他可以用每种动物的语言和它们交流，甚至可以和树说话。他就是这样帮助人们的"。[17]这些故事表明，象征性的叙事结构传播并形成了哥威逊人和动物、树木、土地等相关事物在现实中的关系。然而，随着熊在育空堡出现，这种交流和互惠受到了质疑。北极熊到来的第二天，传统北极村的酋长和牧师特林布尔·吉尔伯特（Trimble Gilbert）告诉他的村民："我听说育空堡有一只北极熊。你们可以看到，情况正在改变。你们都要小心。不要让孩子自己出去。动物不再是原来的样子了。它们越来越狂野。它们的行为很奇怪。小心那些熊。它们不再听我们的了。"[18]罗伯特·布莱特曼（Robert Brightman）表示，这些熊和熊的故事表明人们对人类和动物之间的界限有一种深刻的矛盾心理，因为熊身上有明显的"隐性亚人类动物特征"。[19]如果一只熊改变了它的行为，开始在这个世界上寻找新的生活方式，它会给周围的人带来深刻的不安，尤其是当交流渠道似乎被破坏的时候。

北亚利桑那大学（Northern Arizona University）部落环境专业研究所（Institute for Tribal Environmental Professionals）的学者们并没有像本文开头提到的 BBC 摄制组那样推远镜头，而是抵制悲歌模式，聚焦熊所展示的新形式的"北方未来"。"在陆地上，北极熊是糟糕的猎人，"他们解释道，"随着海冰数量的减少，它们需要找到一种新的生存方式。人类可能不得不和熊一起适应这种变化，并意识到这种遭遇可能会经常发生。"[20]在这个故事中，北极熊并没有濒临灭绝，也不需要可口可乐公司"北极家园"之类的干预活动拯救。[21]相反，作者强调了熊适应新环境的能动性。人类也像这只熊一样，不能免于（用洛佩兹的话说）"尝试新景观"，以适应世界的变化。一些关联和交流方式可能消失了，但这不算是结束。相反，我们可以一起在这个世界上找到新的共存形式。正如北亚利桑那大学的相关报告所言：

> 根据自然史，北极熊是棕熊的后代。这个物种向北迁移，因此进化出不同的鼻子形状、毛发颜色以及捕食策略来适应新的栖息地。也许有一天，这个物种会回到它原来的地方，完成生命的循环史。[22]

关于育空堡事件，这篇报告为人类保留"文化"的同时，并没有把熊放在"自然"领域。两个物种都是动态体系的一部分,这一动态体系认为适应并非生物学的必然(进化或死亡),而是学习过程,是文化交流的一部分。甚至,重新发掘一些古老的技术和艺术形式(如讲故事),也许会让熊和困于殖民行政与立法体系中的哥威逊人"完成生命的循环史"。

虽然气候变化通常被描述为某些物种的灭绝、某些栖息地的丧失,以及传统生活方式消失的线性运动,但这只是人类生命的暂时阶段,通过保护我们子孙将继承的地球,生命终将延续。生命的循环性为现代提供了更多联系,胜过人类世时期不可避免的末世论、哀歌式的危机叙事、无法挽回的损失的忧郁故事。唐娜·哈拉维补充了班尼杰为捍卫生态文化权所做的工作,建议我们在面对过去的和现存的殖民史以及在适应过程中,要"与麻烦为伴"。[23]我们如何解读北方现在的故事,影响着我们如何塑造北方的未来。图洛在本书第一篇文章中写道:"这个持续的、复杂的讽刺故事,也许并不比生态挽歌更能促进未来读者改变北方的发展进程。这种方式也许可以使我们用其他方式来设想,考虑另外的重点——不是终点,也不是新的起点——而是赤裸裸的事实所揭示的荒谬现实。"聚焦北方故事的"非当代时间",也许可以帮助我们理解未来某地可能发生的人与动物的关系。[24]

快速变化的故事不仅仅是一个北极故事;通过北极熊在亚北极的流浪,我们深深地感受到了这一点。在我讲述的关于阿拉斯加气候变化的故事中,将北极和亚北极地区相提并论,充分展现了北极熊作为气候变化象征的含义。当许多科学家追踪物种向北活动的踪迹时,北极熊正去往相反的方向。2007年,美国地质调查局发布了一份长期研究报告,记录了雌性北极熊的栖息地从偏好冰层到偏向陆地的高频率变化。[25]报告指出了这种变化的原因:"北极浮冰形成的时间越来晚，融化的时间也越来越早，并且许多古老、厚实的冰层消失。总之，这些变化导致积冰不太稳定，北极熊无法在那里生育幼崽。"[26]这项研究涉及几代人，持续了 20 年，雌熊一直在寻找新的栖息地。虽然人们相信冰是"北极熊"的不可分离的标签，但"北极熊"这个词实际上是一个隐喻。"北极熊"在一定的时间和空间下表现出一定的特征，如捕食海豹、生活在冰上、白色等。[27]北极熊是北极特有的标志性哺乳动物，正如洛佩兹所说，是"北极边缘的一种生物：它在冰层边缘、水面和大陆海岸捕食"。[28]但是，如果北极熊放弃这些呢？北极熊是人类影响气候变化的一个令人不安的表现。熊的白色可能会慢慢变成棕色，但如今悼念北极熊可能并不明智。把对气候变化的反应与失去"北极熊"的悲剧分开，有可能从微观角度审视当地的变化以及那些与传统智慧不相适应但正在发生的故事。[29]

阿特伍德笔下的熊放弃了隐喻，拒绝采用基于物种、时间和经验的固化范畴，显现了物种、环境和叙事在共同生活中的既有联系。在这方面，语言，特别是故事和诗歌的比喻性语言，可以作为联系而不是分裂的工具。班尼杰的"生态文化权"源于其将"极地声音"引入有关气候变化的科学和政策讨论的努力，说明讲故事是平等关系的内在机制。[30]生态文化权不仅重复强调人权，重视主观能动性，还采用主导的、可理解的经济和政治模式。实际上，生态文化权也包括转变与适应，但是需要话语模式能够解释亚北极地区高低不平、布满沼泽、灌木丛生的混乱居住地的所有生物的生存状况——包括熊、人、驯鹿、莎草，甚至蝇虫等。

洛佩兹认为北极熊是"北极边缘的生物"。生活在边缘意味着什么呢？世界的边缘是天涯海角，是真实与虚构、已知与未知、历史与神话之间的无人区。[31]气候变化不仅使北方的隐喻形象消失，也不可思议地隔断了其与当地的联系，打破了"以地为家"的想法。气候变化的叙事为我们重新思考与世界的关系提供了一个载体，要求我们重新思考居住在一个地方意味着什么。纵然世界末日在望，阿滕伯勒和气候科学家、生态学家都关心着这个世界。但这种反应并不足以使人们充分考虑生态文化权：适应是困难的，结果也不确定，而仅仅强调生命改变和消失的叙事只会强化这样一个观点，即曾经有一个原初的时刻比现在更真实。这是一种熟悉的话语，曾在短暂的殖民主义历史中发挥作用，它把任何从静态的文化或生物状态衍生的现象都视为取消保护的理由。人类和熊必须学会新的在世生存和在世思考的方式。当生态文化权扩展到以前不曾考虑过的灵性生命（如熊、冰、苔原等），也许会有一天帮助所有物种跨越语言差异，回到它们的起始点，完成生命的循环史。

注释

1. Margaret Atwood, "The Animals Reject Their Names and Things Return to Their Origins," in *The Tent* (New York: Doubleday, 2006), 78–79.

2. Paul J. Crutzen and Eugene F. Stoermer, "The Anthropocene," *IGBP Newsletter* 41 (2000): 17.

3. "Ice Worlds," in *Planet Earth: As You've Never Seen It Before: The Complete Series*, produced by Alastair Fothergill (2005; London: BBC, 2006), DVD.

4. 亚北极一般位于北纬50°至70°。这里拥有黑色的云杉林、沼泽、永久冻土层以及多种动物，如海狸、驼鹿、灰熊和松鼠。但是，"亚"有"较小"、"不重要"、"低标准"和"缺乏"等含义，隐含了与北极的比较。

5. Charles Wohlforth, *The Whale and the Supercomputer: On the Northern Front of Climate Change* (New York: North Point Press, 2004), 213.

6. 同上，第202页。道尔顿公路（The Dalton Highway）从费尔班克斯（Fairbanks）到普拉德霍湾（Prudhoe Bay）油田，南北长大约500英里；跨阿拉斯加的输油管道总长约 800 英里，将阿拉斯加从普拉德霍湾到瓦尔迪兹（Valdez）一分为二。

7. 班尼杰（Banerjee）在其个人网站于 2007 年 4 月 16 日发表的文章《以地为家：迅速变化的星球上环北极画像》中讨论了他的居住地实践模式，http://www.subhankarbanerjee.org/banerjee.html。他在 2010 年印第安纳州布卢明顿的 ASLE 大会上第一次提出"生态文化权"概念。

8. 促进和保护人权一直是关于北极国家野生动物保护区石油开采的争议问题。支持开采的人认为，在依赖石油的经济体中，经济安全是一项人权，而反对开采的人则坚持把人、动物和健康环境的相互依存视为人权。Tim Mowry, "Opinions Mixed on Arctic National Wildlife Refuge Designation," Fairbanks Daily News Miner, May 14, 2010, http://www.newsminer.com/news/local_ news/article_ 5c76e8cd - 622e531e - 9825-4fc8e8fe262c.html? TNNoMobile。

9. 北极熊被射杀时，作者恰好在这个社区参观。被射杀的熊的尸体就摆在猎人家里。这一行为似乎强调了人类的支配作用，但是，这只误入人类社区的雌熊的困惑也使我们将猎人与熊联系在一起，将社区与联邦野生动物法联系在一起。更复杂的是，大约同时，加拿大西北地区的猎人杀死了一只北极熊和灰熊的杂交后代。"Bear Shot in N. W. T. Was Grizzly-Polar Hybrid: Could Be First 2nd Generation Hybrid Found in Wild," CBC, April 30, 2010, http://www.cbc.ca/ news/canada/north/bear-shot-in-n-w-t-was-grizzly-polar-hybrid-1.870506。

10. 布鲁克斯山脉是大陆分水岭的一部分，它的一面是荒芜的沿海草原，河流自南向北流淌，另一面是长满云杉的内陆，河流向南、向西流淌。

11. 从本质上说，有关爱斯基摩人和印第安人的术语都是殖民主义和现代政治的定性描述，而不是相关人们自己的描述。Thomas R. Berger, *Village Journey: The Report of the Alaska Native Review Commission* （New York：Hill and Wang, 1985）。

12. 哥威逊人坚决反对开采石油。因纽皮亚克人赞成在保护区开采石油，反对在近海开采石油。

13. Julie Cruikshank, *The Social Life of Stories: Narrative and Knowledge in the Yukon Territory* （Lincoln：University of Nebraska Press, 1998）, 111.

14. Moses Peter, "The Ice Bear," trans. Moses P. Gabriel, ed. Craig Mishler （Fairbanks：Alaska Native Language Archive, 1972）, 8-9.

15. Barry Lopez, *Arctic Dreams: Imagination and Desire in a Northern Landscape* （New York：Scribner, 1986）, 63.

16. Peter, "Ice Bear," 18-19.

17. Katherine Peter, Vasaagihdzak, Shoh Deetrya'haa Gwandak Tr'injaa ［Three Stories］ （Fairbanks：Alaska Native Language Center, 1975）, n. p.

18. 纳斯塔西娅·马丁（Nastassia Martin）与作者的私人交流，2010 年 2 月 21 日。马丁是一名人类学家，在北极熊事件发生几天后，他听到哥威逊的传统首领、圣公会牧师和文化活动家特林布尔·吉尔伯特（Trimble Gilbert）访问北极村时发表讲话。

19. Robert A. Brightman, *Grateful Prey: Rock Cree Human-Animal Relationships*（Los Angeles： University of California Press, 1993）, 205. 布莱特曼解释说 "克里人（Cree）是住在亚北极从魁北克东部到不列颠哥伦比亚省西部的森林里的原住民，有相近的文化和语言"。克里人说阿琼方言（Algonquin），与北部和西部的阿萨巴斯卡人有历史争端，这些北方居民有某些共同的文化特征，包括一系列英雄故事。

20. Institute for Tribal Environmental Professionals, "Tribal Profiles Alaska Athabascan Region," Nau. edu, December 2, 2012, http：//www4. nau. edu/tribalclimatechange/tribes/ak _ athabascan. asp.

21. 这个项目的动机是 "北极熊总有一个可以称为家的地方"。"可口可乐携手世界自然基金会，携手像您一样的千千万万的人，打造一个北极熊和人类和谐共存的地方。""Arctic Efforts：Creating an Arctic Home," Coca-Cola Arctic Home, Coca-Cola and World Wildlife Fund, accessed April 10, 2013, http：//www. arctichome. com.

22. Institute for Tribal Environmental Professionals, "Tribal Profiles Alaska Athabascan Region. "

23. Donna Haraway, "When Species Meet：Staying with the Trouble," *Environment and Planning D: Society and Space* 28（2010）：53-55.

24. Jacques Derrida, Specters of Marx（London：Routledge, 1992）, xviii-xix.

25. Anthony Fischbach and Catherine Puckett, "Polar Bear Denning Shifting From Sea Ice to Coastal Habitats in Northern Alaska," USGS, July 12, 2007, http：//www. usgs. gov/newsroom/article. asp？ID=1705 .

26. 同上。

27. OED Online, s. v. "Polar bear"（2nd def. ）.

28. Lopez, Arctic Dreams, 79.

29. 动物是人类欲望的投射和人类的陪衬，相关讨论特别是性别、阶级和种族的边界问题，参见 Freccero（2011）、Haraway（2010）、Huggan & Tiffin（2010）、Hird（2008）、Chris（2006）。

30. Subhankar Banerjee, *Arctic Voices: Resistance at the Tipping Point*（New York：Seven Stories Press, 2012）.

31. Kirsten Hastrup, "Ultima Thule：Anthropology and the Call of the Unknown," *Journal of the Royal Anthropological Institute* 13（2007）：789-804.

参考文献

Atwood, Margaret. *The Tent.* New York：Doubleday, 2006.

Banerjee, Subhankar. *Arctic Voices: Resistance at the Tipping Point.* New York：Seven

Stories Press, 2012.

——. "Ecocultural Rights: Stories from the North, and also the South." Lecture for the Association for the Study of Literature and the Environment. University of Indiana, Bloomington, June 25, 2010.

——. "Land as Home: A Portrait of the Circumpolar Arctic in a Rapidly Changing Planet." SubhankarBanerjee. com, 2007, accessed April 16, 2013. http://www.sub hankarbanerjee. org/banerjee. html.

"Bear Shot in N. W. T. Was Grizzly-Polar Hybrid: Could Be First 2nd Generation Hybrid Found in Wild." *CBC*, April 30, 2010. http://www. cbc. ca/news/canada/north/ bear - shot-in-n-w-t-was-grizzly-polar-hybrid-1. 870506.

Berger, Thomas R. *Village Journey: The Report of the Alaska Native Review Commission.* New York: Hill and Wang, 1985.

Brightman, Robert A. *Grateful Prey: Rock Cree Human-Animal Relationships.* Los Angeles: University of California Press, 1993.

Chris, Cynthia. *Watching Wildlife.* Minneapolis: University of Minnesota Press, 2006.

Coca-Cola and World Wildlife Fund. "Arctic Efforts: Creating an Arctic Home." Coca-Cola Arctic Home. Accessed April 10, 2013. http://www. arctichome. com (site discontinued).

Cruikshank, Julie. *The Social Life of Stories: Narrative and Knowledge in the Yukon Territory.* Lincoln: University of Nebraska Press, 1998.

Crutzen, Paul J., and Eugene F. Stoermer. "The Anthropocene." *IGBP Newsletter* 41 (2000): 17.

Derrida, Jacques. *Specters of Marx: The State of the Debt, the Work of Mourning and the New International.* London: Routledge, 2006.

Fischbach, Anthony, and Catherine Puckett. "USGS Finds Polar Bear Denning Shifting From Sea Ice to Coastal Habitats in Northern Alaska." Press release, July 12, 2007. https://www. doi. gov/news/archive/07_ News_ Releases/070712. html.

Freccero, Carla. "Carnivorous Virility; or, Becoming-Dog." *Social Text* 29, no. 1 106 (2011): 177-195.

"Great Male Polar Bear Swimming in Freezing Seas." From *Planet Earth*, BBC Wildlife: Collectors Edition. September 23, 2011. http://www. youtube. com/ watch? v=6A0wduxKtN4.

Haraway, Donna. *When Species Meet.* Minneapolis: University of Minnesota Press, 2007.

——. "*When Species Meet*: Staying with the Trouble." *Environment and Planning D: Society and Space* 28 (2010): 53-55.

Hastrup, Kirsten. "Ultima Thule: Anthropology and the Call of the Unknown." *Journalof the Royal Anthropological Institute* 13 (2007): 789-804.

Hird, Myra J. "Animal Trans." *Queering the Non/Human*, edited by Noreen Giffney and Myra J. Hird. Burlington, VT: Ashgate, 2008.

Huggan, Graham, and Helen Tiffin. *Postcolonial Ecocriticism: Literature, Animals, Environment*. London: Routledge, 2010.

"Ice Worlds." *Planet Earth: As You've Never Seen It Before: the Complete Series*. Produced by Alastair Fothergill. 2005; London: BBC, 2006. DVD.

Institute for Tribal Environmental Professionals. "Tribal Profiles Alaska—Athabascan Region." Northern Arizona University. Accessed December 2, 2012. http://www4. nau. edu/ tribalclimatechange/tribes/ak_ athabascan. asp.

Lopez, Barry. *Arctic Dreams: Imagination and Desire in a Northern Landscape*. NewYork: Scribner, 1986.

Mowry, Tim. "Opinions Mixed on Arctic National Wildlife Refuge Designation." *Fairbanks Daily News-Miner*. May 14, 2010. http://www. newsminer. com/news/local_ news/ article_ 5c76e8cd-622e-531e-9825-4fc8e8fe262c. html? TNNoMobile.

Peter, Katherine. *Vasaagihdzak, Shoh Deetrya'haa Gwandak Tr'injaa* [Three Stories]. Fairbanks: Alaska Native Language Center, 1975.

Peter, Moses. "The Ice Bear." Translated by Moses P. Gabriel. Edited by Craig Mishler. Fairbanks: Alaska Native Language Archive, 1972.

U. S. Fish and Wildlife Service. "Arctic National Wildlife Refuge." Accessed April 10, 2013. http://www. fws. gov/alaska/nwr/arctic/.

Wohlforth, Charles. *The Whale and the Supercomputer: On the Northern Front of Climate Change*. New York: North Point Press, 2004.

第二部分
关于北方动物的思考

4

因纽皮亚克人和法罗人捕鲸的
原住民本土性与生态

罗素·菲尔丁

南方大学

引 言

目睹大型海洋哺乳动物被捕获和屠杀可能是一种令人不安的经历，对许多人来说在视觉上和心理上都令人不快。正如 19 世纪法国历史学家朱尔斯·米歇莱（Jules Michelet）[1]所说，这个过程会涌出大量的鲜血，"鲸受伤时会流出大量的鲜血。我们的血一滴一滴地流，而鲸血则如急流一般"。虽然这种流血也可以被看作鲸迅速死亡的迹象，但一个不协调的、难以想象的景象就是港口、海滩、浮冰或海洋都被染成红色。这些往往是反对捕鲸的广告采用的摄影主题。[2]"要是鲸血是蓝色的就好了。"法罗群岛的渔业部长布罗·卡索（Bjørn Kalsø）在 2005 年接受采访时这样感叹。

与此同时，对于捕鲸业来说，鲸的死亡意味着丰收的开始。有人庆祝，有人忙碌得精疲力尽，更多的人纷纷帮忙，几乎所有人都知道他们有了丰富的食物。即使有人想到了鲜血，也只是认为这是食物生产的必要部分，而不是对大自然犯下罪行的证据。

本文通过分析因纽皮亚克人（Iñupiat）和法罗人的捕鲸行为、传统及其影响，探讨作为北方象征的大型动物问题。因纽皮亚克人和法罗人都在北方，捕鲸是一种食物生产方式。我将首先介绍两次捕鲸经历，然后讨论捕鲸的国际规则，特别关注所谓的"原住民生存捕鲸"。之后，我将考察原住民概念。在许多情况下，原住民本土性被认可有多种原因，但如果捕鲸行为想被原住民文化以外的人接受，原住民本土性是必要条件。

因纽皮亚克人的捕鲸

在《世界捕鲸分类学》一书中，兰德尔·里夫斯（Randall Reeves）和蒂姆·史密斯（Tim Smith）[3]认为"北极原住民"捕鲸可追溯至约两千年前。里夫斯和史密斯指出，北极的捕鲸活动在地理上一直是不连续的，而且是跨国的。在北极捕鲸的大背景下，本文关注的是阿拉斯加北坡区（North Slope Borough）的因纽皮亚克人。他们自称"鲸族"，正如青木原千（Chie Sakakibara）所说，他们的文化认同很大程度上源自"捕鲸周期"（the whaling cycle），即以捕鲸为中心的生存和文化活动体系。[4]猎捕的主要目标是露脊鲸（Balaena mysticetus）。由于北极露脊鲸身躯庞大，捕猎、拖上岸、宰杀一条鲸成为一种社会活动。因纽皮亚克人捕鲸的群体性使这种活动一直流传下来，它确保了获得的食物被分配，而不是贮藏起来，并减少了过量捕杀。

法罗人的捕鲸

法罗群岛在北大西洋上，归属丹麦，岛上居民用"驱赶式捕鲸"的方法捕杀长鳍领航鲸（Globicephala melas）。这需要多人协作，逼迫一群鲸进入一个峡湾。鲸搁浅后，岛民用钩子和绳索将其拖上岸，然后用小刀将其杀死。猎捕是临时性、不可预测的，只在发现鲸的地方进行。第一次有记载的捕鲸活动是在 1587 年，但大多数历史学家认为从 9 世纪北欧人就开始在此定居了。[5]

几个世纪以来，法罗群岛的法律规定了对鲸的保护措施。最为显著有效的是对捕鲸活动的地理限制。根据一份捕鲸海滩许可名册，管理者有权允许或者禁止驱赶式捕鲸活动。如果天气、海洋条件不利或者没有食物需求，就不允许驱赶鲸。

规定、例外和模糊性

1946 年，15 个捕鲸国家成立了国际捕鲸委员会（IWC），这是世界上第一个也是唯一的世界范围的捕鲸管理机构。[6]1972 年，非捕鲸国家开始加入国际捕鲸委员会，"这显然是为了改变选票的平衡，从而制定一项暂停捕鲸的政策"。[7]这一目标在 1982 年得以实现，当时国际捕鲸委员会通过了一项决议，从 1986 年开始，将所有鲸种的商业捕杀配额逐年削减至零。

大鲸目与小鲸目

在国际捕鲸委员会暂停猎捕的规定中，"小鲸目"的捕杀被排除在外，"小鲸目"包括除 12 种须鲸和 1 种抹香鲸以外的所有鲸和海豚。而另外 13 种鲸被统称为"大鲸"或"IWC 鲸"。国际捕鲸委员会的监管权限通常只适用于这 13 个鲸种。

从某种意义上说，这种区分是有问题的，因为大鲸目（受 IWC 保护）和小鲸目（不受 IWC 保护）的类别不是根据鲸的生存状况决定的，或者正如亚历山大·吉莱斯皮（Alexander Gillespie）[8]指出，甚至也不是根据动物的体型来决定的。事实上，12 种须鲸和抹香鲸反而是近期在商业捕鲸中被捕杀最多的。

此外，阿恩·卡兰（Arne Kalland）指出，在反捕鲸的文献中，物种区分乃至更高层次的分类都被故意模糊化。"拯救鲸"的历史悠久，但还缺乏拯救那些受到威胁或濒临灭绝的鲸或海豚的努力。人们没有认识到各种鲸类动物的不同保护需要，以为鲸都已濒临灭绝。[9]因此，人们很自然地认为只有在非常特殊的情况下，人类才可以捕鲸。最持久、被广泛接受的一种特殊情况便是原住民为生存而捕鲸。然而，这种捕鲸的界定——实际上，任何捕鲸的界定——在历史上都是困难和不准确的。

商业和生存

从一开始，暂停捕鲸令就集中在"商业性"上，指出："商业用途的所有捕鲸……应当为零。"[10]科研捕鲸和原住民的"生存捕鲸"是例外。[11]这些类型的捕鲸不受暂停令约束，尽管国际捕鲸委员会可以对捕获的鲸数量施加限制。[11]目前有四个国家的"原住民"团体在 IWC 的监督下合法捕鲸：丹麦（格陵兰岛）、俄罗斯（西伯利亚）、圣文森特和格林纳丁斯（贝基亚岛），以及美国（阿拉斯加和华盛顿州）。这个捕鲸国家名册的多样性说明"土著"或"原住民"的定义模糊。

盖尔·奥谢连科（Gail Osherenko）在一篇关于环境正义和规范捕鲸的文章中，对各种捕鲸活动做了一系列描述，为这种模糊性提供了明显的例证。[12]奥谢连科将法罗人的捕鲸行为称为"非原住民捕领航鲸"，与之形成对比的是加拿大和丹麦格陵兰岛的"原住民猎捕"。她接着指出，"美国支持因纽皮亚克人和马卡人的捕鲸权利"，同时对日本和其他"传统的沿海捕鲸团体"施加压力。[13]另外，奥谢连科提到了"原住民生存捕鲸"、"人工捕鲸"、"商业捕鲸"和"工业捕鲸"。这些不同术语之间的随意切换，表明捕鲸活动很难归类。

另外一个标准是捕鲸的经济目的，是为了食物还是利润。然而，正如一些学者指出的，[14]两者间存在明显的重叠。事实上，本文提到的两个地区就是一个明显的例子。[15]因纽皮亚克人在社区内和社区间可以赠予、易货、出售鲸产品。而在法罗群岛，鲸产品被禁止买卖，虽然仍有地下销售。[16]

"商业""生存"这样的词语可能无法为我们关于原住民本土性的讨论提供多少实质内容，询问从事捕鲸的人是否属于原住民似乎更有成效。然而我们将看到，这个问题的答案也很难确定，因为它充满了种族、阶级和殖民思想的痕迹。

原住民本土性和捕鲸

原住民被安纳亚（Anaya）定义为"在土地被侵入和控制前就在此居住的居民后代"。这种基于国际法的定义背离了IWC的目的。[17]例如，加勒比海的贝基亚（Bequia）岛民持有国际捕鲸委员会颁发的原住民捕鲸许可证，被允许每年捕杀四头座头鲸。就种族而言，贝基亚人主要是非洲奴隶和英国殖民者的后代。很少有人与阿拉瓦克人（Arawaks）和加勒比人（Caribs）等加勒比海原住民有血缘关系，他们历史上也没有猎杀过海洋哺乳动物。[18]贝基亚岛的捕鲸历史来自 19世纪的"美国捕鲸者"。由于鲸数量减少，美国捕鲸者从新英格兰长途来此捕鲸的利润变少。他们离开后留下的空缺很快被当地的贝基亚人填补，贝基亚人在美国船上学会了美国捕鲸技巧。直到 20 世纪初，当地的捕鲸活动才在贝基亚岛及整个地区发展起来。[19]

贝基亚岛的例子表明，原住性对于取得 IWC 的捕鲸许可并不重要。然而，正如我们所看到的，IWC 的定义（例如大小鲸目）并不总是等同于公众的看法。因纽皮亚克人和法罗人的文化历史进一步说明这一视角的复杂性。

因纽皮亚克人捕鲸的历史

因纽皮亚克人的历史可以追溯到图勒人（Thule）时期，他们在第二次移民潮中穿越白令海峡，足迹遍及北美北部，包括现在的阿拉斯加、加拿大和格陵兰岛。几个世纪以来，鲸一直是图勒人和因纽皮亚克人后裔的主要食物来源。[20]气候变化和与欧洲人的接触带来了贸易、现金经济和新食品，使他们进一步适应现代社会。因纽皮亚克人还把获得的枪支和雪地车也用于狩猎。

1867 年，美国从俄罗斯手中买下阿拉斯加。1959 年，阿拉斯加成为美国的一个州后，土地问题成为阿拉斯加各群体间的争议问题。1971 年的《阿拉斯加原住民声索解决法案》解决了这个问题，成立了 12 个原住民社区公司作为原住民土地的所有者。[21]北坡区的因纽皮亚克-优肯（Ukpeagvik Inupiat）公司位于巴罗（Barrow），是合法的主要土地所有者。今天的因纽皮亚克人在美国政府允许下，通过因纽皮亚克北极社区享有有限的自治权。他们在美国的地位与安纳亚对原住民的定义相符。

法罗人捕鲸的历史

现代法罗人是 9 世纪晚期在卡尔·绍尔（Carl Sauer）所谓的"维京大撤离"中来到这里的北欧人后裔。[22]最近发现，这些北欧移民并不是法罗群岛的第一批居民。[23]目前学者正在研究在此之前的北欧居民究竟是什么人，但地名、文学和民间传说都指向一个爱尔兰修道院殖民点。[24]考虑到安纳亚对原住民的定义，法罗人是否可能是这片土地的"外人"？尽管"侵入前的居民"要么早已迁走，要么已被消灭，要么融入了法罗人之中，但答案是有可能的。

1948 年以来，丹麦允许法罗群岛自治，但丹麦保有国防和国际关系等方面的主权。这种关系是否应把法罗群岛定义为"别人控制的土地"？虽然很少有人会把法罗人和丹麦人的关系定义为建立在"控制"的基础上，但法罗人并非完全自治。然而，正如戈弗雷·巴尔达奇诺（Godfrey Baldacchinio）提醒我们的，法罗和丹麦之间的关系"可以通过双方协商解决"。[25]目前多次公投都未解除法罗群岛和丹麦之间的关系。这些失败的独立公投表明，大多数法罗人可能并不认为自己被统治。至于捕鲸，他们可以按照自己的条件继续进行。根据丹麦外交部法罗事务顾问的说法，丹麦将捕鲸政策决定权都交给了法罗地方政府。[26]

尽管如此，贝基亚岛的例子仍值得关注。贝基亚岛被谁"统治"？当然，英国曾经殖民格林纳丁斯（Grenadines），但在 1979 年殖民统治已经瓦解。圣文森特和格林纳丁斯是一个独立的国家。如果贝基亚人利用他们的百年捕鲸史就可以从 IWC 获得生存许可，难道法罗人就不能在舆论法庭上为他们持续"千年"[27]的小鲸目捕杀行为辩护吗？

原住民的需求

因纽皮亚克人和法罗人在目前居住地都有很长的捕鲸史。捕鲸已经与这两个群体的文化交织在一起，并为这两个地方提供食物。根据 IWC 的说法，允许原住民捕鲸的一个目的是"使居民能够根据他们的文化和营养需求捕鲸"。[28]因此，除生存和传承关系外，我们需要考虑当地人的需求问题以及捕鲸区其他可行的食物生产渠道。

海洋守护者协会（Sea Shepherd）在《原住民捕鲸立场》中表示：

> 反对任何人、任何地方、任何理由的捕鲸。然而，我们只针对非法捕鲸活动。国际捕鲸委员会规定，北方原住民猎杀濒危的北极露脊鲸是合法的。因此，海洋守护者协会对这些做法没有任何反对意见。[29]

海洋守护者协会对"北方原住民"的捕鲸行为和法罗人的捕鲸行为（法罗语为 grind）做了明确的区分，说明协会的立场：

> 反对在丹麦法罗群岛捕杀领航鲸。海洋守护者协会将在可能的情况下进行干预，防止现代社会里这些珍贵的海洋野生动物遭受不必要的损失。[30]

凯特·桑德森（Kate Sanderson）从批判性视角详细记录了对法罗人捕鲸的反对之声，指出有着"现代"生活方式的欧洲社会与正在进行的捕鲸活动存在着公认的不协调。桑德森引用一位反对法罗捕鲸人士的话说，"如果他们用传统的方式捕鲸，如果他们的生活方式没有显著改变的话，那可以"。[31]桑德森触及了种族和现代性的问题，她探讨了"肤色白皙的男人，身穿羊毛衫，拿着刀在水里杀鲸"的场景的"模糊性"。[32]她质疑法罗捕鲸反对者的"简单化城市观"，认为他们对狩猎有刻板印象："猎人必须在未被破坏的荒野狩猎，不能有任何不协调的服饰或现代文明的影响。"[33]在桑德森所批评的反对捕鲸的话语里，捕鲸人要么完全现代化，要么完全从事维持生计的活动。"肤色白皙的男人，穿着整齐"表明除外在的经济差异之外，还有潜在的种族差异。在这些话语中，北欧人后裔与法罗群岛的文化根本不符，他们一方面享受着摩托艇、汽车和北欧的生活标准，另一方面公开捕杀海洋哺乳动物，分发得到的免费食物，鲸的鲜血染红了海港。

设在伦敦的动物保护组织鲸豚保护协会（Whale and Dolphin Conservation Society）指出：法罗群岛捕杀领航鲸已有400多年的历史，过去这些孤岛条件恶劣，领航鲸为岛民生存做出了重要贡献……然而，今天法罗人的生活水平至少达到了斯堪的纳维亚国家的水平。因此，领航鲸已经不再是生存的必需。[34]

这点明了捕鲸争议的一个潜在的预设——鲸应该是最后的食物来源。海洋守护者协会的保罗·沃森的观点很有代表性，他称捕鲸是"不正当的"行为，因为捕鲸"对生存来说没有必要"。他说："你无法将法罗群岛那些物质富裕的社区与那些生活完全自给自足的原住民相提并论。"[35]那么为什么只有某个群体可以捕鲸呢？难道真的有某种人"需要"某种食物吗？也许是的。某些食物与文化相融合，如果没有食物，就很难理解某种原住民文化。[36]然而，这些融合主要是文化方面的。从现在的情况来看，反对捕鲸者提到的"需要"主要是指生存需要，而不是文化需要。

保护的问题

我们已经看到，对捕鲸行为做出区分的努力受到一系列主观认识的困扰，自相矛盾，并不统一。在社会方面还隐藏着殖民主义和种族主义的因素。从生物学上讲，大鲸目和小鲸目没有明确的分类学界线。"商业"、"生存"和"人工"等经济术语的使用并不准确。甚至在贝基亚岛的例子里，"原住民"一词的用法也不合适。对于一个群体是否"需要"鲸，只凭借主观来判断食物的可获得性和适宜性，试图帮助当地人决定哪一种更适合，却忽略了 IWC 通过原住民生存捕鲸政策寻求保护的"文化需求"[37]。也许应该考虑另一种衡量本土性的方法——以保护为中心的方法。这样将使捕鲸制度转向以证据为基础的许可程序，通过这种程序，那些希望得到国际捕鲸委员会许可的团体，需要说明他们基于长期的文化传统对鲸有保护措施。这将避免谢帕德·克雷（Shepard Krech）和本书编者之一萨拉·加切特·雷（Sarah Jaquette Ray）所阐述的"生态印第安人"的假设，即原住民的谋生活动仅仅因为其种族特征而被接受并得以延续。[38]事实上，它把种族因素排除在决策之外，而聚焦原住民本土性——不是捕鲸者的原住民本土性，而是他们采用的保护方法的原住民本土性。

将原住民本土性保护标准应用于上述两个地区，能够揭示其内在的保护策略，如法罗群岛捕鲸海湾的地理限制，因纽皮亚克人参与捕鲸的社区群体等。与仅以法治为基础的保护制度相比，这类保护措施在传统的支持下更有可能持续下去，得到公众的拥护。[39]

以保护为中心的原住民捕鲸方式将使针对濒危物种的暂停捕鲸法得以实施。可以理解的是，杀害与保护并非相互排斥（参考本书第5篇文章作者博耶的观点），允许那些文化传统中具备有效的鲸保护措施的群体进行有限的捕鲸活动。这种策略延续了传承下来的（无论有意无意）资源限制性使用机制，来保护鲸群。如果通过像 IWC 这样的组织来管理，可以基于"文化和生存需求"的声明，[40]要求那些捕鲸团体解释其历史管理措施。借助这种方式，我们可以寻求人类需求和鲸数量稳定之间的平衡。

结 论

上述建议只是一种可能的解决办法，希望能使关于捕鲸问题的争议明朗化。人们反对捕鲸有各种理由。有些人从动物权利的角度反对任何形式的捕猎。还有人认为，鉴于鲸的智力、体型或其他特性，应该给予它们特殊照顾。但是，国际捕鲸委员会成立的初衷是保护鲸资源。比起目前基于特定鲸种和相关文化、政治历史的多重分析，以保护为中心的管理策略更符合其使命。以保护为中心的捕鲸管理制度并非质疑捕鲸者的原住民本土性，而是质疑其保护方法的本土性。

注释

1. Jules Michelet, *La Mer* (New York: Rudd and Carleton, 1861), 229.

2. 对这些媒体的分析，参见 Kate Sanderson，"Grind—Ambiguity and Pressure to Conform：Faroese Whaling and the Anti-Whaling Protest," in *Elephants and Whales: Resources for Whom?* eds. Milton Freeman and Urs P. Kreuter（Basel，Switzerland：Gordon and Breach，1994），187-201。

3. Randall Reeves and Tim Smith，"A Taxonomy of World Whaling：Operations and Eras," in *Whales，Whaling，and Ocean Ecosystems*, eds. J. A. Estes et al.（Berkeley：University of California Press，2006），88.

4. Chie Sakakibara，"Kiavallakkikput Agviq（Into the Whaling Cycle）：Cetaceousness and Climate Change Among the Iñupiat of Arctic Alaska," *Annals of the Association of American Geographers* 100，no. 4（2010）.

5. Jonathan Wylie，"Grindadráp," in *The Ring of Dancers: Images of Faroese Culture*, eds. Jonathan Wylie and David Margolis（Philadelphia：University of Pennsylvania Press，1981）；Arne Thorsteinsson，"Hvussu Gamalt er Grindadrápið?" *Varðin* 53（1986）.

6. Ray Gambell，"International Management of Whales and Whaling：An Historical Review of the Regulation of Commercial and Aboriginal Subsistence Whaling," *Arctic* 46，no. 2（1993）.

7. Harry N. Scheiber，"Historical Memory，Cultural Claims，and Environmental Ethics in the Jurisprudence of Whaling Regulation," *Ocean & Coastal Management* 38（1998）：14.

8. "Small Cetaceans，International Law and the International Whaling Commission," *Melbourne Journal of International Law* 2，no. 2（2001）.

9. Arne Kalland，"Management by Totemization：Whale Symbolism and the Anti‐Whaling Campaign," *Arctic* 46，no. 2（1993）.

10. International Whaling Commission，International Convention for the Regulation of Whaling，1946：Schedule，as Amended by the Commission at the 64th Annual Meeting Panama City，Panama，July 2012（Cambridge，UK：IWC，2012），5.

11. International Whaling Commission，Report of the Special Working Group of the Technical Committee Concerning Management Principles and Development of Guidelines about Whaling for Subsistence by Aborigines（Cambridge，UK：IWC，Document IWC/33/14，1981）.

12. Gail Osherenko，"Environmental Justice and the International Whaling Commission：Moby‐Dick Revisited," *Journal of International Wildlife Law & Policy* 8，no. 2-3（2005）：226，footnote 28.

13. 同上，第 228 页。

14. Brian Moeran，"The Cultural Construction of Value：Subsistence，Commercial，and Other Terms in the Debate about Whaling," *Maritime Anthropological Studies* 5，no. 2（1992）；Randall R. Reeves，"The Origins and Character of 'Aboriginal Subsistence' Whaling：A Global Review," *Mammal Review* 32，no. 2（2002）.

15. Milton M. R. Freeman et al. , *Inuit*, *Whaling*, *and Sustainability* (Lanham, MD: AltaMira Press, 1998).

16. Russell Fielding, "Artisanal Whaling in the Atlantic: A Comparative Study of Culture, Conflict, and Conservation in St. Vincent and the Faroe Islands" (PhD diss. , Louisiana State University, 2010).

17. S. James Anaya, *Indigenous Peoples in International Law* (New York: Oxford University Press, 1996), 3.

18. Reeves, "Origins and Character," 2002.

19. John E. Adams, "Historical Geography of Whaling in Bequia Island, West Indies," *Caribbean Studies* 11 (1971); Nathalie Ward, *Blows*, *Mon*, *Blows! A History of Bequia Whaling* (Woods Hole, MA: Gecko Productions, 1995).

20. Reeves, "Origins and Character"; Reeves and Smith, "A Taxonomy of World Whaling"; Bruce G. Trigger and Wilcomb E. Washburn, *The Cambridge History of the Native Peoples of the Americas* (Cambridge, UK: Cambridge University Press, 1996).

21. Ukpeaġvik Iñupiat Corporation, "Alaska Native Claims Settlement Act (ANCSA)," 2011. December 8, 2013, http://www. ukpik. com/ANCSA. htm (site discontinued).

22. Carl Sauer, *Northern Mists* (Berkeley: University of California Press, 1968), 85.

23. Mike J. Church et al. , "The Vikings Were Not the First Colonizers of the Faroe Islands," *Quaternary Science Reviews* 77 (2013).

24. Sauer, Northern Mists.

25. Godfrey Baldacchino, *Island Enclaves: Offshoring Strategies*, *Creative Governance*, *and Subnational Island Jurisdictions* (Montreal: McGill-Queen's University Press, 2010), 55.

26. 奥弗森（Arni Olafsson）给作者的电子邮件，2010 年 2 月 24 日。

27. Séan Kerins, *A Thousand Years of Whaling: A Faroese Common Property Regime* (Edmonton: CCI Press, 2010).

28. International Whaling Commission, "Aboriginal Subsistence Whaling," accessed December 8, 2013, http://iwc. int/aboriginal.

29. Sea Shepherd, "Whaling Around the World," accessed December 6, 2013, http://www. seashepherd. org/whales/whaling-around-the-world. html.

30. Sea Shepherd, "Operation Ferocious Isles—Sea Shepherd's Pilot Whale Defense Campaign in the Faeroe Islands," December 6, 2013, http://www. seashepherd. org/ferocious-isles/ferocious-isles. html.

31. Sanderson, "Grind—Ambiguity and Pressure to Conform," 187.

32. 同上，第 198 页。

33. 同上。

34. Phillippa Brakes et al. , *Troubled Waters: A Review of the Welfare Implications of Modern*

Whaling Activities (London：World Society for the Protection of Animals，2004).

35. 保罗·沃森（Paul Waltson）给作者的电子邮件，2005 年 10 月 25 日。

36. Richard Wilk，"'Real Belizean Food'：Building Local Identity in the Transnational Caribbean," *American Anthropologist* 101 (1999)；Igor Cusack，"African Cuisines：Recipes for Nation-building?" *Journal of African Cultural Studies* 13 (2000)；Pauliina Raento，"Changing Food Culture and Identity in Finland," in *Finnishness in Finland and North America: Constituents, Changes, and Challenges*, ed. Pauliina Raento (Toronto：Aspasia Books, 2006).

37. IWC, "Aboriginal Subsistence Whaling," 2013.

38. Shepard Krech Ⅲ, *The Ecological Indian: History and Myth* (New York：W. W. Norton, 2000)；Sarah Jaquette Ray, *The Ecological Other: Environmental Exclusion in American Culture* (Tucson：University of Arizona Press, 2013), ch. 2.

39. Nancy C. Doubleday, "Aboriginal Subsistance [sic] Whaling：The Right of Inuit to Hunt Whales and Implications for International Environmental Law," *Denver Journal of International Law and Policy* 17, no. 2 (1989).

40. 同上。

参考文献

Adams, John E. "Historical Geography of Whaling in Bequia Island, West Indies." *Caribbean Studies* 11 (1971)：55-74.

Anaya, S. James. *Indigenous Peoples In International Law*. New York：Oxford University Press, 1996.

Baldacchino, Godfrey. *Island Enclaves: Offshoring Strategies, Creative Governance, and Subnational Island Jurisdictions*. Montreal：McGill-Queen's Press University, 2010.

Brakes, Phillippa, et al. *Troubled Waters: A Review of the Welfare Implications of Modern Whaling Activities*. London：World Society for the Protection of Animals, 2004.

Church, Mike J., et al. "The Vikings Were Not the First Colonizers of the Faroe Islands." *Quaternary Science Reviews* 77 (2013)：228-232.

Cusack, Igor. "African Cuisines：Recipes for Nation-building?" *Journal of African Cultural Studies* 13 (2000)：207-225.

Doubleday, Nancy C. "Aboriginal Subsistance [sic] Whaling：The Right of Inuit to Hunt Whales and Implications for International Environmental Law." *Denver Journal of International Law and Policy* 17, no. 2 (1989)：373-393.

Fielding, Russell. "Artisanal Whaling in the Atlantic: A Comparative Study of Culture, Conflict, and Conservation in St. Vincent and the Faroe Islands." PhD dissertation, Louisiana State University, 2010.

Freeman, Milton M. R., et al., eds. *Inuit, Whaling, and Sustainability.* Lanham, MD: Altamira Press, 1998.

Gambell, Ray. "International Management of Whales and Whaling: An Historical Review of the Regulation of Commercial and Aboriginal Subsistence Whaling." *Arctic* 46, no. 2 (1993).

Gillespie, Alexander. "Small Cetaceans, International Law and the International Whaling Commission." *Melbourne Journal of International Law* 2 (2001): n. p.

International Whaling Commission. "Aboriginal Subsistence Whaling." Accessed December 8, 2013. http://iwc.int/aboriginal.

———. International Convention for the Regulation of Whaling, 1946: Schedule, as amended by the Commission at the 64th Annual Meeting Panama City, Panama, July 2012. Cambridge, UK: IWC, 2012.

———. Report of the special working group of the Technical Committee concerning management principles and development of guidelines about whaling for subsistence by aborigines. Cambridge, UK: IWC, Document IWC/33/14, 1981.

Kalland, Arne. "Management by Totemization: Whale Symbolism and the AntiWhaling Campaign." *Arctic* 46, no. 2 (1993): 124–133.

Kerins, Séan. *A Thousand Years of Whaling: A Faroese Common Property Regime.* Edmonton: CCI Press, 2010.

Krech, Shepard, Ⅲ. *The Ecological Indian: History and Myth.* New York: W. W. Norton, 2000.

Michelet, Jules. La Mer. New York: Rudd and Carleton, 1861.

Moeran, Brian. "The Cultural Construction of Value: Subsistence, Commercial, and Other Terms in the Debate about Whaling." *Maritime Anthropological Studies* 5, no. 2 (1992): 1–15.

Osherenko, Gail. "Environmental Justice and the International Whaling Commission: Moby-Dick Revisited." *Journal of International Wildlife Law & Policy* 8, no. 2–3 (2005): 221–239.

Raento, Pauliina. "Changing Food Culture and Identity in Finland." In *Finnishness in Finland and North America: Constituents, Changes, and Challenges*, 50–71. Toronto: Aspasia Books, 2006.

Ray, Sarah Jaquette. *The Ecological Other: Environmental Exclusion in American Culture.* Tucson: University of Arizona Press, 2013.

Reeves, Randall R. "The Origins and Character of 'Aboriginal Subsistence' Whaling: A Global Review. " *Mammal Review* 32, no. 2 (2002): 71-106.

Reeves, Randall R. , and Tim D. Smith. "A Taxonomy of World Whaling: Operations and Eras. " In *Whales, Whaling, and Ocean Ecosystems*, edited by James A. Estes et al. , 82-101. Berkeley: University of California Press, 2006.

Sakakibara, Chie. "KiavallakkikputAgviq (Into the Whaling Cycle): Cetaceousness and Climate Change Among the Iñupiat of Arctic Alaska. " *Annals of the Association of American Geographers* 100, no. 4 (2010): 1003-1012.

Sanderson, Kate. "Grind—Ambiguity and Pressure to Conform: Faroese Whaling and the Anti-Whaling Protest. " In *Elephants and Whales: Resources for Whom?* edited by Milton Freeman and Urs P. Kreuter, 187-201. Basel, Switzerland: Gordon and Breach, 1994.

Sauer, Carl O. *Northern Mists*. Berkeley: University of California Press, 1968.

Scheiber, Harry N. "Historical Memory, Cultural Claims, and Environmental Ethics in the Jurisprudence of Whaling Regulation. " *Ocean & Coastal Management* 38 (1998): 5-40.

Sea Shepherd. "Operation Ferocious Isles—Sea Shepherd's Pilot Whale Defense Campaign in the Faeroe Islands. " Accessed December 6, 2013. http: //www. sea shepherd. org/ ferocious-isles/ferocious-isles. html.

——. "Whaling Around the World. " Accessed December 6, 2013. http: //www. sea shepherd. org/whales/whaling-around-the-world. html.

Thorsteinsson, Arne. "Hvussu Gamalt er Grindadrápið?" *Varðin* 53 (1986): 65-66.

Trigger, Bruce G. , and Wilcomb E. Washburn. *The Cambridge History of the Native Peoples of the Americas*. Cambridge: Cambridge University Press, 1996.

Ukpeaġvik Iñupiat Corporation. "Alaska Native Claims Settlement Act (ANCSA)." 2011. Accessed December 8, 2013. http: //www. ukpik. com/ANCSA. htm.

Ward, Nathalie. *Blows, Mon, Blows! A History of Bequia Whaling*. Woods Hole, MA: Gecko Productions, 1995.

Wilk, Richard. " 'Real Belizean Food': Building Local Identity in the Transnational Caribbean. " *American Anthropologist* 101 (1999): 244-254.

Wylie, Jonathan. "Grindadráp. " In *The Ring of Dancers: Images of Faroese Culture*, edited by Jonathan Wylie and David Margolis, 95 - 132. Philadelphia: University of Pennsylvania Press, 1981.

5

拯救北极熊及其他

科蒂斯·博耶

隆德大学

引　言

　　动物在人类文化和经济发展中发挥了非常重要的作用。只因它们不是人类，我们把它们变成了各种各样的物品，从超自然的象征到口红的一种成分。非人类特征成为智人和其他动物之间具有象征意义的区别。而且本文表明，我们与非人类动物的相遇以及对待它们的方式使我们有一个表现人性的空间。本文特别探讨了人类个体如何引导和维持我们与非人类生物的关系，人类如何成为某一种人类。首先必须明确一种特别的主客体关系，在这一关系里，非人类生命的主体性本应受到珍视，但人类在与非人类生命接触方式与意义上形成完全的独占性，以致非人类生命的主体性被消除。

　　本文探讨了人类与动物关系的两种截然不同的模式，这里表现为人类与北极熊的不同关系，并最终提出"第三种方式"是最理想的。两种模式的不同之处在于，非人类的主体性和道德能动性都是在人与动物相遇时被概念化的。第一部分对比了本文所探讨的人与动物关系的主流模式。在第一个相遇的例子中，北极熊是一个积极的参与者，因此就人类和动物相遇的意义和价值而言是一个必要的角色。第二部分探讨了人与动物关系的习惯性模式，即忽略非人类的主体性，从而利用动物以及两者相遇所产生的意义和价值。这为我们提供了在非人类世界中人之所以为人的行为方式，并意味着我们对北极熊的捕杀和拯救都来自一套以人类为中心的主客体关系。一旦我们意识到这一点，我们可以设想第三种方式，这种方式从人与动物关系的角度来保护，而不是仅仅从审美消费或生存的角度。

北极熊作为人

由于人类与非人类动物之间没有既定的相处方式，所以在如何管理动物的问题上总会有不同的意见。有一个明显的例子，在确定狩猎限额后，研究人员道斯利（Dowsley）和施密特（Schmidt）注意到努纳武特（Nunavut）的猎人们表达了担忧。具体来说，猎人们似乎很担心北极熊会怎么看待这个制度，而最终这些看法又如何影响猎人。新的配额是为了限制猎熊，是大规模的野生动物科学管理制度的一部分。猎人们认为北极熊可能会认为这样的制度是傲慢无礼的，害怕可能遭到报复[1]。道斯利和施密特详述了看待北极熊主体性的不同思维方式：

> 一方面，因纽皮亚克人强调，维持熊与人的良好关系是赋权的关键因素，因为熊把自己交给了那些有素质且能够维持恰当关系的猎人和社区。而另一方面，限额制试图量化对北极熊的猎捕，武断地认为北极熊在数量方面没有任何决定权，也不参与供

求活动、类别和消费方式方法。[2]

因纽皮亚克猎人和限额制度之间的紧张关系部分是人与动物关系偏离导致的。猎人们认为熊能够设想和判断猎人的行为。猎人的这种顾虑意味着熊有心智，也就是说，熊能够反思并判断猎人在想什么或没有想什么，从而从猎人的行动中推断出意义。此外，熊似乎被认为践行了某种道德标准，这种道德标准依据的是熊和猎人共同认同的一套特定的道德原则。北极熊被视为一个个体（而不是一个物种或种群），而且由于它所体现的能动性，把它称为人可能更合适。这意味着人类与熊的接触必须是熊自己的主观意识和能动性的结果。这种关系取决于熊是否愿意加入。因此，在这种人与动物的关系模型中，人类与非人类之间的任何特定关系必须能同时解释人类和非人类的主体性。虽然熊愿意自我牺牲是一种自以为是的想法，但认为动物为了"人类更大的利益"而牺牲自己的身体，仍然意味着这种关系取决于熊的参与意愿。本文并非认为，道斯利和施密特所描述的主客体关系是普遍的或是泛因纽皮亚克人与动物关系的某种代表。本文想要表明，猎人和北极熊之间的互动是后面所探讨的传统的人与动物关系的反例。因此，本文所考察的各种主客体关系应视为对以人为中心的思维方式和与动物相处方式的偏离，而不是特定文化、阶层或性别的表达。

北极熊作为物

现代物种保护运动和野生动物管理框架反映了一种无视非人类的主体性和能动性的人与动物关系。[3]虽然现代性一直与社会和自然的分裂联系在一起，但埃克斯利（Eckersley）指出，直到最近，学术界才开始研究人类和非人类群体间的差距。[4]马提内尔（Martinelli）认为，现代物种保护和管理属于以人类为中心的"科学实用主义"，即动物是被动的，它们的生命可以被量化、测量和控制。[5]在这个框架内，非人类个体的主体性被忽略，它们作为有知觉的生命体的意义和价值被纳入人类生活经验的评价中。例如，一只有丰富经历的北极熊成了一个固定模型，它只是一个物种、一种资源，或某个国家的财富。这种界定的转变，不再把它们看作个体或群体，意味着动物价值的工具主义化。[6]像北极熊这样的动物，成为被动的、与自身相分离的对象，变得完全可以被轻视和占用。我们不把动物看作独立的主体，而是视之为被动的对象，我们与动物接触的意义仅限于各种身份构建项目。例如，某个物种是自然景观的一部分，因此是全球（人类）自然遗产（常被称为"动物王国"）；生命资源成为文化或生活的物质支撑；国宝则成为国家认同的象征。

在努纳武特，人与动物的关系有多种方式。与猎人和熊的关系相反，运动狩猎是另外一种完全不同的主客体关系。运动狩猎和兽皮的销售作为收入来源，对加拿大北部许多经济相对单一的小型定居点来说极为重要。[7]对北极熊的稳定需求来自富有的游客猎人，他们愿意支付高达3万美元的费用，获得机会射杀一只北极熊，并将战利品带回家。[8]狩猎可以是商业性的，也可以是生存性的。地方管理委员会授权社区决定限额数量的分配。自从努纳武特开始实行这种地方化管理制度以来，无论是绝对数额还是相对于生存狩猎的数额，商业化的狩猎配额都在稳步增加。[9]野生动物的商品化通常被生态女性主义[10]和批判理论[11]视为人类和非人类社会之间疏远和控制的过程。然而，不仅制度化的人与动物关系把熊变成经济效用最大化的对象，运动狩猎，特别是因纽皮亚克人的自我辩护，也说明动物主体性已被从文化和经济权利的现代话语中删除。例如，针对国际社会反对商业化猎捕北极熊，因纽皮亚克人的一位负责人玛丽·西蒙回应说：

> 我至今不明白，许多因纽皮亚克人都不明白，美国为何如此热衷于积极地实施限制性保护政策，牺牲因纽皮亚克人的利益来保护北极熊，事实上这个物种是世界上最成功的物种之一，远不到灭绝的程度。这是对我们北极原住民的权利、文化、狩猎习俗、保护和管理协定以及地方经济的直接攻击。[12]

西蒙提到的"限制性保护"并不是阻止或限制生存狩猎，甚至也不是限制国内商业捕猎。西蒙的这番话是对一项提案的回应，该提案建议将熊列入《濒危野生动植物种国际贸易公约》（CITES）的附录二。这将导致禁止北极熊制品的国际贸易，从而将北极熊的商业用途限制在国内市场。对西蒙来说，关键在于文化自治的程度就依赖于熊是否成为经济发展的中介产品。由于这个提案并不阻止当地猎杀北极熊，西蒙的话似乎意味着"北极原住民"的生存取决于熊是否为经济收入的来源。有人可能会说，北极熊对因纽皮亚克人身份非常重要，因为行使经济自决权是文化自治的必要条件（因此，维持运动狩猎国际市场对原住民身份至关重要）。然而，与第一个例子中猎人提出的人与动物关系不同，西蒙所指的熊似乎有文化意义，因为它提供了一种文化而不是在文化中做了什么。这里，人与熊相遇的价值和意义来自它转变为国际商品后能够提供的经济保障。

　　能够"为人"或表达人的独特身份，在我们与动物互动的早期就有表现。例如，杀害动物是人类表达恋情和性别特征的一种方式。[13]特别是在第二次世界大战之后，[14]猎捕大型动物成为一种体现男子气概的活动。[15]然而，动物工具化不仅限于某一种文化，也不限于某一种性别。最近的研究指出，女性也利用对野生动物的杀戮，在"欣赏自然"的行为中表现女性气质。[16]动物作为被动的对象不只体现于杀戮活动。安·斯科特（Anne Scott）在研究诺斯克（Noske）、伯克（Birke）、哈拉维（Haraway）的作品时指出，非人类的动物被描述为"思考的对象"。[17]因此，动物作为生命体为人类体验"为人"的感觉提供了一个类似的平台。在《观察野生动物》一书中，辛西娅·克里斯（Cynthia Chris）建议，"我们不仅要通过观察动物来了解它们，还要通过观察动物来了解我们自己"。[18]同样，生态旅游的稳步发展也让很多人有机会在电影中捕捉非人类的自然主题。在马尼托巴省丘吉尔市（Churchill, Manitoba），北极熊旅游业是当地经济的核心部分，人们可以很容易地坐着特殊设计的卡车"北极熊漫游"，接触这一世界上最大的食肉动物之一。[19]吸引人的是，北极熊不在动物园而是在野外。像北极熊这样的动物使得它们背后的景观有了意义。然而，正如本文后面所要探讨的，熊不仅增加了人们关于北方的体验，而且在原始的北极背景下加强了人们关于熊的体验。关于偏僻遥远、稀有珍贵和动物追捕之间的关系，克里斯（Chris）转述了伯杰（Berger）的评论：

> 动物园、逼真的玩具和动物形象的商业传播，这些都是从动物开始退出我们的日常生活开始的。可以认为这些事物的出现是一种补偿。然而，事实上这些新事物本身也像驱散动物一样，是一种冷酷无情的行为。动物园的舞台布置实际上是动物被绝对边缘化的表现。逼真的玩具增加了对新的动物玩偶——城市宠物的

需求。动物只能在图片上繁殖——因为它们的生物繁殖变得越来越罕见——使得动物显得更加奇特而遥远。[20]

克里斯接着说："从 18 世纪晚期到 19 世纪，动物从日益工业化和城市化的日常社会中退出，又以商品形式回归。"[21]因此，某一动物越自然或越稀有，对于"喜欢冒险的"消费者的情感价值就越高。此外，人们通过把北方想象成崎岖和原始的陆地景观，通过"北极熊漫游"车的窗户而不是动物园的围栏来观看北极熊，从而增加和北极熊在一起的体验。就像把猎获的熊当成战利品一样，能够用相机拍摄到或者近距离观看的价值来自熊成为被动的对象。在这里，与熊的相遇是人类所享受的一种体验，但只有通过无视熊的主观性才有可能。也就是说，熊没有因相遇而得到认可，它并没有选择体验人类，而是人的狩猎技能、持续探险或游客的欣赏引出了人与熊的关系。因此，这种关系为人类提供了展示人类特征的空间。如果熊是在动物园的围栏里，狩猎技能、持续探险、游客的欣赏等都会大大减少。基于伯杰的思考可以理解，在与动物接触中，动物稀有的程度决定其价值。一头奶牛在消费者的心目中经历了从奶牛到牛肉的转变过程——牛肉还可以分级——北极熊也经历了类似的从个体到客体的转变过程。当这种转变经验变得日益集中时，就会出现非常纯粹的级别。就像我们给动物打上"有机"或"散养"的标记，而"野生"的标记表示北极熊是更高"纯度"的非人类。在这种情况下，我们从人与动物的相遇中获得的经验，为提升人（非动物）的身份提供了最有利的条件。我们将在下面看到，这种从主体到客体的转变，也可以用来建立情感纽带，动员我们去拯救非人类。

经济学家和政策制定者经常利用"存在价值"这一词语，将利他主义付诸实践，即物种都有内在价值。加拿大枢密院（Canadian Privy Council）将存在价值解释为"某些资产的内在价值，通常是自然的或环境的。它是资产本身的存在所带来的收益价值。例如，一棵树可以用多种方式进行估价，包括它的使用价值（如木材）、存在价值（存在）和选择价值（用来做的物品的价值）。存在价值与资产的使用或潜在使用所产生的价值是分离的"。[22]为什么不只用"内在价值"这个词呢？无论我们是否确定某事物的存在，它都可能具有内在价值。另外，存在价值试图量化我们关于事物存在的经验价值。也就是说，一个特定的事物的存在价值只有在我们能够遇到它或把握它的存在后，才得以实现。因而在某种程度上，它可以用来解释我们人类在非人类世界中的存在。

物种保护常常针对某些物种，就好像北极熊这样的动物比其他动物更有生存价值。2008年，世界自然保护联盟报告称，35%的鸟类、52%的两栖类和71%的珊瑚都特别容易受到气候变化导致的物种灭绝的影响。[23]然而，北极熊成为我们熟知的受气候变化影响的代表。从传单到电视广告，再到巨型冰雕，北极熊的形象无处不在，这一切都是为了引起人们对气候变化对全球影响的关注。为了激发人们的同理心来获取个人捐赠，发起组织会利用卡兰所称的某些"旗舰物种"，在捐赠者与更广泛的和该物种相关的政治活动间建立关系。[24]

熊所体现出的高度美学或象征价值，不仅使它在多数国家成为梦寐以求的墙上的装饰，而且成为一种有效的工具，为更广泛的环境保护运动赢得支持。是否使用"旗舰物种"取决于动物的困境和广泛的环境问题之间是否存在因果关系。然而，"旗舰物种"的有效性取决于潜在捐赠者和动物之间的亲近感。正如迈尔斯（Myers）指出，"多样性是通过审美来传递的"。[25]这可能就是为什么麝牛或某些生活在冰上的生物不被气候变化运动选择作为"旗舰物种"的原因。艾伦·斯提波（Arran Stibbe）指出，广告战或媒体"闪电战"的意义叙事并非通过将动物描述为"处于对抗人类侵袭的生死之战中"的个体来建立人与动物之间的情感关系。[26]其实，它们通过描述动物的身体特征（如"温柔的巨人"）或珍稀程度（如"最濒危的动物"）来建立这种情感联系。[27]这里的情感联系是通过展示动物的各种品质来培养的，这些品质具有动物学美学的价值，是广泛的非人类自然遗产的一部分。斯提波总结了世界自然基金会用来描述 12 种经常推广的动物的常用形容词，这些词都试图以令人愉快的方式来传达物种保护任务："最大的、更大的、数量多的、强大的、巨大的、强大的、濒危的、众多的、广泛的、奇妙的、非凡的、可爱的、有魅力的、受欢迎的、小小的、害羞的、雄伟的、银色的、宽阔的"[28]。

呼吁保护所谓的"动物王国"这一非人类自然遗产，可以作为物种保护的非常成熟的理由。正如特纳（Turner）所解释的那样，存在价值与动物的工具价值和非工具价值倾向有关。[29]特纳指出，非人类世界的物种存在"可爱"和"威严"两种特性，因此，支持物种保护能够促进物种间的利他主义，确保我们的后代还能看到一些巨大和可爱的动物。[30]气候变化已经威胁到孩子们欣赏庞大强壮的北极熊的可能，所以这种物种间的利他主义被激发。很多非政府组织也重视利用这种利他主义，比如世界自然基金会指出：

> 由于气候变化对北极熊的影响，地球正迅速走向一个临界点。除非政府立即采取负责任的行动，否则在我们孩子这一代，野生北极熊就可能灭绝。[31]

动物被视为自然的非人类物体，可以作为我们人类的参照点。然而，如果物种被视为被动的客体，没有独立于我们的主观性，我们在情感上就只能依赖体验的比喻。这对如何界定物种的生存价值及其意义，如何界定物种保护的道德理由有直接的影响。布鲁瓦（Brower）[32]在《发展中的动物》一文中提到伯特（Burt）时，表达了类似观点：

> 正如伯特指出，"动物被作为非人类的自然客体，只存在于人类的视觉比喻之中，这是腐朽且错误的观念"，否定了人与动物维持适当关系的可能性。（188）

主张动物保护需要我们对动物有一定程度的情感投入。但很清楚，这种情感投入指向的是我们如何看待一个物种，而不是组成这一物种的个体。

结　论

本文探讨了动物变成被动客体的种种原因。这并不是人与非人类的固有关系，但正如以上所述，是以人为中心模式的一种表现。我们忽视了动物主体性，在一个非人类世界获得了一个表现空间，在这里可以排除其他生物，表达"作为人"的独有体验。对这一问题后果的探讨超出了本文的范围。[33]然而，动物与人类关系的探索表明，人类主体与动物客体的联系可以同时通过杀戮和拯救表现出来。这两种行为都以道义为指导，即我们必须保留与动物接触的机会，才有人与动物的区别。这种区别在使人类成为人类的同时，减少了衡量非人类价值的空间，或者在某种意义上降低了它们作为工具以外的价值。

注释

1. Jeremy J. Schmidt and Martha Dowsley, "Hunting with Polar Bears: Problems with the Passive Properties of the Commons," *Human Ecology* 38, no. 3 (April 15, 2010): 38.

2. 同上。

3. André Krebber, "Anthropocentrism and Reason in Dialectic of Enlightenment: Environmental Crisis and Animal Subject," in *Anthropocentrism: Humans, Animals, Environments*, ed. Rob Boddice (Leiden and Boston: Brill, 2011).

4. 参见 Robyn Eckersley, *The Green State: Rethinking Democracy and Sovereignty* (Cambridge, MA: MIT Press, 2004), and Andrew Dobson, *Green Political Thought*, 3rd ed. (London: Routledge, 2000); John S. Dryzek, *Rational Ecology: Environment and Political Economy* (Oxford: Basil Blackwell, 1987); John S. Dryzek, notes to pages 7-9 and notes to pages 9-20 in *Discursive Democracy: Politics, Policy and Political Science* (Cambridge: Cambridge University Press, 1990); Tim Hayward, *Ecological Thought: An Introduction* (Cambridge, MA: Polity Press, 1994); Tim Hayward, *Political Theory and Ecological Values* (New York: St. Martin's Press, 1998); Mary Mellor, *Feminism and Ecology* (New York: New York University Press, 1997); Douglas Torgerson, *The Promise of Green Politics: Environmentalism and the Public Sphere* (Durham: Duke University Press, 1999); Val Plumwood, *Feminism and the Mastery of Nature* (London: Routledge, 1993); and Val Plumwood, *Environmental Culture: The Ecological Crisis of Reason* (London: Routledge, 2002)。

5. Dario Martinelli, "Anthropocentrism as a Social Phenomenon: Semiotic and Ethical Implications," *Social Semiotics* 18, no. 1 (2008): 79-99.

6. Robert Garner, "Wildlife Conservation and the Moral Status of Animals," *Environmental Politics* 3, no. 1 (1994): 114-129.

7. David Klein, "Management and Conservation of Wildlife in a Changing Arctic Environment," in *Arctic Climate Impact Assessment* (Cambridge: Cambridge University Press: 2005).

8. Jane George, "Polar Bear Management in Nunavut: A Conservation TightRope," *Nunatsiaq News*, April 18, 2014, http://www.nunatsiaqonline.ca/archives/nunavut991130/nvt91119_07.html.

9. Milton M. R. Freeman and George W. Wenzel, "The Nature and Significance of Polar Bear Conservation Hunting in the Canadian Arctic," *Arctic* 59, no. 1 (2006).

10. Plumwood, Environmental Culture and Feminism and the Mastery of Nature.

11. 关于埃克斯利（Ekersley）所描述的"关键政治生态"，参见 Eckersley, The Green State, p. 9。关于动物和批判理论的专门讨论，参见 Marco Maurizi, "The Dialectical Animal: Nature and Philosophy of History in Adorno, Horkheimer and Marcuse," *Journal for Critical Animal Studies* 10（2012）: 1。

12. Inuit Tapiriit Kanatami, Inuit Disappointed at US Activism on CITES Polar Bear Up-Listing Proposal, April 18, 2014, https://www.itk.ca/media/mediarelease/inuit-disappointed-us-activism-cites-polar-bear-listing-proposal.

13. Donna Haraway, "The Promises of Monsters: A Regenerative Politics for Inappropriate/D Others," *Cultural Studies*（1992）: 295-337, and Harriet Ritvo, *The Animal Estate: The English and Other Creatures in the Victorian Age*（Cambridge, MA: Harvard University Press, 1987）.

14. Andrea L. Smalley, "'I Just Like to Kill Things': Women, Men and the Gender of Sport Hunting in the United States, 1940-1973," *Gender & History* 17, no. 1（2005）: 1.

15. 有关狩猎和男子气概之间关系的研究，参见 Lisa M. Fine, "Rites of Man, Rites of Passage: Hunting and Masculinity at REO Motors of Lansing, Michigan, 1945-1975," *Journal of Social History* 33（2000）: 805-23; E. Anthony Rotundo, *American Manhood: Transformations in Masculinity from the Revolution to the Modern Era*（New York: Basic Books, 1993）; Elliott Gorn, *The Manly Art*（Ithaca, NY: Cornell University Press, 1986）; Gail Bederman, *Manliness and Civilization: A Cultural History of Gender and Race in the United States, 1880-1917*（Chicago: University of Chicago Press, 1995）; Michael Kimmel, *Manhood in America: A Cultural History*（New York: The Free Press, 1996）。

16. 同上。

17. Anne Scott, "Trafficking in Monstrosity: Conceptualizations of 'Nature' within Feminist Cyborg Discourses," *Feminist Theory* 2（December 2001）: 371, cited by Chilla Bulbeck, *Facing the Wild: Ecotourism, Conservation and Animal Encounters*（London: Taylor and Francis, 2012）.

18. Cynthia Chris, *Watching Wildlife*（Minneapolis: University of Minnesota Press, 2006）.

19. 有关马尼托巴省丘吉尔市北极熊观赏业的概述，参见 R. Harvey Lemelin, "The Gawk, the Glance, and the Gaze: Ocular Consumption and Polar Bear Tourism in Churchill, Manitoba, Canada," *Current Issues in Tourism* 9, no. 6（2006）: 516-534。

20. John Berger, *About Looking*（New York: Vintage, 2011）, quoted in Chris, *Watching Wildlife*, x.

21. 同上。

22. Government of Canada, Privy Council Office, "Existence Value," Glossary. Last modified May 6, 2006, accessed April 18, 2014, http://www.pco-bcp.gc.ca/raoicssrdc/

default. asp？ Language＝E&Page＝glossary.

23. Wendy Foden et al. , "Species Susceptibility to Climate Change Impacts," in *Wildlife in a Changing World: An Analysis of the 2008 IUCN Red List of Threatened Species* (Gland, Switzerland: IUCN, 2009), 77.

24. Arne Kalland, "Whose Whale Is That? Diverting the Commodity Path," in *Elephants and Whales: Resources for Whom*, eds. Milton Freeman and U. P. Kreuter (New York: Taylor & Francis, 1994).

25. Norman Myers, *The Sinking Ark: A New Look at the Problem of Disappearing Species* (New York: Pergamon Press, 1979).

26. Arran Stibbe, *Animals Erased: Discourse, Ecology, and Reconnection with the Natural World* (Middletown, CT: Wesleyan University Press, 2012), 74.

27. 同上。

28. Arran Stibbe, "Counter – Discourses and the Relationship Between Humans and Other Animals," *Anthrozoos: A Multidisciplinary Journal of the Interactions of People & Animals* 18, no. 1 (2005): 10.

29. R. Kerry Turner et al. , "Valuing Nature: Lessons Learned and Future Research Directions," *Ecological Economics* 46, no. 3 (2003): 497–499.

30. 同上。

31. WWF (World Wildlife Fund), "A Push for Change for Polar Bears," World Wildlife Fund e-newsletter (2009), 1–3.

32. Matthew Brower, *Developing Animals: Wildlife and Early American Photography* (Minneapolis: University of Minnesota Press, 2011), xvi, citing Jonathan Burt, *Animals in Film* (London: Reaktion, 2002), 188.

33. 关于拯救鲸运动的政策讨论及其影响，参见本书罗素·菲尔丁（Russel Fielding）的文章。

参考文献

Berger, John. *About Looking*, New York: Vintage, 2011.

Brower, Matthew. *Developing Animals: Wildlife and Early American Photography*. Minneapolis: University of Minnesota Press, 2011.

Bulbeck, Chilla. *Facing the Wild: Ecotourism, Conservation and Animal Encounters*. London: Taylor and Francis, 2012.

Burt, Jonathan. *Animals in Film*. London: Reaktion, 2002.

Chris, Cynthia. *Watching Wildlife*. Minneapolis: University of Minnesota Press, 2006.

Eckersley, Robyn. *The Green State: Rethinking Democracy and Sovereignty*. Cambridge, MA: MIT Press, 2004.

Foden, Wendy, GeorginaM. et al. "Species Susceptibility to Climate Change Impacts." In *Wildlife in a Changing World: An Analysis of the 2008 IUCN Red List of Threatened Species*. Gland, Sweden: IUCN, 2009.

Freeman, Milton M. R., and George W. Wenzel. "The Nature and Significance of Polar Bear Conservation Hunting in the Canadian Arctic." *Arctic* 59, no. 1 (2006).

Garner, Robert. "Wildlife Conservation and the Moral Status of Animals." *Environmental Politics* 3, no. 1 (1994): 114-129.

George, Jane. "Polar Bear Management in Nunavut: A Conservation Tight - Rope." *Nunatsiaq News*, November 19, 1999. Accessed April 18, 2014, http://www.nunat siaqonline.ca/archives/nunavut991130/nvt91119_ 07.html.

Government of Canada, Privy Council Office. "Existence Value." Last modified May 6, 2006. Accessed April 18, 2014, http://www.pco - bcp.gc.ca/raoics - srdc/default. asp? Language = E&Page = glossary.

Haraway, Donna. "The Promises of Monsters: A Regenerative Politics for Inappropriate/D Others." In *Cultural Studies*, edited by Larry Grossberg, Cary Nelson, and Paula Treichler. New York: Routledge, 1992.

Inuit TapiriitKanatami. "Inuit Disappointed at US Activism on CITES Polar Bear UP - Listing Proposal." Accessed April 18, 2014, https://www.itk.ca/media/media-- release/inuit-disappointed-us-activism-cites-polar-bear-listing-proposal.

Kalland, Arne. "Whose Whale Is That? Diverting the Commodity Path." In *Elephants and Whales: Resources for Whom*, edited by Milton Freeman and U. P. Kreuter. New York: Taylor & Francis, 1994.

Klein, David. "Management and Conservation of Wildlife in a Changing Arctic Environment." In *Arctic Climate Impact Assessment*. Cambridge: Cambridge University Press, 2005.

Krebber, André. "Anthropocentrism and Reason in Dialectic of Enlightenment: Environmental Crisis and Animal Subject." In *Anthropocentrism: Humans, Animals, Environments*, edited by Rob Boddice. Leiden and Boston: Brill, 2011.

Lemelin, R. Harvey. "The Gawk, the Glance, and the Gaze: Ocular Consumption and Polar Bear Tourism in Churchill, Manitoba, Canada." In *Tourism* 9, no. 6 (2006): 516-534.

Martinelli, Dario. "Anthropocentrism as a Social Phenomenon: Semiotic and Ethical Implications." *Social Semiotics* 18, no. 1 (2008): 79-99.

Maurizi, Marco. "The Dialectical Animal: Nature and Philosophy of History in Adorno, Horkheimer and Marcuse." *Journal for Critical Animal Studies* 10 (2012).

Myers, Norman. *The Sinking Ark: A New Look at the Problem of Disappearing Species*. New

York: Pergamon Press. 1979.

Plumwood, Val. *Environmental Culture: The Ecological Crisis of Reason*, volume 3 of *Environmental Philosophies*. New York: Routledge, 2005.

——. *Feminism and the Mastery of Nature*. New York: Routledge, 2002.

Ritvo, Harriet. *The Animal Estate: The English and Other Creatures in the Victorian Age*. Cambridge, MA: Harvard University Press, 1987.

Smalley, Andrea L. " 'I Just Like to Kill Things': Women, Men and the Gender of Sport Hunting in the United States, 1940-1973. " *Gender & History* 17, no. 1 (2005): 183-209.

Stibbe, Arran. *Animals Erased: Discourse, Ecology, and Reconnection with the Natural World*. Middletown, CT: Wesleyan University Press, 2012.

——. "Counter-Discourses and the Relationship Between Humans and Other Animals. " *Anthrozoos: A Multidisciplinary Journal of the Interactions of People & Animals* 18, no. 1 (2005): 3-17.

Schmidt, Jeremy J. , and Martha Dowsley. "Hunting with Polar Bears: Problems with the Passive Properties of the Commons. " *Human Ecology* 38, no. 3 (April 15, 2010): 377-87. doi: 10. 1007/s10745-010-9328-0.

Turner, R. Kerry, Jouni Paavola, Philip Cooper, Stephen Farber, ValmaJessamy, and Stavros Georgiou. "Valuing Nature: Lessons Learned and Future Research Directions. " *Ecological Economics* 46, no. 3 (2003): 493-510.

WWF. "A Push for Change for Polar Bears. " World Wildlife Fund E-Newsletter. March 6, 2009. Accessed April 18, 2014. http: //wwf. panda. org/what_ we_ do/ where_ we_ work/arctic/? 158181/wwf-push-for-change-for-polar-bears-in-2009.

6

简单生存与北极熊之爱：
19 世纪北方的男子气概、资本和北极动物

约翰·米勒

谢菲尔德大学

著名的英国英雄霍雷肖·纳尔逊（Horatio Nelson）与北极熊相遇的故事几乎刚一开始就结束了。作为一名 14 岁的海军候补军官，纳尔逊乘"皇家海军卡卡斯"号，踏上了"探索北极之旅"[1]，和队友们被困在了斯匹茨卑尔根（Spitzbergen）附近的冰层。纳尔逊看到一只熊，决定把它的皮送给父亲，于是带着一支"生锈的火枪"和一个同伴去追赶。在关键时刻，枪哑火了，纳尔逊只能听天由命。[2]据罗伯特·索西（Robert Southey）说，英雄小时候非常勇敢。"没关系，"他大声说，"我用火枪托打倒这个恶魔，然后我们一起抓住它。"[3]船长斯基芬顿·卢特维奇（Skeffington Lutwidge）从甲板上看到这一切，发射了大炮，熊吓了一跳，接着冰裂开了，把处于危险之中的少年与熊分开了。

被船长视为少年鲁莽的行为，却成为纳尔逊神话的一部分。著名的历史题材画家理查德·韦斯特尔（Richard Westall）在纳尔逊去世后

的 1806 年，受托为约翰·麦克阿瑟（John McArthur）和詹姆斯·斯坦尼尔·克拉克（James Stannier Clarke）的书《海军上将纳尔逊勋爵》绘制一幅插图，作为"未来一代英雄主义和专业技能的榜样"。[4]韦斯特尔画的《纳尔逊与熊》充满了青春活力，预示着这个少年未来的伟大壮举。纳尔逊的另一位传记作家 A. T. 马汉（A. T. Mahan）认为，纳尔逊成为"英国海军的第一人，是天赋和历史进程相结合的产物，他的胜利和成就塑造了世界上最伟大的海上强国"。在马汉的叙事中，在纳尔逊参与英国崛起为全球霸主的过程中，北极事件不过是"不断重复的小故事"。熊的作用就像一篇预言英国未来的文章。[5]纳尔逊打算把它的皮送给他的父亲，暗示了家族传承和期望。消失的熊成为一个预兆，预示着纳尔逊将成长为理想的英国男子，实现他父亲的愿望。这个未送达的礼物不只是一张皮，它还预示着男子气概将在全球舞台上大展抱负。

纳尔逊与熊的故事可以作为例子，说明 19 世纪早期英国对北极的主要印象。遥远的北方通常被想象成一个荒凉空间，一个可怕的、孤立的领域，带有黑暗和超自然的意味。正如昌西·卢米斯（Chauncey Loomis）总结的那样，"北极比地球上其他地方更广阔、更神秘、更可怕"。[6]在文学传统中，熊属于北方的邪恶力量，纳尔逊意图"用枪托打倒这个恶魔"传达重要的、广泛的爱国主义含义。英国人将男子阳刚的力量加于北极，宣告人类对怪物的控制，民族主义话语与物种话语并存。韦斯特尔的插图以统治的美学为基础，纳尔逊的莽撞被提升到更大范围内英国文明与野蛮北方的较量。

因此，北极在 19 世纪英国帝国主义版图的形成过程中是一个特殊的区域：环境越恶劣，民族胜利感就越强烈。正如卢米斯总结的那样，英国人对北方的描述"带有近乎讽喻的意味"。[7]换句话说，19 世纪的北极可以被理解为一系列比喻。纳尔逊的熊是北极不适宜居住的一个标志，而纳尔逊则正如马汉所说，包含着英国制海权的"代表形象"。英国人的北极探险经常是浪漫的事情：所有形象，无论人还是动物，都被集中在抽象的男子气概的爱国叙事中。大量的学术研究表明，英国探险叙事中的北极形象和实际的北方有明显的脱节。萨拉·莫斯（Sarah Moss）认为，"探险不过是……给原有的国家概念增添一些新鲜感，归来后讲一讲故事，那些故事成为家庭文化的一部分"。[8]传说中的北方世界的白色常让人联想到一个空白和空旷的空间，正如珍·希尔（Jen Hill）所说，这抹去了"该地区地理位置的复杂性"。[9]在这些大致雷同的故事中，北极动物的形象在很大程度上可以归结为两种模式；罗伯特·G. 戴维（Robert G. David）指出，"任何有关北极动物的思考"通常会回到"危险和商业"两个主题。[10]与北极动物的接触经常被记录在与英雄主义和经济相关的语篇中。大约200年前，在没有开始争夺北极资源时，遥远的北方已经开始进入全球资本市场，既通过物质利用的方式，也通过树立形象和想象的方式。

在纳尔逊的探险之旅结束后的几十年间，英国人对北极的兴趣日增，部分原因是拿破仑战争结束后，海军无所事事，他们只能拿一半的薪水。对极地和西北航道的持续搜寻，似乎是国家信心迅速增长的象征，也是英国国际地位的有力指标，而捕鲸船队的丰收也提升了英国的国际地位。19 世纪 40 年代，查尔斯·狄更斯（Charles Dickens）一想到要去加拿大北极探险，就"充满了一种神圣的喜悦"，而北极探险家威廉·帕里爵士（Sir William Parry）1821 年在《北佐治亚公报》（*North Georgia Gazette*）上发表的一首诗又是完全不同的调子：[11]

洋溢着新鲜的热情，带着大胆的计划，

我们的心像船头一样向西进发，

太平洋的海浪甜蜜动听，

那声音就像——两万英镑！[12]

很明显，探索西北航道对英国海军的直接价值就是海军部提供的奖金，因为海军部希望开辟一条通往西部的新航道以带来商业利益。[13]然而，随着时间的推移，北极探险出现一些很纯粹的动机。有些几乎没有任何经济或战略上的理由，例如，对拉塞尔·波特（Russel Potter）来说，北极"一开始就很明确，除了作为象征之外毫无用处"。[14]《北佐治亚公报》将对水手们"新鲜的热情"和"大胆的计划"的赞颂与海军部2万英镑的奖励进行对比，也说明了民族主义身份政治与经济话语的结合。即便是那些似乎只专注荣誉的探险，也在以下两个方面与商业进程紧密相连。

首先，科学探险的航行尽管表面上与商业保持着距离，却与捕鲸船队对北冰洋哺乳动物的捕捞有关，尤其是海军和捕鲸船之间经常交换水手。一个突出的例子是，英国海军大臣约翰·巴罗（John Barrow）是极地探险的重要推动者，他年轻时就参加了捕鲸之旅。[15]其次，在一个被托马斯·理查兹（Thomas Richards）称为"消费主义文化"崛起的世纪，任何英国在北极的雄心没有经济利益的想法，都忽视了物质和象征的相互影响。[16]正如波特提醒我们的，英国对北极的兴趣随着"一种新的大众历史、大众图像和大众阅读的视觉文化出现"而与日俱增。[17]北极探险引发了新兴报纸的广泛报道，大量的旅行故事证明人们对探险英雄故事有浓厚兴趣。《伦敦新闻画报》（*Illustrated London News*）是推广北极形象的前沿出版物之一。1849

年的极地照片把北方定格成一系列固定的形象：闪闪发光的冰山、大鲸、笨拙的海象，尤其是北极光映衬下的无畏的探险船。根据波特的叙述，除了有插图的报纸，在 1818 年到 1883 年，英国"至少举办了 60 场北极展"，包括展品和全景画，展现着相似的北极形象。[18]新兴的视觉技术的广泛使用，也就是波特所说的"维多利亚新媒体"的广泛使用，[19]为探险提供了重要的经济机会，否则这些探险的直接经济价值会很有限。正如《伦敦新闻画报》所揭示的，资本和美学融合在一起，而动物作为视觉商品成为这一切的核心，北极英雄主义的叙事围绕着它们反复构建。

在这种背景下的英雄主义是帝国资本奇观的一部分，或者如斯巴福德（Spufford）所说，"荣耀和战利品之间有密切的关系"。[20]显然，在英国殖民话语中，19 世纪的北方是一片想象区域，使得这一时期的北极叙事与生态或动物研究很不一致，致力于突出物质环境和人类与非人类的生活历史。而至关重要的是，19 世纪英国对北极动物的描述中，对英雄主义和资本主义的结合已经有了争议，并未持续表达民族主义的男子气概。本文所关注的就是北极叙事中较少探讨的、模糊的反霸权主义思想。

詹姆斯·霍格（James Hogg）的中篇小说《艾伦·戈登的冒险》（*The Adventures of Allan Gordon*）在他去世后于 1837 年出版，它或许是那个时期英国北极故事中最离奇的一个，与经济价值、男子气概、理想等常见的北极动物主题形成鲜明对比。与传统模式不同的是，霍格书里的英雄展现了与北极生物的令人惊讶的亲密关系，挑战了冒险家和野蛮北方之间相互对峙的常见模式，并揭示了资本话语的另一种体验。《艾伦·戈登的冒险》以独特的笔调，描绘了国家、资本和美学与北极动物相碰撞后出现的问题。正如萨拉·加切特·雷和凯文·迈尔在本书"引言"中所说，北方"既是一个地区，也涵盖文化价值观和联想意义"。关键在于，艾伦·戈登扩展了19世纪的英国对北极社会建构中文化因素的理解，不是从斯巴福德、卢米斯等人的权利视角，而是从一个历经磨难的社会局外人的视角看待北极。

霍格又名艾特里克·谢泼德（Ettrick Shepherd），以其1824年发表的小说《一个正义的罪人的回忆录和自白》而为人所知，是浪漫主义文学的重要代表。作为一个对工人阶级有着深厚感情的苏格兰人，霍格处于19世纪权力中心之外，对英国的北极神话有不同的视角。正如佩妮·菲尔丁（Penny Fielding）所述，"艾伦·戈登将读者带入了一个关于失败的权力、自我、性和话语的滑稽世界"。[21]斯巴福德认为"在冰雪荒原中，人类是道德的象征"，[22]在大多数北极故事中都是如此，而霍格的故事有趣之处在于对这种常见模式提出了异议。具体来说，霍格对小说中主人公与北极熊的关系的描写，有助于读者对19世纪遥远的北方的文化产品进行环境人文反思。如果正如奇安·达菲（Cian Duffy）所言，"在极地发现真正的巨大的熊……是发现非人类的重要事件"，[23]而且多数研究19世纪英国北极文学的学者都持一致的观点，那么霍格的故事对于人类和非人类的区分具有重要意义，而这在菲尔丁关于艾伦·戈登的文章中是一个含蓄的、未被开发的主题。

简而言之，《艾伦·戈登的冒险》讲述了一个遭遇海难的捕鲸者与一只失去双亲的小熊的友谊。戈登是阿伯丁郡的一个裁缝学徒，与他的雇主发生争吵后，便登上一艘捕鲸船出海。船遭遇冰山被撞毁，戈登是唯一的幸存者。他在冰山上孤独生活，杀死了一只闯入的熊，并发现了它的新生幼崽南希。起初，熊崽完全依赖戈登，但随着故事的发展，南希逐渐承担了养育的角色，负责寻找食物和保护它的人类伙伴。后来冰山漂流到格陵兰岛的一个挪威殖民地，戈登和南希的关系也出现了问题。定居下来的戈登决定找个妻子，但他发现南希已经习惯和他同床共枕，拒绝"在它面前让另一个人躺在他的怀里"。[24]

当南希冬眠后，戈登可以自由结婚了（还有了情妇），但当熊醒来时，他又面临着问题——"我不能离开我的妻子和美丽的情人，而和一只巨大的白熊睡觉"（37）。结果南希离开了，戈登的生活"一片空白"（38）。后来，一群白熊袭击殖民地，惊恐万状的人们躲在山洞里，宁愿窒息而死也不愿被撕成碎片。戈登领导了一场反攻，但是意识到熊的攻击带来了灾难性的后果："妇女被抓走，年轻人被压死和吞食。"殖民地被摧毁，但是戈登被南希救了，南希"趴在雪地上呜咽，舔我的脚、膝盖和手"（40）。后来，戈登离开了少数幸存的殖民者，和南希一起穿过格陵兰岛，南希把他送到一条独木舟上，自己又回到了熊的住处。戈登最终被一艘路过的荷兰船救起。

尽管情节古怪，但霍格的故事中有明显的 19 世纪关于北极的常见话语。熊首先作为"觅食的怪物"的传统形象出现在船上，然后又成为"幽灵"（10）。正如萨拉·莫斯所言，"北极熊显然是北极自然和认知威胁的化身"。[25]在旅途中，戈登及时地在熊"第五根肋骨下方靠近心脏处刺了两刀"（10），杀死了可怕的入侵者，这是常见的北极探险船统治陌生世界的场景。然而，霍格笔下的主角并不是纳尔逊勋爵。相反，就像他经常提醒我们的那样，戈登是一个"懦弱和胆怯"的人，而且就像英国的北极叙事模式一样，他是一个孤独的人。面对熊，他承认自己有一颗"悸动的心"，在这种情况下，对杀死南希母亲的悔恨之情尤为强烈。他开始酗酒，渴望船上的烈酒，喝他所谓的"长生不老药"，这是一个软弱的形象，这些都说明他远非北极的英雄。

通过戈登的有限经历，霍格逐渐把民族主义的比喻转向 19 世纪早期的北极探险。如果说纳尔逊打算把熊皮送给父亲，是为了在殖民权力和父权之间建立一种联系，那么霍格的故事则有趣得多，是关于母亲和母性的。具体地说，在很大程度上，艾伦·戈登的故事讲的是母爱的缺席。第一个例子来自戈登对小熊母亲之死的痛苦描述：

当它找到它母亲的毛皮时，发出一声欢乐的叫喊，眼泪真的从它的眼睛里流出来。它继续发出一种欢快的声音，就像小马驹长时间被挡在水坝外面发出的声音一样。它转了一圈又一圈，非常喜爱地舔着毛皮，但是，唉，它一直在寻找无法再得到的东西，它母亲的乳房已经干瘪……

它既不敌视我，也不惧怕我，母亲就是它唯一的家，它的向导和导师。因此，在以我所见过的最绝望的表情转了几圈之后，它蜷缩在地上等死，但它的呻吟令人无法忍受。我给了它一些饼干……它害羞而胆怯地叼起了一小块，但剩下的饼干它吃得狼吞虎咽，几乎不花时间咀嚼，令人担心它会被噎住。很明显，它饿坏了。(11)

对幼崽的悲伤的描述几次使用了令人震撼的拟人手法，尤其是南希流下的眼泪。尽管如此，这次与南希的相遇强调了动物的情感和情感经历的深刻意义。幼崽"非常喜爱地舔着毛皮"，这里母熊的毛皮绝非用来掩饰性地叙述英国的全球权力，而是用来表达幼崽绝望的渴求。虽然 19 世纪的英国已经有成熟的标本制作工艺，但霍格对毛皮的关注涉及动物情感，而非殖民炫耀，这引起深刻的共鸣。这一时刻的亲密关系在文本中时有呼应和强调。熊"害羞而胆怯"地从他手里叼起一块饼干，戈登胆怯的性格在熊身上找到了对应。最重要的是，这只熊对母亲干瘪的乳房哀伤的寻找与戈登在冰山上的经历有奇特的照应关系。

戈登最初有点像幼崽的母亲的替身，但他自己也在寻找一个母亲，这也是菲尔丁文本分析的一个焦点。戈登为寻找淡水而离开失事的船，爬到冰山上，在那里他"一直吮吸，直到再也喝不下"（5）。之后不久，他在船上发现了白酒，用波纹管"快乐而自由地"吸着"花蜜"。在故事初期，吮吸是一种直接的安慰，凸显了母性主题。第一次醉酒后，戈登"恍恍惚惚，至少在一个月的时间里完全处于黑暗之中，好像在一个关闭的衣柜，但如何或何时关闭的我毫不知情"（6）。这里暗示了熊的冬眠，预示着戈登后来将加入熊的世界，也非常明显地暗示了一个封闭的相对安全的羊膜空间，如同脐带一样的波纹管把他和酒联系起来，就像胎儿在子宫里。

小说的后半部分也有很多类似表达，比如熊"蹂躏了所有的女人，从她们的喉咙里吸血"（38）。在霍格的叙事中，每个人都在吮吸或试图吮吸什么。菲尔丁特别引用了朱莉·克里斯蒂娃（Julia Kristeva）的观点来解释"无垠的北极变成了巨大的母体"。[26]菲尔丁认为，霍格的描写显示了芭芭拉·克里德（Barbara Creed）所称的"女性怪物"，一种对"母性"和女性生殖功能的恐惧。[27]这种比喻是这部中篇小说对19世纪北极传统主题的另一种借鉴。北极再一次成为一个想象的区域，北方是一个巨大的、空白的神秘区域，作者在此发现一种深刻的性别焦虑。戈登在挪威殖民地的奇特冒险进一步说明了他对女性的失望。刚开始的时候，他是一个浪荡子，打算至少娶三个老婆。结婚后，他幻想与美丽的泽鲁奇（Zeluki）发生外遇，发现她仍是一个"盛开的处女"（37），而其他"丑陋的"村里的女人溜进他的房间引诱他，试图成为他的私生子的"讨厌的母亲"（38）。菲尔丁有理由认为，很难把这本书解读为女权主义文本，"尽管它确实提供了对男权文化的另一种解释"。[28] 如果说，北极传统上是男子气概的舞台，那么霍格塑造了一个好色又不安分的中心人物，通过男子气概与国家气概的融合，构成一个逼真的奇特世界。冒险者与熊的英雄式的相遇修辞被夸大成殖民地与几十只熊之间的全面激战，营造了过度的幻觉氛围，削弱了冒险者与动物之间的传统斗争力量。

从更广泛的意义上说，"吸吮"主题反映了对于吸取行为的迷恋，同时霍格的小说中梦幻的氛围把外部世界想象成一种内部世界，景观变成一种精神投射。至为重要的是，霍格的北极想象破除了探险家的英雄形象，不是颂扬，而是打破了所谓的人类范畴。特别是在乔治·阿甘本（Giorgio Agamben）之后，霍格的小说对马修·卡拉科（Matthew Calarco）所描述的"压缩人类机制"有所贡献，也就是简化了"我们现有的人与动物的区别方式的机制"。[29] 用卡拉科的话进一步解释的话，"以本质上为动物形态出现的人类，用来标志人类属性的外表建构：野人、半狼人、狼人、原始人、奴隶或野蛮人"。戈登与南希的冒险故事正与此理论契合，辅以典型地理意义上的"人类属性的外表建构"，即与人类世界截然不同的北极"最后的荒原"。[30]

然而，阿甘本的人类学机制理论"对人类范围的划分非常讽刺而空洞"。[31] 在《被诅咒的人》中，阿甘本从米歇尔·福柯（Michel Foucault）的理论出发，"主体化过程通过自我考察机制，将个体与个体自己的身份、意识、外部力量联系在一起"。[32] 霍格的中篇小说让主人公沉浸在一个"自我考察机制"之外的世界里，远离船的相对安全范围，进入阿甘本所谓的"模糊地带"。在这里，物种之间的区别消失。例如，戈登发现北极海鸟"把他当作了同伴"（17）。这种人类与非人类之间的模糊性，让人想起阿甘本的"简单生存"概念，"所有生物都在生存的简单事实"——简而言之，即人类的动物性。[33]对阿甘本来说，"简单生存"就是没有公民身份、没有政治意义的生活。在整个故事中，戈登以局外人的身份以这样或那样的方式发挥作用。最重要的是，他在早期还是一个受压迫的学徒裁缝时，承受着一种类似福柯的"外部力量"的压力。作为一个学徒，他对雇主"总是不得不称呼他先生或主人，如果偶然叫错了，在别人看不见的地方，就会被针扎或者被扭一下"（1）。因为"害怕他可怜的父亲会被罚款"，戈登不得不做学徒，他的生活从一开始就受制于经济权力。

关键是，在他逃到海上后，针的形象又回来了。当船接近北极时，罗盘失去控制；戈登报告说："我们的情况确实有些奇怪，因为指针一点儿都不动。"接下来的冒险既是对针的回应，也是对针的逃避，针都是暴力的标志：在戈登的想象中，北极既是暴力的体现，也是暴力的避难所。他被放逐到冰山，体现了资本对劳动者的巨大伤害。而戈登与熊的关系建立在超越道德的肉体共性上。戈登坦承了真诚和强烈的感情，而简单的生存方式促成了熊的爱情（13）。显然，这种关系难以解释。戈登和南希都有移情行为。戈登总结道，南希"把它对母亲的爱转移给了我——它唯一的保护者"（13），而熊本身也是一个替身：

> 当我们走到冰面上时，我抱起它的爪子，教它直立行走。我们肯定是漂亮的一对，我穿着已故船长的节日服装，像个绅士，它步子短促，有细长的脖子和大脑袋，挽着我的胳膊。

显然，艾伦·戈登的故事与19世纪玛丽·雪莱的作品《弗兰肯斯坦》很契合。但是，霍格所描述的"漂亮的一对"的漫步具有传统异性的亲密关系，有简·奥斯丁（Jane Austen）笔下海军上尉和美女的感觉。与丹尼尔·笛福（Daniel Defoe）的《鲁滨孙漂流记》也有相似之处。正如莫斯所指出的，戈登与南希的关系让人联想起"克鲁索与星期五的关系，在某种程度上可以解读为经济社会的人战胜神秘空间的原住民"。[34]裁缝和熊之间的爱情似乎是可敬的典范，是一种象征模式，标志着资本欲望的正常化。

当然，熊的"细长的脖子和大脑袋"使这一场景非常荒谬。霍格的超自然扭曲既增加了悲情，也增加了讽刺意味，一个资本的受害者穿着节日盛装，作为城里人分享资本的胜利。他的臂弯里一只成年熊代替了妻子的位置，强调了工人与权力和特权的距离，快速膨胀的资产阶级行为方式延伸至一个虚幻的世界。虽然霍格故事中一个关键政治因素是戈登脱离了人类世界，但这种脱离使得人类与非人类的关系在道德上成为可能。正如莫斯所言，"艾伦与南希的关系的成功，以及霍格描写北极的成功，都是一种与陌生世界相处的重要能力"。[35]莫斯对霍格的解读让人想起提莫西·莫顿（Timothy Morton）的"奇怪的陌生人"（strange stranger）一词，指的是"'人类'和'动物'身份内部的悖论和分裂"，强调生命的神秘莫测。[36]《艾伦·戈登的冒险》最主要的影响是在身份悖论中出现的混乱，这种混乱在霍格的扭曲的句法、离奇的情节以及人与熊之间错综复杂的关系中有明显表现。

霍格的故事描述了一个醉酒的裁缝与北极生态圈之间的疯狂关系，这种关系当然不能说是乌托邦或理想化的。但是小说表现出的暂时性、不确定性和怪诞性，使它成为对当时关于北方荒原的过度的浪漫民族主义的有益纠正。小说表现出经济利益、帝国自信和男权主义的混乱和矛盾，强化了阿内特·佩克（Anat Pick）在另一篇文章中提到的

"不依赖符合任何主观和个人的预设标准"的"生物伦理"。[37]霍格本人从未到过遥远的北方，小说只是一个富于想象力的故事。然而，关于艾伦和南希的怪诞故事对帝国主义北极探险的传统历史提出了质疑，并对 19 世纪的北极人类与非人类相遇的意义提供了更为复杂和自省的观点。

注释

1. Robert Southey, *Life of Nelson* (London：Collins, n. d. ［1813］), 18.

2. Captain A. T. Mahan, *The Life of Nelson: The Embodiment of the Sea Power of Great Britain* (London：Sampson, Low and Marston, 1899), 11.

3. Southey, *Life of Nelson*, 21.

4. James Stannier Clarke and John McArthur, *The Life of Admiral Lord Nelson*, K. B. (London：T. Bensley, 1810), vi.

5. Mahan, *Life of Nelson*, 11.

6. Chauncey Loomis, "The Arctic Sublime," in *Nature and the Victorian Imagination*, *1818-1914*, eds. U. C. Knoepflmacher and G. B. Tennyson (Los Angeles：University of California Press, 1977), 96.

7. Loomis, "The Arctic Sublime," 96.

8. Sarah Moss, *Scott's Last Biscuit: The Literature of Polar Exploration* (Oxford：Signal Books, 2005), 95.

9. Jen Hill, *White Horizon: The Arctic in the Nineteenth-Century British Imagination* (Albany：SUNY Press, 2008), 32.

10. Robert G. David, *The Arctic in the British Imagination*, *1818 - 1914* (Manchester：Manchester University Press, 2000), 168.

11. Cited in Francis Spufford, *I May Be Some Time: Ice and the English Imagination* (New York：Picador, 1999), 51.

12. 同上。

13. 通往西方的北方航线究竟有多大价值，目前还没有定论。斯巴福德认为"这条海峡已经很清楚了，如果它存在的话，那么它的纬度一定很高，航行起来很不方便，设法控制它的国家几乎不可能获得任何贸易优势"(*I May Be Some Time*, 51)。

14. Russell Potter, *Arctic Spectacles: The Frozen North in Visual Culture*, *1818-1875* (Montreal: McGill-Queen's University Press, 2007), 38.

15. Spufford, *I May Be Some Time*, 49.

16. Thomas Richards, *The Commodity Culture of Victorian England: Advertisingand Spectacle*, *1851-1914* (Stanford: Stanford University Press, 1990), 8. 17. Potter, *Arctic Spectacles*, 72.

18. 同上，第 12 页。

19. 同上，第 11 页。

20. Spufford, *I May Be Some Time*, 51.

21. Penny Fielding, " 'No Pole Nor Pillar': Imagining the Arctic with James Hogg," *Studies in Hogg and His World* 9 (1998): 51.

22. Spufford, *I May Be Some Time*, 102.

23. Cian Duffy, *The Landscapes of the Sublime*, *1700 - 1830: Classic Ground* (Basingstoke: Palgrave, 2013), 104.

24. James Hogg, "The Surpassing Adventures of Allan Gordon," *Altrive Chapbooks* 2, no. 1 (1987), 33.

25. Sarah Moss, "Romanticism on Ice: Coleridge, Hogg and the Eighteenth Century Missions to Greenland," *Romanticism on the Net* 45 (2007): 15, accessed January 15, 2014, doi: 10. 7202/015816ar.

26. Fielding, " 'No Pole nor Pillar,' " 52.

27. 同上，第 53 页。

28. 同上，第 52 页。

29. Matthew Calarco, *Zoographies: The Question of the Animal from Heidegger to Derrida* (New York: Columbia University Press, 2008), 92.

30. 同上，第 93 页。

31. 同上，第 94 页。

32. Giorgio Agamben, *Homo Sacer: Sovereign Power and Bare Life*, trans. Daniel Heller-Roazen (Stanford: Stanford University Press, 1998), 5.

33. 同上。

34. Moss, "Romanticism on Ice," 17.

35. 同上，第 17 页。

36. Timothy Morton, *The Ecological Thought* (Cambridge, MA: Harvard University Press, 2010), 41.

37. Anat Pick, *Creaturely Poetics: Animality and Vulnerability in Literature and Film* (New York: Columbia University Press, 2011), 193.

参考文献

Agamben, Giorgio. *Homo Sacer: Sovereign Power and Bare Life.* Translated by Daniel Heller-Roazen. Stanford: Stanford University Press, 1998.

Calarco, Matthew. *Zoographies: The Question of the Animal from Heidegger to Derrida.* New York: Columbia University Press, 2008.

Clarke, James Stannier, and John McArthur. *The Life of Admiral Lord Nelson*, K. B. London: T. Bensley, 1810.

David, Robert G. *The Arctic in the British Imagination*, *1818 – 1914.* Manchester: Manchester University Press, 2000.

Duffy, Cian. *The Landscapes of the Sublime*, *1700 – 1830: Classic Ground.* Basingstoke: Palgrave, 2013.

Fielding, Penny. "'No Pole Nor Pillar': Imagining the Arctic with James Hogg." *Studies in Hogg and His World* 9 (1998): 45–63.

Hill, Jen. *White Horizon: The Arctic in the Nineteenth – Century British Imagination.* Albany: SUNY Press, 2008.

Hogg, James. "The Surpassing Adventures of Allan Gordon." *Altrive Chapbooks* 2, no. 1 (1987): 1–57.

Loomis, Chauncey. "The Arctic Sublime." In *Nature and the Victorian Imagination*, *1818-1914*, edited by U. C. Knoepflmacher and G. B. Tennyson, 95 – 112. Los Angeles: University of California Press, 1977.

Mahan, Captain A. T. *The Life of Nelson: The Embodiment of the Sea Power of Great Britain.* London: Sampson, Low and Marston, 1899.

Morton, Timothy. *The Ecological Thought.* Cambridge, MA: Harvard University Press, 2010.

Moss, Sarah. *Scott's Last Biscuit: The Literature of Polar Exploration.* Oxford: Signal Books, 2005.

——. "Romanticism on Ice: Coleridge, Hogg and the Eighteenth – Century Missions to Greenland." *Romanticism on the Net* 45 (2007): 1–17. Accessed January 15, 2014, doi: 10.7202/015816ar.

Pick, Anat. *Creaturely Poetics: Animality and Vulnerability in Literature and Film.* New York: Columbia University Press, 2011.

Potter, Russell. *Arctic Spectacles: The Frozen North in Visual Culture*, *1818 – 1875.* Montreal: McGill-Queen's University Press, 2007.

Southey, Robert. *Life of Nelson.* London: Collins, n. d. [1813].

Spufford, Francis. *I May Be Some Time: Ice and the English Imagination.* New York: Picador, 1999.

第三部分（上）
北方和民族的概念：
跨国界的北方

7

北方关系:
阿拉斯加北部和北大西洋的殖民捕鲸、
气候变化和集体身份的形成

切·萨卡其巴拉

欧柏林学院

引　言

　　这三个人的凝视吸引了我的注意力。这幅因纽皮亚克（Iñupiaq）家族肖像是 1896 年至 1913 年由长老会传教士塞缪尔·斯皮格斯牧师（Reverend Samuel Spriggs）拍摄的，他因拍摄村民的生活方式和传教活动给他们带来的变化而闻名。大约十岁的女儿站在父母后面。摄影师告诉他们不要动，她的面部表情不像她父母那样拘谨，似乎渴望表达自己的感情。女儿长得不像她父母，这使我怀疑她的背景。2010年 3 月，我在阿拉斯加州立图书馆的历史照片中发现了这张照片。照片的说明显示，这三人住在阿拉斯加州的巴罗（Barrow，Alaska），分别是奥列蒙（Olemaun）、范妮·基里克（Fannie Keerik）和库萨尔加纳（Qusalgana），女孩范妮的生父是一名葡萄牙捕鲸者，她被奥列蒙和库萨尔加纳夫妇收养。我在脸书上有很多来自阿拉斯加的朋友，我在那里分享了这张照片。"有人和范妮是亲戚吗？"几小时内有大量的回复，霍普角（Point Hope）和巴罗各个村庄甚至整个阿拉斯加的人们兴奋不已，提供了大量线索。具有讽刺意味的是，通过脸书这样的跨国社交媒体网络，我感觉到葡萄牙与阿拉斯加非常接近，或者说，因为经常被忽视的历史联系，与许多因纽皮亚克人的心非常接近。

我是一名文化地理学家，主要研究北极阿拉斯加的因纽皮亚克人如何感知和应对气候变化引起的环境变化。具体来说，我探讨了弓头鲸和相关的社会仪式如何帮助因纽皮亚克人确立核心的文化身份，并培养他们适应气候变化的能力。因纽皮亚克人自称"鲸族"，因为他们依靠弓头鲸来维持生计和文化意义。[1]在我的实地调查中，我逐渐认识到鲸是如何为充满希望的未来奠定文化适应性的基石的。事实上，鲸是因纽皮亚克人感知和理解当地环境的基础。最终我与因纽皮亚克社区的关系远远超出了研究范围，我成为一个捕鲸家庭的成员，并与许多社区成员建立了永久的友谊。不久，我从巴罗和霍普角的因纽皮亚克家庭那里知道了阿拉斯加和葡萄牙的联系，并想就此了解更多。我原以为因纽皮亚克人会谴责殖民主义留下的欧洲遗产，但是他们将其视为一种积极的、统一的跨国和全球化力量，能够提高人们对集体身份的认识。在北极阿拉斯加社会和环境发生剧烈变化的今天，这种文化身份的重构是更广泛的文化复原力讨论的一部分。

正如萨拉·加切特·雷（Sarah Jaquette Ray）和凯文·迈尔（Kevin Maier）在本书"引言"中所阐述的那样，北方从来都不是一个孤立或荒凉的地方。它一直以各种自发的方式照亮北方人民的未来。在本文中，我将探讨在社会和环境受到持续破坏的时候，阿拉斯加北部的因纽皮亚克人如何试图恢复他们与葡萄牙遗产之间的联系，或者像芭芭拉·博登霍恩（Barbara Bodenhorn）所说的"关系"[2]，从而加强他们的文化实力。我必须承认，历史上一直有关于种族和民族的持续争论，这些争论经常被用来推进和证明殖民计划。[3]家族的血脉和血缘等思想一直促进同化过程。我无意提倡种族通婚以应对气候变化。相反，我的目标是强调文化身份的可转换性或接受复杂的文化特性及其发展潜力，作为未来原住民团结和自决的支柱。

"文化适应"一词无法公正地描述因纽皮亚克历史或世界观发展的任何阶段。正如巴罗的理查德·格伦（Richard Glenn）告诉我的那样，"因纽皮亚克人的生活经历了巨大的变化"，他们的生活和文化是建立在适应不断变化的文化、政治和环境气候基础上的。[4]在这种情况下，与文化适应有关的经验往往并非对政治和环境殖民主义的消极反应，它们有可能通过内部更新和重组，使社区走向可持续的未来。结合我与因纽皮亚克人的对话、民族志田野调查以及对历史文献的回顾，完全有理由解释收养欧美捕鲸者，特别是葡萄牙捕鲸者的后代的原因，也就是因纽皮亚克人通过相互联系寻求和强调相互义务和长期可持续性发展所做的努力。

在许多本地社区中，建立社区内和社区外的联系是一项生存计划，[5]是保持其社会强大、健康和灵活的重要因素。雷蒙德·德马利（Raymond Demalie）在研究拉科塔（Lakota）社区时，讨论了将陌生人转变为社区成员的重要性，"以便有办法与他们打交道，并有信任他们的基础"。[6]这一举措使他们能够更好地利用这些新来者可能带来的潜在利益。[7]艾拉·卡拉·德洛里亚（Ella Cara Deloria）是南达科他州的民族志学家和教育家，有着英国、法国和德国的血统，她称这一过程为"社会血缘关系"，她在南达科他州的亲戚认为这一过程与基因的血缘逻辑关系一样合法。[8]只要领养的陌生人遵守当地的习俗和传统，他或她与其他社区成员没有什么不同。[9]这种亲缘关系结构在因纽皮亚克非常明显，博登霍恩[10]（Bodenhorn）阐述说历史上"成为因纽皮亚克人"并不意味着维持界限，而是意味着渗透这种界限。博登霍恩将"因纽皮亚克人"定义为致力于生存活动，特别是捕鲸的人。分享行为使他们与其他社区建立起联系，分享也是因纽皮亚克人的重要品质。

从历史上看，因纽皮亚克人一直将稳定的流动人口纳入当地家庭和社会关系。因纽皮亚克人收养了葡萄牙的陌生人，分享一切，通过家族联合来促进繁荣，扩大权力，并在尊重久经考验的文化价值观和适当行为模式的前提下进行不懈创新。可以推断，在19世纪末和20世纪初，因纽皮亚克人将葡萄牙捕鲸者视为亲人，而不是殖民主义势力或来自另一个世界的优越生物，他们通过实行积极的方案，同意将他们纳入社会结构，以实现互利。正如我的许多因纽皮亚克熟人所指出的，这一发展的另一个方面是，阿拉斯加州的大多数"葡萄牙"捕鲸者实际上来自北大西洋的岛屿，如亚速尔群岛（the Azores）和佛得角（Cape Verde）。[11]虽然被标记为"葡萄牙人"，但亚速尔群岛和佛得角群岛居民与葡萄牙人有显著的文化和历史差异，这种差异由于特意与葡萄牙保持距离而被放大。欢迎那些保留着独特的亚速尔或佛得角精神的人，可能被视为与可能更强大的外来者建立联盟的机会，从而强化外部世界对因纽皮亚克人的尊重。换句话说，殖民浪潮给阿拉斯加北部带来的是因纽皮亚克人所向往的，他们希望与葡萄牙人的互惠关系能帮助他们增强地方感和社区感。

因此，本文通过确认北极西部和北大西洋的历史和当代联系，将北方的环境、历史和人民与传统上被视为非北方的地区和社区联系起来，质疑我们所说的"北方"的概念。本文阐明两种不同文化和民族之间的文化身份的当代表现，揭示在今天阿拉斯加的最北部文化遗产和身份如何融合在一起，以及这一过程如何作为将来一种共同的集体身份延续给他们在北大西洋的亲属。

虽然本研究基于历史渊源和背景，但我努力使之成为一个动态的叙述，有助于理解过去，将缺失的环节置于背景中，并帮助今天在阿拉斯加因纽皮亚克的葡萄牙后裔及其葡萄牙亲属重新认识他们的遗产和文化。研究表明，基于地区的身份不一定是对全球化的排斥，而可能是一种成果，它揭示了文化复原发展的愿望所产生的新的凝聚力。

我希望这项研究能够从本土地理学的角度为去殖民化研究做出贡献。重新认识世界和民族文化遗产往往是去殖民化行为的一个例子。地图已被用作殖民世界的主要工具，但通过强有力的实物和富有想象力的测绘方法，地图也可以作为去殖民化的手段。例如，当地激进分子使用草图在印度尼西亚加里曼丹（Kalimantan, Indonesia）声索领土。[12]如果我们转向北极阿拉斯加州研究集体认同发展的意义，可能会为其他正在经历社会环境变化和挑战带来类似问题的地方社区提供经验教训和思考。

阿拉斯加因纽皮亚克人中的葡萄牙捕鲸者

19世纪下半叶，欧美商业捕鲸者进入了因纽皮亚克社区，对社会的影响逐渐增强。[13]当商业性的北极捕鲸发展为成熟的生意时，北极阿拉斯加的大片地区已经成为交流和文化的枢纽，阿拉斯加本土群体的成员和欧美捕鲸者及贸易商定期在此活动。[14]正如今天许多因纽皮亚克家族的名字所表明的那样，许多与因纽皮亚克女性结婚的捕鲸者是英国人。马萨诸塞州新贝德福德（New Bedford, Massachusetts）是 19 世纪世界上最著名的捕鲸中心之一。然而，葡萄牙捕鲸者在美国的北极商业捕鲸中也发挥了重要作用，还把非裔捕鲸者带到了阿拉斯加。此外，葡萄牙人和阿拉斯加本地人之间的联系可以通过皮钦语的存在来验证，这是商业捕鲸者和因纽皮亚克捕鲸者交流时使用的语言，是"爱斯基摩语、英语、葡萄牙语和南海诸岛词语的混合体，由捕鲸者在与当地人多年的交往中演化而来的"。[15]

在每个民族中，个人的性格、经历和态度都会影响与外界的关系，他们所遇到的环境也是如此。[16]葡萄牙捕鲸者和因纽皮亚克人是在更大的文化碰撞和殖民的背景下相遇的，而这种文化碰撞和殖民促使了他们之间的互动。尽管休梅可（Shoemaker）认为美洲本土捕鲸人在捕鲸探险中的行为与他们的欧美同行并无不同，[17]阿拉斯加的大多数葡萄牙捕鲸者实际上来自葡萄牙拥有主权的岛屿，这一事实很可能严重影响他们对自己与新英格兰以外原住民社区的关系的看法。换言之，"葡萄牙"捕鲸者可能对北极阿拉斯加的当地社区有一定的亲切感和同情心。15 世纪葡萄牙探险家发现并声称拥有无人居住的佛得角群岛，这些岛屿成为大西洋奴隶贸易的集中地。亚速尔群岛在被发现之前是无人居住的，此后不久，由于瘟疫、战争、饥饿、犯罪、叛乱和人口过剩而逃离欧洲的葡萄牙和佛兰德（Flanders）移民在此定居下来。然而，岛上人口过多很快导致饥饿和失业。19 世纪中叶，来自新英格兰的商业捕鲸船经常停在亚速尔群岛招募替补船员。当许多商业捕鲸船从新英格兰（New England）来到这里时，皮科岛（Pico）还是一个非常贫穷的岛屿，后来成为很多美国捕鲸船招募年轻船员的地方。持续不断的火山爆发和持久的葡萄藤流行病导致了饥荒，这些又因许多岛屿的封建土地所有权而加剧。这些人被迫转向大海谋生。这些成功的捕鲸者帮助岛民在反对葡萄牙的统治中建立了自己的文化身份。事实上，在 19 世纪和 20 世纪，许多亚速尔青年利用捕鲸者的身份非法移民到美国获取财富，并最终返回家乡成家立业[18]。

　　捕鲸航行通常持续 3～5 年，除去最低工资或前往美国或加拿大的交通费外无任何收入。航行结束时，许多人在新英格兰、加利福尼亚和夏威夷定居，形成了亚速尔人的散居地。在阿拉斯加，一些亚速尔人和佛得角人最终定居在霍普角和巴罗附近靠海的地方，霍普角和巴罗是两个著名的因纽皮亚克村庄。具有讽刺意味的是，它们在因纽皮亚克语中被统称为 "Pulgi"（葡萄牙人），一些捕鲸者成为 "本地人"，被收养并与因纽皮亚克妇女结为伴侣，成为村庄家族关系的一部分。[19]这就是当今因纽皮亚克人所信奉的多层次的文化和种族认同的起源。

将历史创伤转化为集体认同

　　与世界上其他原住民一样，随着 19 世纪中叶欧美探险家、商业捕鲸者、基督教传教士的到来，因纽皮亚克人经历了严重的历史创伤，包括流行病、流离失所、被迫建立永久定居点和重新定居、文化和经济殖民以及宗教皈依。西部和南部外来者到来后，实施了寄宿学校制度，将因纽皮亚克儿童送到遥远的寄宿学校，以促进同化进程。这些历史事件造成了文化适应压力和身份冲突，社会的快速变化给他们带来严重的健康和社会问题。[20]最近的环境退化和由此造成的传统生活方式的破坏，加剧了北极圈周围居民面临的严重社会问题：[21]酗酒、吸毒、自杀、抑郁、家庭暴力、精神萎靡。

然而，因纽皮亚克人也认识到与世界联系的好处，他们有时通过他们的欧美传统与世界保持联系。因纽皮亚克人没有把这种联系看作殖民主义和资本主义的延伸，而是把全球化看作一种力量，他们除了基于地域的自我理解之外，还培养了一种新的集体认同形式。马尔科姆·麦克菲（Malcolm McFee）[22]与他的黑脚族（Blackfeet）合作者密切合作，表明文化适应并不意味着文化的丧失或替代。相反，新的方式和价值观可以在不牺牲原有世界观的情况下习得，这种结合使文化更有弹性、更加灵活，使一个人成为"150%的人"。具有欧美传统的因纽皮亚克人认为自己不亚于其他人。[23]葡萄牙祖先被视为一种宝贵的资源，将因纽皮亚克的过去、现在和未来联系起来。现在，霍普角和巴罗的一些社区成员更愿意接受和推进不完全相符甚至相互排斥的身份，这挑战着当地人的基本固有观念。

复原力与合作互惠

许多研究已经证实，积极的归属感和与传统文化的接触可以形成社会幸福感和复原力。[24]复原力包括人们克服生活挑战以实现幸福感的过程，并且通常深深植根于他们的地域感。[25]文化与这些过程之间的联系是明确的，并且一些关于历史和记忆的学术研究强调历史理解和文化身份之间的联系。然而，很少有研究明确揭示文化身份及其发展如何影响原住民族的社会幸福感和复原力。[26]因此，有必要解释当一个社区应对社会和环境的困难时，其文化、历史，甚至来自外部世界的影响，如何强有力、积极地合为一体，来维持这个社区。

复原力是指个体、实体或组织在其存在或生存能力受到挑战或威胁时维持自身和更新自身的能力。"复原力"一词可以与许多不同的修饰语一起使用，例如生态复原力、文化复原力和心理复原力。因纽皮亚克文化是文化复原力的一个例子，因为他们一千多年来保留并发展了自己的生存生活方式，在世界北缘成功地生存下来。换言之，因纽皮亚克人和他们的北极近亲是人类适应不断变化的物理和社会环境的主要例子。[27]人类学家约瑟夫·约根森（Joseph Jorgensen）观察并描述了因纽皮亚克社区："爱斯基摩（Eskimo）村庄是有复原力的地方"，因纽皮亚克人轻而易举地将新引入的商业主义和依赖性与传统的自给自足的生活方式结合起来。[28]1970年以来的政治和经济潮流使村庄现代化，因纽皮亚克加强与国有企业和私有企业的联系，融入了资本主义经济，但爱斯基摩人决心保持传统的爱斯基摩文化，同时非常现实地接受现代技术带来的好处。[29]博登霍恩[30]（Bodenhorn）也指出在因纽皮亚克社区平衡新老生活要素的重要性。

同样，"合作互惠"[31]的概念对于了解传统捕鲸反映出的北方原住民的复原力也至关重要。因纽皮亚克合作互惠概念的核心是相信人与动物在身体和精神上是相通的，动物和人的灵魂、思想和行为在生命的合作中相互渗透。我的实地考察经验证明，这种关系是许多原住民文化和环境行为标准的基础，是恰当的生活方式的基石。[32]例如，北极地区的许多原住民群体都认为，动物愿意把自己交给猎人，使得自己作为"非人类的人"受到尊重。[33]可以理解，这种关系会受到动物行为、分布和可获得性的影响，这些都受环境的制约，继而又受气候和气候变化的影响。

合作互惠还应被理解为一种涉及北极生物的适应策略。适应是社区复原力的关键，因为它能够让人们更新和重审他们的生活方式。它不仅将人类的幸福与动物的幸福联系起来，而且为人们提供了表达对环境变化的关切以及应对、适应这些变化的方式。这种相互关系以各种方式表现出来，大多数是公开可见的。在因纽皮亚克社会中，合作互惠体现在捕鲸的组织和行动方式、食物的准备和食用方式、建设居住环境时鲸的不同部位的使用、因纽皮亚克音乐和故事的内容与表演风格，以及礼仪和日常生活的许多其他方面。

为了进一步研究因纽皮亚克的复原力，我想扩展说明这种对合作互惠的理解。北极地区的原住民面临着严重的社会问题，这些问题也与殖民遗产和最近威胁社区的环境退化有关。历史创伤包括同化和文化适应造成的累积压力、文化的丧失、种族灭绝和种族主义的经历和历史。[34] 这种持续和累积的创伤根源于殖民主义，影响当地社区目前和未来的幸福。与其他少数群体相比，原住民青年的自杀率明显较高，尤其说明了社区的困境。[35]

在这个社会环境压力加剧，压迫越发内化和制度化的时期，因纽皮亚克人越来越依赖通过传统实现文化团结的力量。[36] 作为复原力的一种表现，团结也体现在狩猎、宗教信仰、维持语言的努力以及各类表演文化上，例如美术、音乐、舞蹈以及遗产教育。在当代背景下，音乐有助于唤醒因纽皮亚克人的文化和集体记忆，这些记忆在社区应对环境不确定性及其情感方面的困难时发挥着重要作用。[37] 在阿拉斯加北部，跳舞、唱歌和击鼓是文化生存的强大基石。尤其是舞蹈表现出强烈的社会融合感和道德教化。正如亚伦·福克斯（Aaron Fox）所言，跳舞跟分享故事一样能"拯救生命"[38][39]。表演文化是人类和非人类合作的一种形式，也是不同年龄群、不同性别的人以及极地地区内外的社区成员之间相互作用的一种形式。换言之，共有的遗产作用重大，它通过促进人与人之间以及人与环境之间的交流和沟通，让人们重新定义自己，将社区融入物质和情感互惠的结构中。这样，遗产鉴赏和再确认就可以成为文化赋权和主权的象征。我在阿拉斯加的经历和观察经常证实，这些促进了对文化身份的肯定。

捕鲸作为文化象征

当一个人面对"他人"时，他的文化和身份往往变得非常明显。当遇到难以接受的价值观和信仰时，那些习以为常的文化特征和习俗有助于证明自己，并更好地与外界沟通。[40]文化交流和跨文化交流常常会产生一种文化和身份危机意识，当感到我们的世界受到威胁时，"特征"可能会变成"象征"或文化符号，我们自卫时用来构建界限和障碍的情感标记。[41]一旦转变为象征，这些特征就成为一个不可替代的基础，巩固我们作为一个民族的凝聚力，并与其他主要民族沟通交流。简·布里格斯（Jean Briggs）和路易-杰奎斯·多赖（Louis-Jacques Dorais）两人都指出，在北极地区确定种族和文化身份是因纽特人最近的一种现象，因纽皮亚克人也是如此。[42]布里格斯讨论了加拿大因纽特人在区分自己和来自欧洲的加拿大人时经常使用情感来源作为象征。象征可以是某种材料、行为、机构，支撑着一个民族的文化和文化繁荣。在讨论加拿大因纽特人的文化和种族身份时，基西格米（Kishigami）[43]向我们展示了以过去的习俗为基础的当地机构如何维持因纽特人文化传统的延续性，并在当代加拿大的多种族环境中培养因纽特人的意识。

虽然他们的目标似乎与他们的前人将自己与欧洲人、加拿大人、美国人区分开来的努力相矛盾，声称拥有葡萄牙血统的因纽皮亚克人正在将殖民遗产（包括历史和创伤）的概念转变为一种积极的自我象征，表明他们决心通过与"北大西洋"鲸族人的关系，加强彼此之间的联系。就他们而言，全球化趋势突出了自我意识以及社区与世界的联系，增强了文化身份。[44]尽管这两个地区的鲸种类不同，但令人感兴趣的是，因纽皮亚克人和亚速尔人都承认鲸和捕鲸是他们的文化象征。下面我将重点论述因纽皮亚克人和亚速尔人是如何努力加强他们作为鲸族的自我形象来应对社会环境压力的。

北极阿拉斯加的鲸类

"我们都认为，贾伯顿（Jabbertown）是不同民族的家园。人们说着不同的语言，有深色的皮肤，更高，更强壮。我听说他们是很有力量的人。一些爱斯基摩妇女嫁给了这些带着捕鲸船来的男人。这些人大多是葡萄牙人。"在描述贾伯顿时，80多岁的因纽皮亚克老人苏尤克·莱恩（Suuyuk Lane）分享了她的记忆。贾伯顿位于北美洲阿拉斯加西北角，距离霍普角西南约10英里。霍普角在因纽皮亚克语中也被称为提齐亚戈（Tikiġaq），这里有大约800人，大部分是原住民因纽皮亚克人。贾伯顿最初是因纽皮亚克人利用名为乌姆亚克（umiaq）的传统捕鲸船猎取弓头鲸的渔场。19世纪中叶，葡萄牙捕鲸人随美国船只抵达，船上有来自新英格兰和加利福尼亚的商业捕鲸者。贾伯顿的居民在霍普角进行动物皮和其他当地商品的交易。据马克·S.卡希尔（Mark S. Cassel）记载，[45]尽管当地人不得不面对许多意想不到的灾难性问题，但商业捕鲸并没有破坏因纽皮亚克人的生活结构和文化核心。其他葡萄牙人在这些年里继续进出贾伯顿，形成葡萄牙捕鲸者和因纽皮亚克妇女的异族婚姻。[46]今天，许多霍普角人承认他们的葡萄牙血统，事实上，现在这里很多英语化的姓氏来源于葡萄牙。苏尤克说："卷发是鲸把葡萄牙人和爱斯基摩人联系在一起的证据。现在他们都是我们的亲戚了。"

这种与弓头鲸一起构成的整体关系最终成为因纽皮亚克人和葡萄牙人的遗产，但现在受到了威胁。因纽皮亚克人容易受到气候和相关环境变化的影响，因为他们依靠海冰来捕猎弓头鲸。尽管 20 世纪社会发生了变化，弓头鲸仍是因纽皮亚克生活的中心。[47]通过田野调查，我了解到基于合作互惠（我称之为鲸类特性）的以捕鲸为中心的世界观是如何受不可预测的环境影响的，以及人们是如何通过与鲸的物质和精神联系来保持自己的身份的。鲸类特性是鲸类和意识的混合体，它将人类的意识与鲸类联系起来。鲸类特性引发了因纽皮亚克人和鲸在精神和物质层面上的强烈关联。

鲸类特性是一种社交和情感过程，因纽皮亚克人以此与鲸交流，反之亦然。它是一种掌握这个地方的认识论和本土意识的手段。在霍普角的因纽皮亚克人中，有一个古老的故事描绘了一头弓头鲸是如何戏剧性地转变成他们祖先的家园的。[48]因纽皮亚克人认为，他们的土地原本是一头鲸，鲸死亡的同时，人类栖息地诞生。此外，在因纽皮亚克故事中，人类和鲸的身份是可以互换的，这体现了人类、土地和鲸之间的情感。[49]因此，人类与鲸关系的负面变化将给因纽皮亚克福祉和文化连续性造成重大损害。

因纽皮亚克受访者一致表达了人类和鲸之间统一的重要性，并且认可这是他们认识论的重要组成部分。我很快了解到，除了"因纽皮亚克"这个词本身，没有任何概念或词语等同于鲸类特性，因为"因纽皮亚克"就意味着鲸族。在我和村民们的谈话中，我偶然地提出了"鲸类特性"的概念——我知道这个词在英语中没有对应，看他们如何反应，他们的文化传统或词汇中是否有相关的词汇或想法。霍普角的伊萨克·基鲁格维克（Isaac Killugvik）告诉我，他年轻的时候与外界沟通并解释他们与鲸的关系时，并未认识到这一个术语的重要性。然而，"现在我们有了奇怪的天气、晚冬和早春，谁知道鲸可能会发生什么不好的事情"。伊萨克继续说："我们可能需要专门用语'鲸类特性'，让非因纽特人了解鲸对我们生命的价值，并敦促他们思考我们的海洋和陆地。"巴罗的本·纳吉克（Ben Nageak）则描述了他们与弓头鲸的深刻关系是"因纽皮亚克的鲸性"。鲸与人类、精神紧密交织。正如尤金·布劳尔（Eugene Brower）所评论的那样，"如果没有鲸，我们就不在这里"。研究气候变化中因纽皮亚克鲸目动物的转变和发展，可以让我们从因纽皮亚克文化及其复原力中学到点什么。

面对当代的全球挑战，最近，因纽皮亚克人发起了复兴葡萄牙遗产的运动，揭示了鲸类特性的另外一个社会层面，即巩固和重新确认社区内外的亲属关系。以下留言是对我在"脸书"上分享范妮·基里克家族照片的回应，概括了葡萄牙裔因纽皮亚克人对未来的兴奋和希望：

"是的，她是我们的阿毛（amau，曾祖母）。多好的照片啊。听到葡萄牙捕鲸者的消息很有意思，因为我们很多人都和他们有亲戚关系！"

"我一直跟家人说，我的曾曾曾祖父是从葡萄牙来的，我想去葡萄牙。了解更多后，我想我们会一家人一起去，葡萄牙人现在是我们的一部分。"

"那是我们的阿毛，我在亚速尔群岛和佛得角曾经重走曾祖父的路线。但我一直在兜圈子，走不远。我们中的一些人一直在研究范妮的父亲，但这很难。"

"范妮也是我的阿毛，我经常想起我们的葡萄牙遗产，她那边的家人，有时会想了解更多。"

"范妮是我祖母的祖母。领养的故事很有趣。让我知道我是葡萄牙捕鲸者的后代。"

"这一遗产对我们非常重要。那么，我们下一步走到哪里？我们下一步怎么办？我们应该继续谈下去，我们很想见一见葡萄牙人。"

北大西洋的亚速尔特性

亚速尔群岛全年气候温和，只是大西洋深度低气压过境时偶有冬季风暴。自从移民以来，定居者一直勤劳耕种着黑色的火山岩土壤。因此，亚速尔群岛成为葡萄牙的面包篮，尤其盛产小麦、葡萄酒和乳制品。目前该群岛是葡萄牙的一个自治区，但其地理位置和独特的历史决定了其与葡萄牙的不同身份。

2010 年，我带着范妮·基里克的照片以及阿拉斯加北部的同事和朋友们与我分享的故事，第一次飞往亚速尔群岛的皮科。[50]与阿拉斯加人对因纽皮亚克和葡萄牙之间历史联系的普遍了解不同，葡萄牙捕鲸者在阿拉斯加的命运在这里并不为人所知。"我们在阿拉斯加有亲戚吗？"访问中我遇到了许多人，他们对久远的亲人的命运很感兴趣。毫不奇怪，对岛民来说至关重要的社会和环境问题与他们阿拉斯加亲戚面临的问题非常相似。今天，正如在北极地区一样，随着气候变化的影响增大，在亚速尔地区，鲸作为一种重要的文化象征在维持身份方面的作用和地位也变得更加重要。亚速尔人对气候变化的文化反应与阿拉斯加人的文化反应既相似又不同。对于亚速尔群岛的居民来说，尽管 19 世纪才开始捕鲸，抹香鲸（葡萄牙语称"cachalote"）不仅提供了经济上的支持，而且滋养了人类的情感和表达文化，帮助人们培养了他们的地方意识。[51]毫无疑问，捕鲸及其遗产为现代亚速尔群岛社会、文化和宗教生活的发展做出了贡献。正如最近的飓风亚历克斯（Alex）给岛民带来的威胁和恐惧，岛民现在正经历着更加不可预测的天气和气候变化，预测未来海平面上升、频繁的洪水、海水侵蚀将改变岛屿与海洋的关系。

亚速尔特性（azoreanidade）的概念是指岛民有意无意地努力构建自己独特的文化意识。[52]因为岛屿的地理位置优越，方便到达世界各地，亚速尔特性从来不是静态的，而是变化的。美国画家本杰明·拉塞尔（Benjamin Russell）所画的历史风景画《法伊尔（Faial）和皮科岛》（1841）收藏于达特茅斯（Dartmouth）学会兼新贝德福德捕鲸博物馆，揭示了亚速尔人受外国影响的事实，而赫尔曼·梅尔维尔（Herman Melville）1851 年在《白鲸》（*Moby-Dick*）中就有过这样的描述。亚速尔群岛的许多港口城市成为连接欧洲国家、印度、中国、日本和巴西的大西洋航线的重要商业港口。就像佛得角和加那利（Canary）群岛一样，亚速尔群岛通过海洋贸易网络连接着新、老两个世界，最终到达北极高地。

随着美国捕鲸公司推动的深海捕鲸在岛内的开展，沿海捕鲸也开始在亚速尔群岛发展起来。亚速尔群岛沿海捕鲸始于 1832 年。[53]在捕鲸成功之后通常举行盛宴和庆祝活动。随着亚速尔群岛捕鲸的兴起，一种新的文学开始出现：由努内斯·达·罗莎（Nunes da Rosa, 1871-1946）、罗德里戈·格拉（Rodrigo Guerra, 1862-1924）、弗洛恩西奥·特拉（Florêncio Terra, 1859-1941）和迪亚斯·德·梅洛

（Dias de Melo，1925- ）等人撰写的基于捕鲸活动的短篇小说。1922 年，最后一艘来自美利坚合众国的捕鲸船离开亚速尔群岛，也结束了葡萄牙人向美国近百年的迁徙。然而，当时以亚速尔群岛为基础的近海捕鲸已经成为岛民经济和生存的一个组成部分，其重要性一直延续到 20 世纪 80 年代，直到捕鲸活动最终转变为他们的文化象征。

亚速尔群岛的捕鲸传统在 1987 年突然停止。为了保护鲸类，国际捕鲸委员会（IWC）禁止捕鲸，葡萄牙政府同意了，但没有向亚速尔人给予足够的补偿和解释。捕鲸者，尤其是年老的捕鲸者，坚决反对这一决定。为表示抗议，1987 年 11 月，皮科岛捕鲸者在拉杰斯附近捕杀了三头抹香鲸。他们邀请了电视台工作人员和记者，让其在他们出海时播报这次捕鲸。不久，葡萄牙正式签署协议，禁止捕杀鲸。曾经把亚速尔人与其他葡萄牙人区分开来，作为亚速尔象征的捕鲸活动不再存在。1988 年以来，亚速尔群岛的主要鲸加工厂都已成为捕鲸历史博物馆。[54]

尽管如此，鲸仍然是亚速尔群岛现有文化的象征。一家捕鲸者博物馆馆长曼努埃尔·达·科斯塔（Manuel da Costa）是一位著名捕鲸船长的后裔，他的名字也来自那位船长，他说：“鲸仍然代表着亚速尔特性，是亚速尔群岛的标志。我们都应该同意这一点，亚速尔群岛在国际舞台上的比喻形象是‘鲸之尾’，意思是‘上帝之手’。过去，捕鲸是人们彼此关系的基础，而现在鲸与人形成了新的关系。”“捕鲸人”向“守鲸人”的转变，无疑带来了一种新的人与鲸的权力关系。

人为因素导致的气候变化已经开始对亚速尔群岛的环境造成损害。岛屿生活中变化为常态，岛民目前正在经历很多变化。亚速尔群岛位于北大西洋中部，容易受到海洋、陆地和大气诸多变化影响。这种敏感性主要与有限的土地有关，居民、动物和资源不容易搬迁。[55] 更糟糕的是，岛屿通常高度依赖沿海地带，而沿海地带是最容易受气候变化影响的地区。[56]这里是人类与鲸互动的地方。

2009 年 6 月，为了在哥本哈根（Copenhagen）联合国气候变化大会（COP 15）上发言，亚速尔地区政府成立了亚速尔自治区气候变化委员会（ComCLIMA），由环境与海洋区域秘书处管辖，负责制定应对气候变化计划。气候变化委员会还旨在向环境与海洋区域秘书处提供有关气候变化的国内和国际政策的技术和科学监测、信息和咨询。为了提高国际知名度，在第 21 届巴黎气候大会召开前，亚速尔群岛环境与海洋区域秘书处宣布，亚速尔群岛近四分之一的电力由可再生能源生产，而且预计到 2018 年，亚速尔群岛的电力产量将增加四分之三。为了实现这一目标，地区政府需要地方、国家和国际科学体系的支持。他们与科学技术基金会、麻省理工学院葡萄牙分校、亚速尔群岛大学、绿色岛屿项目签署了一项议定书，以发展可持续的能源系统。通过这些措施，该地区政府宣布其能源自治。这一运动显示了在巩固亚速尔特性与葡萄牙大陆关系方面，可持续发展是一个有潜在竞争力的因素。在葡萄牙，过去三十年来政治和文化的巨大变化为传统文化维护地区和国家身份带来了新的动力，[57]而亚速尔特性的最新发展可能就是这种趋势的例证。曾经，抹香鲸是亚速尔群岛的主要资源提供者。作为鲸的守护者，岛民一直在努力实现文化复原。亚速尔群岛最近的能源自治运动表明，原本以鲸为基础的文化自治在应对全球化、政治和不断变化的环境方面正出现新的转变。虽然鲸不再为社会提供自然资源，但仍然是人们文化和环境世界观的中心。

结论：共同的未来希望

当我对本文进行最后的润色时，飓风亚历克斯正向北越过大西洋，向亚速尔群岛方向移动。1月，大西洋上出现飓风是罕见的（上一次是在1938年），岛民们担心漫长潮湿的冬天已经使土壤饱和，可能导致大规模的山体滑坡。同时，一直有消息说，北冰洋的海冰状况自秋天以来没有改善，这使得巴罗和霍普角的居民在捕鲸季节即将来临时焦虑不安。截至2015年9月11日，北极海冰面积在卫星记录里为第四低，强化了长期下降的趋势。气候变化现在深刻影响着阿拉斯加北部和亚速尔群岛人民的福祉和身份，这种危机感加强了他们与鲸的联系，以维持他们的文化特征。亚速尔群岛居民与土地的联系，与彼此的关系，经常表现出更多与因纽皮亚克人的共同点，而不是与葡萄牙人的共同点。因纽皮亚克人和亚速尔人都以他们对家乡的依恋而闻名，他们用同样的方式表达了他们对土地的渴望，比如"我在这块土地上长大"，"鲸是我们土地的基础"。

2008年，一个由教育家、猎人和表演家组成的国际捕鲸协会代表团试图通过新贝德福德捕鲸博物馆重建他们与葡萄牙祖先的联系。他们还设想收藏因纽特文物，包括乌姆亚克。巧合的是，大约在同一时间，由皮科岛捕鲸者博物馆组织的来自亚速尔群岛的一个小组也参观了新贝德福德，探索葡萄牙-美国商业捕鲸的历史。遗憾的是，这两个代表团没有碰面。然而，这两个群体都清楚地认识到，要重建关系以纪念过去，庆祝现在，跨国合作，探索未来。这些努力包括为巴罗因纽皮亚克遗产中心的游客举办鲸族文化展览，以及2005~2013年国家人文基金会赞助的文化和历史教育组织（ECHO）的基金项目。这个项目联合阿拉斯加北部、夏威夷和新贝德福德，促进具有共同捕鲸遗产的人们之间的文化交流。[58]这三类人（葡萄牙捕鲸者也在夏威夷捕鲸方面发挥了重要作用；至于北极语言中借自夏威夷语的词语，参见注释59[59]）以各种方式与鲸保持联系。在整个项目实施期间，他们每年组织活动，以促进对基于鲸的生存和世界观的跨文化理解，这些活动只是他们建立伙伴关系的开始。这些互惠的思想交流与更广泛的文化和政治自治以及去殖民化努力息息相关。

虽然距实现目标尚早，但拥有这一愿景对于两个鲸族人民的未来至关重要。毫无疑问，捕鲸及其遗产促进了现代因纽皮亚克-亚速尔人社会和文化生活的发展。亚速尔人正在经受变幻莫测的天气和气候，但拒绝成为环境殖民主义的受害者。他们正积极寻找一种适应的方式，保持与鲸、他人和地方的情感亲缘关系，并渴望向他们正处于全球气候变化前线的北极亲戚学习。鲸再次将两种文化融合在一起，这一次是在非殖民化的环境背景下，通过加强关联完成的。在阿拉斯加和亚速尔群岛，鲸提供了集体文化复原力的关键基石，将鲸族的两个群体再次聚集在一起，人们互相拥抱，憧憬一个充满希望的未来。

致　谢

许多人和机构的慷慨帮助，使这项研究在阿拉斯加和亚速尔群岛成为可能并富有成效。我在亚速尔群岛和葡萄牙里斯本的实地考察由美国地理学会提供的麦考尔（McColl）家庭奖学金资助。我的研究得到了哥伦比亚大学，国家科学基金会，因纽皮亚克历史、语言和文化委员会以及亚速尔群岛皮科捕鲸者博物馆的支持。感谢新贝德福德捕鲸博物馆的前馆长、捕鲸和北极研究学者约翰·R.博克斯托克

（John R. Bockstoce）。新贝德福德捕鲸博物馆关于亚速尔群岛历史捕鲸活动的展览为我的早期研究提供了启示。布朗大学的安西莫·特奥特·阿尔梅达（Onésimo Teotónio Almeida）和约翰·卡特·布朗图书馆（John Carter Brown Library）的阿德丽娜·阿泽维多-阿克塞尔罗德（Adelina Azevedo-Axelrod）以及新英格兰亚速尔群岛之家热情地帮助我与亚速尔群岛的人们建立联系。加州大学伯克利分校班克罗夫特图书馆区域口述历史办公室的唐纳德·沃林（Donald Warrin）亲切地分享了有关阿拉斯加葡萄牙捕鲸者的问题。在皮科岛上，捕鲸者博物馆馆长曼努埃尔·弗朗西斯科·达·科斯塔（Manuel Francisco da Costa）热情欢迎了我。安娜·法冈德斯·内维斯（Ana Fagundes Neves）慷慨而耐心地和我一起度过了几天，分享皮科岛的故事和历史。密歇根州立大学的凯尔·鲍伊斯·怀特（Kyle Powys Whyte）慷慨地分享了原住民、美国殖民和相关话语的专业知识。我也感谢珍妮特·菲斯基（Janet Fiskio）和奥伯林学院（Oberlin College）环境研究项目的其他同事提供的支持和启发。最后重要的一点是，我与阿拉斯加北部的朋友和合作者的长期友谊使我心系捕鲸族，特别感谢苏尤克·雷恩（Suuyuk Lane）、朱丽（Julia）和杰思莉·卡莱克（Jeslie Kaleak）以及阿拉斯加霍普角和巴罗的人们，他们许多人都为自己的葡萄牙血统感到骄傲。

注释

1. Chie Sakakibara, "No Whale, No Music: Contemporary Iñupiaq Drumming and Global Warming," *Polar Record* 45, no. 4 (2009): 289 – 303; Sakakibara, "Kiavallakkikput

Aġviq（Into the Whaling Cycle）：Cetaceousness and Global Warming among the Iñupiat of Arctic Alaska，" *Annals of the Association of the American Geographers* 100，no. 4（2010）：1003-1012；Sakakibara，"Climate Change and Cultural Survival in the Arctic：Muktuk Politics and the People of the Whales，" *Weather，Climate and Society* 3，no. 2（2011）：76-89.

2. Barbara Bodenhorn，"'He Used to Be My Relative'：Exploring the Bases of Relatedness Among Iñupiat of Northern Alaska，" in *Cultures of Relatedness: New Approach to the Study of Kinship*，ed. J. Carsten（Cambridge：University of Cambridge Press，2000）.

3. A. Quijano，"Colonality and Power，Eurocentrism，and Latin America，" *Nepentla: Views from the South* 1，no. 3（2000）：533-580；P. Spruhan，"Legal History of Blood Quantum in Federal Indian Law to 1936，" *South Dakota Review* 51（2006）：1-50；K. TallBear，"Narratives of Race and Indigeneity in the Genographic Project，" *Journal of Medicine Ethics and Law* 35（2007）：412；K. P. Whyte，"Indigeneity and US Settler Colonialism，" in *Oxford Handbook of Philosophy and Race*，ed. Naomi Zack（Oxford：Oxford University Press，2016）.

4. Bodenhorn，"'He Used to Be My Relative'"；C. Wohlforth，*The Whale and the Supercomputer: On the Northern Front of Climate Change*（New York：North Point Press，2005）.

5. Bodenhorn，"He Used to Be My Relative"；Bodenhorn，"Is Being 'Iñupiaq' a Form of Cultural Property?" in *Properties of Culture—Culture as Property，Pathways to Reform in Post-Soviet Siberia*，ed. E. Kasten，35-50（Berlin：Dietrich Reimer Verlag，2004）；Sergei Kan，"Friendship，Family，and Fieldwork：One Anthropologist's Adoption by Two Tlingit Families，" in *Strangers to Relatives: The Adoption and Naming of Anthropologists in Native North America*，ed. S. Kan（Lincoln：University of Nebraska Press，2001）.

6. R. J. Demallie，"Kinship and Biology in Sioux Culture，" in *North American Indian Anthropology: Essays on Society and Culture*，eds. Raymond J. DeMallie and Alfonso Ortiz（Norman：University of Oklahoma Press，1994），131.

7. M. E. Harkin，"Ethnographic Deep Play：Boas，Mcllwraith，and Fictive Adoption on the Northwest Coast，" in *Strangers to Relatives: The Adoption and Naming of Anthropologists in Native North America*，ed. Sergei Kan（Lincoln：University of Nebraska Press，2001）.

8. E. Deloria，*Speaking of Indians*（New York：Friendship Press，1944）.

9. Kan，"Friendship，Family，and Fieldwork."

10. Bodenhorn，"'He Used to Be My Relative.'"

11. 更多信息参见 Tom Lowenstein，*Ultimate Americans: Point Hope，Alaska: 1826-1909*（Fairbanks：University of Alaska Press，2008），and Don Warrin，*So Ends This Day: The Portuguese in American Whaling 1765-1927*（North Dartmouth：University of Massachusetts Dartmouth Center for Portuguese Studies and Culture，2010）。

12. N. L. Peluso, "Whose Woods Are These?: Counter – Mapping Forest Territories in Kalimantan, Indonesia," *Antipode* 27, no. 4 (1995): 383–406.

13. John Bockstoce, "Eskimo Whaling in Alaska," *Alaska Magazine* 43, no. 9 (1997); Bockstoce, *Steam Whaling in the Western Arctic* (New Bedford, MA: Old Dartmouth Historical Society, 1977); Bockstoce, "History of Commercial Whaling in Arctic Alaska," *Alaska Geographic* 5, no. 4 (1978); Ernest S. Burch, *The Traditional Eskimo Hunters of Point Hope, Alaska: 1800–1875* (Barrow: North Slope Borough, 1981.).

14. Nancy Shoemaker, "Whale Meat in American History," *Environmental History* 10, no. 2 (2005): 269–294; Shoemaker, *Native American Whalemen and the World: Indigenous Encounters and the Contingency of Race* (Chapel Hill: University of North Carolina Press, 2014); Warrin, *So Ends This Day*.

15. Harold Noice, *With Stefansson in the Arctic* (London: George G. Harrap and Co., Ltd., 1924), 71.

16. Shoemaker, *Native American Whalemen and the World*.

17. 同上。

18. Warrin, *So Ends This Day*.

19. Charles Brower, The Northernmost American: An Autobiography, Typescript, Dartmouth College Library Stefansson Collection (n. d.); 唐纳德·沃林 (Donald Warrin) 2005 年对爱尔西·凯西娜·亚当斯 (Elsie Casina Adams)、阿拉斯加 "霍恩角的孙女" 联合会 (Granddaughter of Point Hope, Alaska)、定居者组织 (Settler)、约瑟夫·费拉 (Joseph Ferreira) 的采访, 参见加州大学伯克利分校班克罗夫特图书馆区域口述历史办公室资料 (Regional Oral History Office, Bancroft Library, Berkeley, University of California, 2007); Lowenstein, *Ultimate Americans*; Warrin, *So Ends This Day*。

20. Lisa Wexler, "The Importance of Identity, History, and Culture in the Wellbeing of Indigenous Youth," *Journal of the History of Childhood and Youth* 2, no. 2 (2009): 267–276.

21. A. C. Willox et al., "Examining Relationships between Climate Change and Mental Health in the Circumpolar North," *Regional Environmental Change* 15 (2015): 169–182.

22. Macolm McFee, "The 150% Man: A Product of Blackfeet Acculturation," *American Anthropologist* 70 (1968): 1096–1103.

23. Bodenhorn, " 'He Used to Be My Relative' "; Mark S. Cassell, "Iñupiat Labor and Commercial Shore Whaling in Northern Alaska," *Pacific Northwest Quarterly* 91, no. 3 (2000): 115–123; Cassell, "Iñupiat Eskimo Workers in the Commercial Whaling Industry of North Alaska," *Arctic Studies Center Newsletter* 9 (September 2001): 14–15; Cassell, "The Landscape of Iñupiat Eskimo Industrial Labor," *Historical Archaeology* 39, no. 3 (2005): 132–151.

24. Catherine S. Reimer, "The Concept of Personal Well-being in the Iñupiat Worldview and Their View of Counselor Effectiveness" (PhD diss., George Washington University, 1996); Reimer, *Counseling the Iñupiat Eskimo* (Santa Barbara: Praeger, 1999); I. W. Borowsky et al., "Suicide Attempts Among American Indian and Alaska Native Youth: Risk and Prospective Factors," *Pediatrics and Adolescent Medicine* 153 (1999): 573–580; L. B. Whitbeck et al., "Discrimination, Historical Loss and Enculturation: Culturally Specific Risk and Resiliency Factors for Alcohol Abuse among American Indians," *Journal of Studies on Alcohol* 65 (2004): 409–418; J. White and N. Jodain, *Aboriginal Youth: A Manual of Promising Suicide Prevention Strategies* (Calgary: Center for Suicide Prevention, 2004); Wexler, "Importance of Identity, History, and Culture in the Well-being of Indigenous Youth."

25. Keith Basso, *Wisdom Sits in Places: Landscape and Language among the Western Apache* (Albuquerque: University of New Mexico Press, 1996); Yi-Fu Tuan, *Cosmos and Hearth: A Cosmopolite's View Point* (Minneapolis: University of Minnesota Press, 1999); Chie Sakakibara, "Our Home Is Drowning: Climate Change and Iñupiat Storytelling in Point Hope, Alaska," *Geographical Review* 98, no. 4 (2008): 456–475; Bruce Evan Goldstein, "Introduction: Crisis and Collaborative Resilience," in *Collaborative Resilience: Moving Through Crisis to Opportunity*, ed. B. E. Goldstein (Cambridge, MA: The MIT Press, 2012).

26. Lisa Wexler et al., "Central Role of Relatedness in Alaska Native Youth Resilience: Preliminary Themes from One Site of the Circumpolar Indigenous Pathways to Adulthood (CIPA) Study," *American Journal of Community Psychology* 52 (2013): 393–405; Wexler, "Looking Across Three Generations of Alaska Natives to Explore How Culture Fosters Indigenous Resilience," *Transcultural Psychiatry* 51, no. 1 (2014): 73–92.

27. Norman Chase, The Iñupiat and Arctic Alaska: An Ethnography of Development (San Diego: Harcourt, 1997); Cassell, "Iñupiat Labor and Commercial Shore Whaling."

28. Joseph G. Jorgensen, *Oil Age Eskimos* (Berkeley: University of California Press, 1990), xiv.

29. 同上，第 6 页。

30. Barbara Bodenhorn, "It's Traditional to Change: A Case Study of Strategic Decision-making," *Cambridge Anthropology* 22, no. 1 (2001): 24–51.

31. Ann Fienup-Riordan, *Eskimo Essays: Yup'ik Lives and How We See Them* (New Brunswick: Rutgers University Press, 1990).

32. N. Scott Momaday, "Native American Attitudes to the Environment," in *Seeing with a Native Eye: Essays on Native American Religion*, ed. W. Capp (New York: Harper and Row, 1974); Richard K. Nelson, *Shadow of the Hunter: Stories of Eskimo Life* (Chicago:

University of Chicago Press, 1980）; Basso, Wisdom Sits in Places.

33. Nelson, Shadow of the Hunter; Fienup – Riordan, *Eskimo Essays*; Karen Brewster, *The Whales, They Give Themselves: Conversations with Harry Brower, Sr.* (Fairbanks: University of Alaska Press, 2004).

34. E. Duran et al. , "Healing the American Indian Soul Wound," in *International Handbook of Multigenerational Legacies of Trauma*, ed. Y. Danieli (New York: Springer, 1998); Wexler, "Importance of Identity, History, and Culture in the Wellbeing of Indigenous Youth."

35. L. Jilek – Aall, "Suicidal Behavior Among Youth: A Cross – Cultural Comparison," *Transcultural Psychiatric Research Review* 25 (1988): 87–105; Wexler, "Importance of Identity, History, and Culture in the Wellbeing of Indigenous Youth."

36. Sakakibara, "Our Home Is Drowning"; Sakakibara, "No Whale, No Music."

37. Sakakibara, "No Whale, No Music."

38. Aaron A. Fox, "Repatriation as Reanimation Through Reciprocity," in *The Cambridge History of World Music:* Vol 1. (*North America*), ed. P. Bohlman (Cambridge: Cambridge University Press, 2014), 544.

39. Sakakibara, "Our Home Is Drowning."

40. Jean L. Briggs, "From Trait to Emblem and Back: Living and Representing Culture in Everyday Inuit Life," *Arctic Anthropology* 34 (1997): 227–235.

41. R. Linton, "Nativistic Movements," *American Anthropologist* 45 (1943): 230– 240; R. Wagner, *The Invention of Culture* (Chicago: University of Chicago Press, 1975); Briggs, "From Trait to Emblem and Back."

42. Briggs, "From Trait to Emblem and Back"; Louis – Jacques Dorais, "Inuit Identity in Canada," *Folk* 30 (1988): 23–31.

43. Nobuhiro Kishigami, "Cultural and Ethnic Identities of Inuit in Canada," *Senri Ethnological Studies: Circumpolar Ethnicity and Identity* 66 (2004): 81–93.

44. Yi Wang, "Globalization Enhances Cultural Identity," *Intercultural Communication Studies* XVI, no. 1 (2007): 83–86.

45. Cassell, "Iñupiat Labor and Commercial Shore Whaling."

46. Lowenstein, Ultimate Americans; Warrin, *So Ends This Day*.

47. Rosita Worl, "The North Slope Iñupiat Whaling Complex," in *Alaska Native Culture and History*, eds. Y. Kotani and W. Workman, Senri Ethnological Studies 4 (Osaka: National Museum of Ethnology, 1980); David Boeri, *People of the Ice Whale: Eskimos, White Men, and the Whale* (New York: Dutton, 1983); R. L. Zumwalt, "Return of the Whale: Nalukataq, the Point Hope Whale Festival," in *Time Out of Time: Essays on the Festival*, ed. A. Falassi (Albuquerque: University of New Mexico Press, 1988); Edith Turner,

"The Whale Decides: Eskimos' and Ethnographer's Shared Consciousness in the Ice," *Études/Inuit/Studies* 14 (1990): 39-42; Tom Lowenstein, *The Things That Were Said of Them: Shaman Stories and Oral Histories of the Tikiġaq People* (Berkeley: University of California Press, 1992); Lowenstein, *Ancient Land: Sacred Whale: The Inuit Hunt and Its Rituals* (New York: Farrar, Straus and Giroux, 1993); Bill Hess, *Gift of the Whale: The Iñupiat Bowhead Hunt, A Sacred Tradition* (Seattle: Sasquatch Books, 1999); Brewster, *The Whales, They Give Themselves*; Sakakibara, "Our Home Is Drowning"; Sakakibara, "No Whale, No Music"; Sakakibara, "Kiavallakkikput Aġviq (Into the Whaling Cycle): Cetaceousness and Global Warming among the Iñupiat of Arctic Alaska," *Annals of the Association of the American Geographers* 100, no. 4 (2010): 1003-1012.

48. Lowenstein, *The Things That Were Said of Them*; Lowenstein, *Ancient Land*.

49. Lowenstein, *The Things That Were Said of Them*; Reimer, "The Concept of Personal Well-being in the Iñupiat Worldview"; Reimer, Counseling the Iñupiat Eskimo.

50. Chie Sakakibara, "Whale Tales: People of the Whales and Climate Change in the Azores," *FOCUS on Geography* 54, no. 3 (2011): 75-90.

51. F. Terra, *A Caçaà Baleia nos Açoreano* (Ponta Delgada, Açores: Signo, 1949); Terra, *Natal Açoreano* (Ponta Delgada, Açores: Signo, 1958): D. de Melo, *Pedras Negras* (Lisbon: Vega, 1964); R. Guerra, *Trutas* (Horta: Câmara Municipal e Direcção Regional dos Assuntos Culturais, 1988); C. C. Emilio, *Azorean Folk Customs* (San Diego: Portuguese Historical Center, 1990); S. G. Costa, *Azores: Nine Islands, One History* (Berkeley, CA: Institute of Governmental Studies Press, 2008).

52. Onesimo Almeida, *Açores, Açorianos, Açorianidade* (Ponta Delgada, Açores: Signo, 1989).

53. Emilio, *Azorean Folk Customs*.

54. J. M. Figueiredo, *Introdução ao Estudo da Indústria Baleeira Insular* (Pico, The Azores, Portugal: Museu dos Baleeiros, 1996).

55. F. D. Santos et al., "Climate Change Scenarios in the Azores and Madeira Islands," *World Resource Review* (2004): 473-491.

56. 同上。

57. A. Klimt and J. Leal, "Introduction: The Politics of Folk Culture in the Lusophone World," *Etnográfica* 9, no. 1 (2005): 5-17.

58. Ashley Lopes, "Teachers Become Students of Eskimo Culture," *South Coast Today*, August 8, 2004, http://www.southcoasttoday.com/article/20040808/news/ 308089984.

59. Emanuel J. Drechsel and T. Haunani Makuakāne, "Hawaiian Loanwords in Two Native American Pidgins," *International Journal of American Linguistics* 48, no. 4 (1982): 460-467.

参考文献

Almeida, Onesimo T. *Açores, Açorianos, Açorianidade*. Ponta Delgada, Açores: Signo, 1989.

Basso, Keith. *Wisdom Sits in Places: Landscape and Language among the Western Apache*. Albuquerque: University of New Mexico Press, 1996.

Bockstoce, John. "Eskimo Whaling in Alaska." *Alaska Magazine* 43, no. 9 (1977).

——. *Steam Whaling in the Western Arctic*. New Bedford, MA: Old Dartmouth Historical Society, 1977.

——. "History of Commercial Whaling in Arctic Alaska." *Alaska Geographic* 5, no. 4 (1978).

Bodenhorn, Barbara. "'He Used to Be My Relative': Exploring the Bases of Relatedness Among Iñupiat of Northern Alaska." In *Cultures of Relatedness: New Approach to the Study of Kinship*, edited by J. Carsten, 128-148. Cambridge: University of Cambridge Press, 2000.

——. "It's Traditional to Change: A Case Study of Strategic Decision-making." *Cambridge Anthropology* 22, no. 1 (2001): 24-51.

——. "Is Being 'Iñupiaq' a Form of Cultural Property?" In *Properties of Culture—Culture as Property, Pathways to Reform in Post-Soviet Siberia*, edited by E. Kasten, 35-50. Berlin: Dietrich Reimer Verlag, 2004.

Boeri, David. *People of the Ice Whale: Eskimos, White Men, and the Whale*. New York: Dutton, 1983.

Borowsky, I. W., M. D. Resnick, M. Ireland, and R. W. Blum. "Suicide Attempts Among American Indian and Alaska Native Youth: Risk and Prospective Factors." *Pediatrics and Adolescent Medicine* 153 (1999): 573-580.

Brewster, Karen. *The Whales, They Give Themselves: Conversations with Harry Brower, Sr.* Fairbanks: University of Alaska Press, 2004.

Briggs, Jean L. "From Trait to Emblem and Back: Living and Representing Culture in Everyday Inuit Life." *Arctic Anthropology* 34 (1997): 227-235.

Brower, Charles. *The Northernmost American: An Autobiography*. Typescript (895 pp.). Dartmouth College Library Stefansson Collection, n.d.

Burch, Ernest S. *The Traditional Eskimo Hunters of Point Hope, Alaska: 1800-1875*. Barrow: North Slope Borough, 1981.

Cassell, Mark S. "Iñupiat Labor and Commercial Shore Whaling in Northern Alaska." *The Pacific Northwest Quarterly* 91, no. 3 (2000): 115-123.

——. "Iñupiat Eskimo Workers in the Commercial Whaling Industry of North Alaska." *Arctic Studies Center Newsletter* 9 (September 2001): 14-15. Washington, DC: Smithsonian

Institution and National Museum of Natural History.

——. "The Landscape of Iñupiat Eskimo Industrial Labor." *Historical Archaeology* 39, no. 3 (2005): 132–151.

Chase, Norman A. *The Iñupiat and Arctic Alaska: An Ethnography of Development.* San Diego, CA: Hartcourt, 1990.

Costa, S. G. *Azores: Nine Islands, One History.* Berkeley, CA: Institute of Governmental Studies Press, 2008.

Deloria, E. *Speaking of Indians.* New York: Friendship Press, 1944.

Demallie, R. J. "Kinship and Biology in Sioux Culture." In *North American Indian Anthropology: Essays on Society and Culture*, edited by Raymond J. DeMallie and Alfonso Ortiz, 125–146. Norman: University of Oklahoma Press, 1994.

Drechsel, Emanuel J., and T. Haunani Makuakāne. "Hawaiian Loanwords in Two Native American Pidgins." *International Journal of American Linguistics* 48, no. 4 (1982): 460–467.

Dorais, L.-J. "Inuit Identity in Canada." *Folk* 30 (1988): 23–31.

Duran, E., B. Duran, M. Yellow Horse-Davis, and S. Yellow Horse-Davis. "Healing the American Indian Soul Wound." In *International Handbook of Multigenerational Legacies of Trauma*, edited by Y. Danieli, 341–354. New York: Springer, 1998.

Emilio, C. C. *Azorean Folk Customs.* San Diego, CA: Portuguese Historical Center, 1990.

Figueiredo, J. M. *Introdução ao Estudo da Indústria Baleeira Insular.* Pico, The Azores, Portugal: Museu dos Baleeiros, 1996.

Fienup-Riordan, Ann. *Eskimo Essays: Yup'ik Lives and How We See Them.* New Brunswick: Rutgers University Press, 1990.

Fox, Aaron A. "Repatriation as Reanimation Through Reciprocity." In *The Cambridge History of World Music:* Vol. 1 (*North America*), edited by P. Bohlman, 522–554. Cambridge: Cambridge University Press, 2014.

Goldstein, Bruce Evan. "Introduction: Crisis and Collaborative Resilience." In *Collaborative Resilience: Moving Through Crisis to Opportunity*, edited by B. E. Goldstein, 1–15. Cambridge, MA: The MIT Press, 2012.

Guerra, R. *Trutas.* Horta: Câmara Municipal e Direcção Regional dos Assuntos Culturais, 1988.

Harkin, M. E. "Ethnographic Deep Play: Boas, McIlwraith, and Fictive Adoption on the Northwest Coast." In *Strangers to Relatives: The Adoption and Naming of Anthropologists in Native North America*, edited by Sergei Kan. Lincoln: University of Nebraska Press, 2001.

Hess, Bill. *Gift of the Whale: The Iñupiat Bowhead Hunt, A Sacred Tradition.* Seattle: Sasquatch Books, 1999.

Jilek-Aall, L. "Suicidal Behavior Among Youth: A Cross-Cultural Comparison."

Transcultural Psychiatric Research Review 25 (1988): 87-105.

Jorgensen, Joseph G. *Oil Age Eskimos.* Berkeley: University of California Press, 1990.

Kan, Sergei. "Friendship, Family, and Fieldwork: One Anthropologist's Adoption by Two Tlingit Families." In *Strangers to Relatives: The Adoption and Naming of Anthropologists in Native North America*, 185-217. Lincoln: University of Nebraska Press, 2001.

Kishigami, Nobuhiro. "Cultural and Ethnic Identities of Inuit in Canada." *Senri Ethnological Studies: Circumpolar Ethnicity and Identity* 66 (2004): 81-93.

Klimt, A., and Leal, J. "Introduction: The Politics of Folk Culture in the Lusophone World." *Etnográfica* 9, no. 1 (2005): 5-17.

Linton, R. "Nativistic Movements." *American Anthropologist* 45 (1943): 230-240.

Lopes, Ashley. "Teachers Become Students of Eskimo Culture." *South Coast Today*, August 8, 2004, http://www.southcoasttoday.com/article/20040808/news/308089984.

Lowenstein, Tom. *The Things That Were Said of Them: Shaman Stories and Oral Histories of the Tikiġaq People.* Berkeley: University of California Press, 1992.

———. *Ancient Land: Sacred Whale: The Inuit Hunt and Its Rituals.* New York: Farrar, Straus and Giroux, 1993.

———. *Ultimate Americans: Point Hope, Alaska: 1826-1909.* Fairbanks: University of Alaska Press, 2008.

McFee, Malcolm. "The 150% Man: A Product of Blackfeet Acculturation." *American Anthropologist* 70 (1968): 1096-1103.

Melville, Herman. *Moby-Dick; or, The Whale.* New York: Harper and Brothers, 1851.

Momaday, N. Scott. "Native American Attitudes to the Environment." In *Seeing with a Native Eye: Essays on Native American Religion*, 79-85, edited by W. Capp. New York: Harper and Row, 1974.

Nelson, Richard K. *Shadow of the Hunter: Stories of Eskimo Life.* Chicago: University of Chicago Press, 1980.

Noice, Harold. *With Stefansson in the Arctic.* London: George G. Harrap and Co., Ltd., 1924.

Offen, Karl. "Making Black Territories." In *Mapping Latin America: A Cartographic Reader*, edited by J. Dym and K. Offen, 288-292. Chicago: The University of Chicago Press, 2011.

Peluso, N. L. "Whose Woods Are These?: Counter-Mapping Forest Territories in Kalimantan, Indonesia." *Antipode* 27, no. 4 (1995): 383-406.

Quijano, A. "Colonality and Power, Eurocentrism, and Latin America." *Nepentla: Views from the South* 1, no. 3 (2000): 533-580.

Reimer, Catherine S. "The Concept of Personal Well-being in the Iñupiat Worldview and

Their View of Counselor Effectiveness. " Doctoral dissertation, George Washington University, 1996.

——. *Counseling the Iñupiat Eskimo*. Santa Barbara, CA: Praeger, 1999.

Sakakibara, Chie. "Our Home Is Drowning: Climate Change and Iñupiat Storytelling in Point Hope, Alaska. " *Geographical Review* 98, no. 4 (2008): 456–475.

——. "No Whale, No Music: Contemporary Iñupiaq Drumming and Global Warming. " *Polar Record* 45, no. 4 (2009): 289–303.

——. "Kiavallakkikput Aġviq (Into the Whaling Cycle): Cetaceousness and Global Warming among the Iñupiat of Arctic Alaska. " *Annals of the Association of the American Geographers* 100, no. 4 (2010): 1003–1012.

——. "Climate Change and Cultural Survival in the Arctic: Muktuk Politics and the People of the Whales. " *Weather, Climate and Society* 3, no. 2 (2011): 76–89.

——. "Whale Tales: People of the Whales and Climate Change in the Azores. " *FOCUS on Geography* 54, no. 3 (2011): 75–90.

Santos, F. D. , et al. "Climate Change Scenarios in the Azores and Madeira Islands. " *World Resource Review* (2004): 473–491.

Shoemaker, Nancy. "Whale Meat in American History. " *Environmental History* 10, no. 2 (2005): 269–294.

——. *Native American Whalemen and the World: Indigenous Encounters and the Contingency of Race*. Chapel Hill: University of North Carolina Press, 2014.

Spruhan, P. "Legal History of Blood Quantum in Federal Indian Law to 1936. " *South Dakota Review* 51 (2006): 1–50.

TallBear, K. "Narratives of Race and Indigeneity in the Genographic Project. " *Journal of Medicine Ethics and Law* 35 (2007): 412.

Terra, F. *A Caça à Baleia nos Açoreano*. Ponta Delgada, Açores: Signo, 1949.

——. *Natal Açoreano*. Ponta Delgada, Açores: Signo, 1958.

Tuan, Yi-Fu. *Cosmos and Hearth: A Cosmopolite's View Point*. Minneapolis: University of Minnesota Press, 1999.

Turner Edith. "The Whale Decides: Eskimos' and Ethnographer's Shared Consciousness in the Ice. " *Études/Inuit/Studies* 14 (1990): 39–42.

Wagner, R. *The Invention of Culture*. Chicago: University of Chicago Press, 1975.

Wang, Yi. "Globalization Enhances Cultural Identity. " *Intercultural Communication Studies* XVI, no. 1 (2007): 83–86.

Warrin, Don. Interview transcript by Don Warrin with Elsie Casina Adams, Granddaughter of Point Hope, Alaska, Settler, Joseph Ferreira in 2005. Regional Oral History Office, Bancroft Library. Berkeley, University of California, 2007.

——. *So Ends This Day: The Portuguese in American Whaling 1765 – 1927*. North Dartmouth: University of Massachusetts Dartmouth Center for Portuguese Studies and Culture, 2010.

Wexler, Lisa. "The Importance of Identity, History, and Culture in the Wellbeing of Indigenous Youth." *The Journal of the History of Childhood and Youth* 2, no. 2 (2009): 267-276.

——. "Looking Across Three Generations of Alaska Natives to Explore How Culture Fosters Indigenous Resilience." *Transcultural Psychiatry* 51, no. 1 (2014): 73-92.

Wexler, Lisa, Joshua Moses, Kim Hopper, Linda Joule, Joseph Garoutte, and the LSC CIPA Team. "Central Role of Relatedness in Alaska Native Youth Resilience: Preliminary Themes from One Site of the Circumpolar Indigenous Pathways to Adulthood (CIPA) Study." *American Journal of Community Psychology* 52 (2013): 393-405.

Whitbeck, L. B., X. Chen, D. R. Hoyt, and G. W. Adams. "Discrimination, Historical Loss and Enculturation: Culturally Specific Risk and Resiliency Factors for Alcohol Abuse among American Indians." *Journal of Studies on Alcohol* 65 (2004): 409-418. White, J., and N. Jodain. *Aboriginal Youth: A Manual of Promising Suicide Prevention Strategies*. Calgary: Center for Suicide Prevention, 2004.

Whyte, K. P. "Indigeneity and US Settler Colonialism." In *Oxford Handbook of Philosophy and Race*, edited by Naomi Zack. Oxford: Oxford University Press, 2016.

Willox, A. C., E. Stephenson, J. Allen, F. Bourque, A. Drossos, S. Elgarøy, M. J. Kral, I. Mauro, J. Moses, T. Pearce, J. MacDonald, and L. Wexler. "Examining Relationships between Climate Change and Mental Health in the Circumpolar North." *Regional Environmental Change* 15 (2015): 169-182.

Wohlforth, C. *The Whale and the Supercomputer: On the Northern Front of Climate Change*. New York: North Point Press, 2005.

Worl, Rosita. "The North Slope Iñupiat Whaling Complex." In *Alaska Native Culture and History*, edited by Y. Kotani and W. Workman, 305 – 320. *Senri Ethnological Studies* 4. Osaka: National Museum of Ethnology, 1980.

Zumwalt, R. L. "Return of the Whale: Nalukataq, the Point Hope Whale Festival." In *Time Out of Time: Essays on the Festival*, edited by A. Falassi, 261 – 276. Albuquerque: University of New Mexico Press, 1988.

8

静止的景观：
新北方的挪威和俄罗斯巴伦支海岸

加尼科·坎普福德·拉森，皮特·汉摩森
奥斯陆建筑与设计学院

本文探讨了挪威-俄罗斯巴伦支海岸景观的变化，由于石油、天然气、稀土和其他矿物的大量开采，该海岸目前正在经历政治和经济变化。本文考察了政府和企业在北方偏远地区的改造项目及其与面临新工业的当地社区的自主性的关系。这包括对未来工业开发可能性的思索和探讨。换言之，全球化使许多定居点的未来变得不确定，本文着眼于对比景观的社会和物质开发方式，即外部对未来发展的期望和当地人的感受及反应（包括活动、艺术和建筑）。

在我们这个时代，地球上陆地比以往任何时候都更加裸露且地球变得不稳定，所以科学家们提出我们生活在一个新时代，即人类世。人类已经习惯于认为自己是自然环境中的主要因素，但现在越来越意识到其他因素在起作用，包括动物、非人类（包括本书中卡莉·多克斯所提到的传统精神信仰）、地质，以及景观本身的物质属性。这反映了一种新的对景观的谦卑态度，这一点又回到了伊恩·麦克哈格

（Ian McHarg）在 20 世纪中期提出的观点，即人类居住地应该"与自然一起设计"。[1]参考多琳·梅西（Doreen Massey）和大卫·哈维（David Harvey）等人在导论中提出的观点，地方是"动态的、分层的、相互联系的和社会建构的"，根据当代景观理论，我们在景观方面持有类似观点。

沿着巴伦支海岸，我们发现许多发展迟缓的城镇和景观，它们正在以不同的方式等待解决面临的问题。其中包括俄罗斯西北部的特里伯克（Teriberka），该地区几年来一直是位于巴伦支海的舒克（Shtokman）气田确定的陆地中心（该计划于 2012 年 8 月被搁置），还有挪威的瓦尔德（Vardø）也因捕鱼许可证减少而出现人口减少。与之相似，挪威北端靠西的小镇哈默菲斯特（Hammerfest）由于液化天然气设施于 2007 年投入使用而蓬勃发展，从石油工业中获利颇丰。但有讽刺意味的是，那里的人比石油开发前的特里伯克和瓦尔德的居民更迷茫，因为他们必须应对城市的变化和身份的转变。

瓦尔德和特里伯克都位于巴伦支海岸，相距约 200 公里，被挪威-俄罗斯边界隔开。这两个城镇有着共同的商业和渔业历史，最近更是都承受失业和人口减少的命运。然而，它们的政治和经济背景大不相同。瓦尔德是挪威东北部军事和文化遗产的重要地点，而特里伯克是更大的战略城市摩尔曼斯克（Murmansk）的卫星城市。哈默菲斯特和瓦尔德一样古老，它们有着共同的捕鱼和贸易历史。这三个地方都是北极探险的基地。目前，与瓦尔德和特里伯克大不相同的是，随着石化工业的到来，哈默菲斯特居民的收入不断增加。

这三个城镇的景观以不同的方式"静止"下来，它们停在了区域经济发展和当地居民日常生活的期望之间，停在了土地的物质性和自然的能动性之间。它们是国家和全球利益的外部投射，预测着未来的可能和收入。这些景观被美国作家、艺术评论家、博物馆馆长露西·里帕德（Lucy Lippard）称为"特定地方"，而不是"特定地点"，我们据此确认在理解和干预这些景观方面有不同的方式。[2]坚持"特定地方"的原则，可以扩展当地思考景观变化的能力。里帕德的观点是，艺术家（以及从事视觉文化的其他人）可以在增强社区的景观意识方面发挥指导作用，他们可以将其视为本地景观而不是遥远的地点。里帕德认为，像迈克尔·海泽（Michael Heizer）、沃尔特·德·玛丽亚（Walter De Maria）或罗伯特·史密森（Robert Smithson）这样的著名地景艺术家就是这样，他们在美国西部建造了大型地景艺术。其中一些作品可以被解读为抽象的核试验批判（海泽的"双重否定"）、废弃物改造的博物馆背景（史密森的"螺旋码头"）或人类对土地的侵占（德·玛丽亚的"闪电场"），但它们未能改善这些干旱地区的脆弱生活环境，由于采矿（特别是铀）、砾石工业、道路建设以及为工业服务的拥挤的交通，当地的生活条件日益恶化。

当前关于"人类世艺术"的论述，或者简单说是人类艺术，[3]意味着应该用长远的视角和大规模的作品来展示人类行为的后果，类似于本书中肯德拉·特纳（Kyndra Turner）对人类世的文化批判。然而，里帕德认为，由于（人类世）气候变化和采掘业造成的环境影响，艺术变得社会化和政治化，应该更多地与生活在持续变化中的当地人建立联系。按照里帕德的观点，艺术不应该仅仅是特定地点的，不能像20世纪60年代以来一直流行的那样只参照建构环境，而应该是特定地方的；也就是说，它应该包括人，并考虑到当地的社会和环境关系。我们认为，艺术（以及其他当地活动）应该与社区密切相关，具有在"静止"的城市激发活力的关键能力——实际上，这种静止正是社区政治达到一种新的水平，处于国际和国内经济与政治发展的边缘而被迫"停滞"造成的。

历　史

巴伦支海岸从挪威北部延伸到俄罗斯西北部，由于墨西哥湾流的影响，水域在冬季基本无冰。这是一个历史上人口较少的地区，民族国家和大规模商业集团出现较晚。

在巴伦支海岸早期的历史定居点居住的主要是萨米人，萨米人现在仍然居住在该地区的四个国家：挪威、俄罗斯、芬兰和瑞典。历史上，不同国家在这个地区的领土是不稳定的。14 世纪，丹麦-挪威、瑞典与诺夫哥罗德共和国（Novgorod Republic）之间达到了一定程度的稳定，形成了边界，但在后来的几百年里，直到 1602 年，一些地区的萨米人都要向丹麦-挪威和崛起的沙俄缴税。白海地区的波莫尔人（Pomor）和波罗的海地区的卡累利阿人（Karelian）逐渐迁移到今天俄罗斯西北部的科拉半岛，从 16 世纪开始，俄罗斯逐渐扩大了在该地区的政治和经济利益。19 世纪后期，涅涅茨（Nenets）和科米（Komi）的原住民群体也向西迁移到科拉半岛。

挪威人于 13 世纪开始在巴伦支海岸定居。19 世纪，芬兰人也定居在后来被称为芬马克（Finnmark）的地方，特别是瓦兰热半岛（Varanger Peninsula）东海岸。19 世纪末 20 世纪初，巴伦支海岸波莫尔人的贸易达到高峰（来自俄罗斯的木材、鱼类、毛皮与以鱼类和鱼油为主的当地产品交换），这些贸易将沿岸定居点联系在一起。

在两次世界大战期间，巴伦支海岸矿产丰富，并为苏俄/苏联提供了通往大西洋的无冰通道，因此具有重要的战略意义。特别是战争前后，科拉半岛经历了重工业化和军事化。大量工人输入，半岛人口激增到100多万（相比之下，目前挪威边境芬马克县有7.5万居民）。瑞典和20世纪的芬兰在巴伦支地区也有领土利益。20世纪初，芬兰曾控制通往巴伦支海的陆路通道，二战期间苏联获得该通道。

20世纪的激烈分割，结束了这个海岸线上人口的持续流动和地理界限的模糊状态。俄国革命结束了越境贸易和移民，形成军事化边界，社会和经济发展出现根本的不同。然而，挪威和苏联都努力维持甚至促进各自边境的人口增长，以保证战略利益。

虽然今天的跨境贸易仍然有限，但过去几十年来，人员流动显著增加。2010年，俄罗斯和挪威之间遗留的海上边界争端得到解决。今天巴伦支海岸的特点是保持传统的收入来源，例如仍然丰富的渔业和畜牧业，同时重视资源开采（石油、天然气和矿产），新业务与北方航线（东北航道）的开通有关。巴伦支海岸的人口在过去几十年里有所减少，但新的区域经济的前景孕育着新的乐观精神。

特里伯克

位于摩尔曼斯克东北部的特里伯克镇目前约有1400人，而在20世纪五六十年代，该镇约有1.2万名居民。[4]历史上，该镇的经济是以捕鱼和与白海、挪威北部及欧洲其他地区的贸易为基础的。19世纪末，在俄罗斯的鼓励下，巴伦支海岸出现了来自芬兰和挪威的移民。20世纪初，挪威在特里伯克建立了自己的鱼类加工设施和杂货店。在20世纪中叶的全盛时期，特里伯克的商业还包括养貂、捕鲨、奶牛和驯鹿养殖。

20世纪90年代的结构性变化导致特里伯克的经济崩溃。失业率上升，人口数量下降。2007 年，该镇成为舒克海洋天然气田开发的陆地总部，在新港口、基础设施和加工厂的建设过程中需要 1 万临时人口，气田投产后预计将有 600 个永久性工作岗位。[5]在准备建设舒克气田的过程中，建设了道路和其他基础设施，社会基础设施也有所升级（镇上一所幼儿园得到赞助）。然而，2012 年，舒克项目被搁置，令当地人和私人投资者感到沮丧。同年，一家规模不大的鱼类加工厂开业，但现在该镇再次被科拉半岛的经济发展边缘化，基本上只剩了矿产开发和军事监控作用。

除去舒克气田开发办公室举办的一些活动比较引人注目，该镇整体上处于破败状态，俄罗斯政府对当地文化历史遗产或许多急需保护的历史木结构建筑没有显示出积极的兴趣。空旷的建筑物、废弃的码头和木船正在慢慢腐烂。

瓦尔德

瓦尔德是在 1300 年前后作为防御工事建立的，用以支持丹麦-挪威在该地区的领土要求。几个世纪以来，这里一直是一个税收中心，也是波莫尔人的贸易市场。它位于挪威大陆最东端海岸附近两个连成一体的岛屿上，即使在今天，这一位置也使它成为监测军事活动、亚洲和北美之间的跨极弹道导弹轨迹的主要地点，也是巴伦支海航运和近海设施所在地。岛上有一个美国和挪威合作的雷达设施。

与挪威北部大多数城镇不同的是，瓦尔德在第二次世界大战中只有一部分被摧毁，留下了 19 世纪中叶和 20 世纪初的一些建筑。1968年，该镇有 4222 名居民，但目前只有 2128 人。[6]曾经占主导地位的渔业急剧衰落：原来的 14 个渔场只剩下 2 个，二十年前运营有数百艘渔船，冬天捕鱼季节有将近两千艘船聚集在此，而目前只有大约 70 艘。一艘由海达路德（Hurtigruten）公司经营的沿海游轮为该镇旅游业提供有限的收入。

瓦尔德曾尝试从事离岸活动（该镇实际上比特里伯克更靠近俄罗斯的舒克气田）。陆上已经建造了一个新的大型港口，但除了一个帝王蟹加工厂，其他设施基本上空置，等待未来可能出现的石油业务或北海航线服务。目前，瓦尔德从这些新区域的工业中获得的直接收入很少，但其保存下来的木质结构建筑、迷人的魅力、巴伦支海的石油储备以及在北部海道方面的战略地位等，导致一些房地产投机行为。不断减少的人口使一些建筑空置，投资者和业主干脆让它们烂尾并最终拆除，从而在城镇经济复苏和房产价值增加的情况下为新的发展让路。一座座空置的建筑更加深了这座城市作为静止的景观的形象。

当地的做法

然而，也有一些人并不等待外部经济的发展惠及该镇。他们采取了不同的做法，创办各种各样的企业，以便通过各种可持续的方式发展瓦尔德。斯韦恩·哈拉尔德·霍尔曼（Svein Harald Holmen）领导的热心人士小组就是当地采取主动行动的代表，霍尔曼在过去五年里一直致力于保护该镇的建筑遗产。霍尔曼正在创建"重塑瓦尔德"，这是一个旨在鼓励当地业主投资该市的平台。[7]很多二战前的木质建筑也急需翻新。2010 年，霍尔曼发起了一项倡议，以确保瓦尔德及其周边地区大量正在腐烂的木质建筑的安全，在文化遗产管理局和挪威文化遗产基金的资助下，志愿者保护了部分腐朽严重的建筑。[8]这些资金用于修整个别建筑和建筑物的部分窗户、墙壁、地基，对于一项最终需要更多私人投资的工程来说，这些都是重要的贡献。在一定程度上，这刺激了各建筑业主开始投资他们的产业。在一家历史悠久的水产加工厂里，投资者已经被说服要保存和恢复现有建筑，而不是等待未来房产升值。

霍尔曼和当地热心人士的做法包括非常慎重地尝试让当地社区参与决定旧建筑未来的用途，既确保其翻修的投资，又便于明确对该镇的共同所有权和责任意识。确认问题与潜力并将其形象化一直是该小组采用的一个关键方法，他们曾通过街头艺术方式把城镇及建筑绘制到了地图上。

街头艺术

2012 年夏天，瓦尔德镇委托挪威艺术家庞贝尔（Pøbel）创作街头艺术。他又邀请了 12 位欧洲街头艺术家，在夏天短短几周里，在建筑上和其他地方完成了 54 件作品，有的是文字标语，有的是卡通画，有的更具象征性的风格。在获得所有业主的许可后，这些作品成为危房的标志。该项目不仅帮助人们关注濒临破败的建筑群，而且关注人口的急剧下降。该艺术项目成为当地社区发展中面对社会和经济问题的一种艺术工具。它像一张特定地方的城镇地图一样展开，它涉及当地的业主，并影响了公众对城镇状况的看法。后来，一些想保护和修复这些建筑的人实际上买下了其中一些建筑。

观鸟与建筑

在瓦尔德，另一种"特定地方"的做法是建筑实践。"群落生境"

（Biotope）[9]是一个协作组织，组织者在全世界观鸟者中找到了新观众，瓦尔德就观鸟而言位置独特。在地方当局的支持下，组织成员试图将瓦尔德和瓦兰热半岛开发为观鸟目的地，他们进行了可行性研究，绘制了该地区的自然、经济和文化资源图。[10]在瓦尔德及其周围的一些地方，他们设计和建造了观鸟所，与当地企业家、地方品牌和媒体合作，组织观鸟节，吸引了世界各地游客。此外，他们还帮助当地社区了解自己独特的景观环境。这样，在地方和区域发展中，"群落生境"成为通过建筑设计积极参与景观机构协作的一个例子。他们采用精心设计的临时亭子进行建筑景观干预，这些亭子是根据对鸟类行为的深入了解（以及关于鸟类观察者偏好的实用知识）而设置在景观中的。这些亭子不仅强化了特定地点的景观（如经典浪漫花园），而且通过增强的视觉技术，借助远距镜头和双筒望远镜，加强了特定地点与景观有机生物的潜在联系。该项目有助于建立一个全球鸟类观察者群体，尽管项目缺乏明确的政治和经济观点，却间接解决了瓦兰热半岛对新收入和新工作的迫切需要。

哈默菲斯特

"特定地方"的审美实践作为一种提高认识的方法也被用于哈默菲斯特。2013 年 5 月，挪威国家艺术节的策划人汉娜·哈默·斯蒂恩（Hanne Hammer Stien）邀请了几位挪威艺术家，在小镇上自选地点创作并安放他们的艺术作品。作为建筑/艺术实践，城市密度社区项目（FFB）选择了这个北极小镇后面一处大风呼啸的陡峭悬崖——一个二战期间挖掘的山洞。[11]他们用回收材料建造了一部分基础设施——通往洞穴的单轨铁路。在这个洞穴里，FFB 安装了一个放映机，用来展示一堆废弃木材的运输情况——这堆木材是在建设液化天然气工厂的过程中逐渐堆积起来的。运输主要依靠一艘造价 20 万美元的沿海货轮和 30 辆卡车，卡车来回穿梭一天，将 5000 吨废料运到货轮上，然后运到瑞典焚烧。

在山洞的前面，一个狭窄的高坡上，FFB 建了一个小花园。他们建造了一个壁炉，节日期间每晚举办午夜太阳派对，把一个空间变为一个"地方"。他们通过利用这个地方的物质材料，让参观者参与到社交活动中来，从而改变他们对当地的看法并赋予其新的意义。他们与艺术家克里斯汀·塔恩斯（Kristin Tårnes）和玛格丽特·佩特森（Margrethe Pettersen）一起，端上用特罗姆瑟棕榈（Heracleum persicum）[12]烧的俄罗斯风味罗宋汤，通过食物表现了一种特别的艺术。特罗姆瑟棕榈是胡萝卜科的一种入侵物种，会毁灭邻近的植物，在面积上占据主要优势。

整个项目通过在一个以工业浪费为标志的城镇使用低成本再生材料来解决可持续性问题，也解决了采掘业占用土地的问题。通往山洞的薄弱基础设施，以及参观者被邀请游玩的山洞前的高原，俯瞰小镇和梅尔科亚（Melkøya）液化天然气工厂，都可视为对北极和亚北极地区工业侵占的多维评论。企业通常通过修建基础设施占用土地，而这些基础设施不一定会增加人口，只会增加投资者的收入。FFB 的项目象征性地展示了特定地方在压力下是如何破败的。就像里帕德（Lippard）最近在她的一本书中描述的美国西部，"严重依赖旅游业、军事、核能和采掘业"，[13]挪威北部正在成为大力采掘的对象，其景观很大程度上被商品化，人们在迅速出现的新机会面前迷失了方向。令人惊讶的是，FFB 的项目使人们诗意地转向思考日常景观的价值，思考当地资源、近景和远景，还有最重要的社会交往。他们在处理广大亚北极地区方方面面的势力时，根据特定地方采取了特定手段。

地域思考

艺术、建筑中的地域思考与认识和干预景观密切相关。里帕德从20世纪60年代开始一直在撰写关于全球地景艺术的文章，而罗伯特·史密森、迈克尔·海泽、沃尔特·德·玛丽亚等人在美国西部的特殊景观中设置了与众不同、经常相当抽象的艺术作品。由于20世纪60年代的工业繁荣，一个新的西部正在崛起，促使人们对这个地区进行彻底的反思。里帕德在最近一篇文章中指出，重要的是，经典的地景艺术扩展了视觉意识（打破画廊的限制），但当代特定地点的艺术不能采用同样的方法，似乎不再能够扩展意识、吸收和反映区域（文化、经济和气候）变化："不朽的地景艺术从距离感中汲取了太多，它们远离人、远离地方、远离问题，而我自己的兴趣则几乎完全集中在邻近地区，集中在特定的地方，因为它们反映了人与所谓'自然'（包括人）的相互作用。"[14]

就社会化意义而言，经典地景艺术运动促使年轻艺术家去偏远的、社会性不同的地区，地景艺术则与艺术家所在地区保持距离，意味着拒绝社会参与。里帕德主张"土地和艺术的微观视角，与草根联系"，[15]认为艺术家应该对自己所处的景观负责，不仅要与景观密切接触，还要与一个地方的社会和政治背景密切接触，以便培养"人类对特定景观的反应"。[16]

里帕德声称，气候变化、资源减少（这是北极石油开采的关键论据之一）以及为了经济利益牺牲环境的工业管理（例如油砂）迫使艺术家离开了他们的常住地。这些因素应对她所说的"混乱的群体"负责，这些群体不知道如何选择在单一工业区居住。因此，她呼应了弗兰兹·伯克霍特（Frans Berhout）的一个说法，即"人类世的分析着眼于全球和长远……似乎把人们眼下面临的困境远远地抛在了脑后"。[17]伯克霍特认为人类世需要踏实地采取"对人们来说非常重要的空间和社会尺度"。里帕德则认为，人类世的艺术需要扩大范围，包括涉及有人的地方的社会和政治结构。艺术实践必须超越"特定地点"（过去几十年的艺术场景流行语）而成为"特定地方"，并考虑特定地方的社会、经济和环境机构。这可能是威廉·L. 福克斯（William L. Fox）所描述的人类世艺术的第三阶段，即艺术家实际上介入了地球体系。[18]

未来的思考

哈默菲斯特、瓦尔德和特里伯克是地球上最后被开发的土地之一，它们以前所未有的规模和速度受到跨国公司、集团公司的关注。巴伦支海岸的这些城镇的当地情况、地质条件和气候与全球经济利益之间存在着根本性的冲突。它们可以被视为停滞状态下的景观：自然的、可以被感知的景观，反映了未来经济和社会变化的临时结果。它们受到全球化政治的影响，也受当地机构和居民的愿望和做法影响。在这些城镇，地方社区和景观机构的运作方式非常不同。这些城镇代表了三个不同的阶段，说明盛产石油的城市绝非特定地点，而是存在于全球和国家经济以及战略利益的网络中。特里伯克的幼儿园得到升级，公墓旁出现一条新的大路，但是渔船正在海滩上慢慢腐烂，它成为国际石油经济一部分的希望破灭了。2012 年，短短几天时间，这

里的开发停滞，这个地方又回到以前的破旧状态，没有任何维持经济
发展的手段。瓦尔德正在重建，以满足石油开发的需要，同时也希望
靠旅游业继续生存。在两个有人居住的岛屿之间，一座风景如画、保
护得很好的内港正被大陆新建的大型港口取代，未来用途仍不能确
定。哈默菲斯特则处于发展的后期阶段，建造了花费高昂的文化基础
设施，由石油工业的房地产税收提供资金，但是，正如其他城镇一
样，未来的可持续发展还没有解决。

无论是媒体还是地方经济和行政势力，对这些城镇的了解往往基
于统计和数字，从外部力量对未来进行预测。[19]然而，仔细观察的话，
看似同质化的外力实际上会在当地产生差异，但也会在面对未来时产
生普遍的不确定性，导致景观静止，等待着未来的安排。

在巴伦支海岸或北极地区任何地方未来的发展中，真正的当地利
益相关者参与是思考可持续未来发展的先决条件。像特里伯克、瓦尔
德和哈默菲斯特这样的城镇需要对各种代理机构进行本土化解读，以
某种方式揭示或细化对北极地区变化的霸权主义的理解，这种霸权主
义带来了北极的变化，却忽视了当地的条件。

然而，"特定地方"的艺术也确有其自身的问题。例如，在美学
实践中，强调地方思维在某些情况下可能导致人们对人与空间更直接
或"真实"关系的怀旧情绪，这可能会使人们对资本主义地方生产
的双重动力视而不见，[20]即"空间抽象性和地方特殊性的'产出'，地
方特殊性和文化真实性"。[21]资本主义本身追求这种特殊性和真实性，
并愿意为之付出高昂的代价，这正说明我们正在日益失去这些（因
此他们拥有权力）。[22]这种动力在我们所研究的景观中并不突出。

当年旧的西部转变为新的西部时，经典的地景艺术出现了。如今
北方也正迅速转变为一个新的北方，我们也需要开拓思维，思考未

来。为了避免在预测未来的北极时像设计师或研究者们[23]一样预设风险，我们必须与当地社区合作，通过批判性分析，加强新北方开发的地理区域想象。这就是我们所说的"未来北方"的研究方法，它不仅是特定地点的，而且是特定地方的，在空间和时间上都是特定的，我们不仅要对预测的情境做出反应，而且要认识到多种机构的作用，包括当地社区的机构和景观本身的机构。

这种方法力图避免把北极地区视为荒无人烟、人迹罕至的地方的传统思想，这种传统思想仍然主导着采矿和其他资源开采政策。对世界大多数地区来说，北极是一个资源（工业）、数据（科学）和体验（旅游业）的宝库，同时其景观为污染、基建和人类所左右。资源产业、战略决策者、旅游业甚至寻求北极真实视角的研究者，都对北极的现状和未来提出了不同的预测。然而，这些预测都很少建立在与地方对话的基础上，而是基于外部势力、强大的全球化力量和当地社会动态的多方影响。我们希望这一方法能够引发更多关注，关注景观内部的实践，关注社区为北方未来发展成立的独立或相关的机构。

注释

1. Ian McHarg, *Design with Nature* (New York: Doubleday, 1971).
2. Lucy Lippard, "Peripheral Vision," in *Land Arts of the American West*, eds. Chris Taylor and Bill Gilbert (Austin: University of Texas Press, 2009), 338.
3. William L. Fox, "The Art of the Anthropocene," in *Curating the Future*, eds. Jennifer Newell, Libby Robin, and Kirsten Wehner (Honolulu: University of Hawai'i Press, 2016); Libby Robin, Dag Avango, Luke Keogh, Nina Möllers, Bernd Scherer, and Helmuth Trischler, "Three Galleries of the Anthropocene," *The Anthropocene Review* (September 2014); Elizabeth Ellsworth and Jamie Kruse, eds., *Making the Geologic Now: Responses to*

Material Conditions of Contemporary Life（New York：Punctum Books，2013）.

4. Nils Aarsæther, Larissa Riabova, and Jørgen Ole Bærenholdt, "Community Viability," in *Arctic Human Development Report*, eds. Nils Einarsson, Joan Nymand Larsen, Annika Nilsson, and Oran R. Young（Akureyri：Stefansson Arctic Institute，2004）.

5. "The Shtokman Office in Teriberka," Barents Observer, June 9, 2009, http：//barentsobserver. com/en/node/18632.

6. Statistics Norway，2013.

7. 参见 http：//vardorestored. com。

8. 2013 年，该集团成功地从挪威文化遗产基金会获得 100 万挪威克朗的资金，用于若干项目。

9. 参见 http：//www. biotope. no。

10. http：//www. biotope. no/2012/10/birding-destination-varanger-pro-nature. html.

11. 城市密度社区项目（FFB）成员包括乔尔·南戈（Joar Nango）、艾文德·塔勒罗斯（Eyvind Tallerås）和霍瓦尔德·阿恩霍夫（Håvard Arnhoff）。

12. 也称波斯猪草。

13. Lucy Lippard, *Undermining：A Wild Ride through Land Use，Politics，and Art in the Changing West*（New York：The New Press，2013），94.

14. Lippard, "Peripheral Vision," 338.

15. 同上，第 339 页。

16. 同上，第 338 页。

17. Frans Berkhout, "Anthropocene Futures," *The Anthropocene Review* 1, no. 2（2014）：157.

18. Fox, "The Art of the Anthropocene. "

19. Peter Arbo, Audun Iversen, Maalke Knol, Toril Ringholm, and Gunnar Sander, "Arctic Futures：Conceptualizations and Images of a Changing Arctic," *Polar Geography* 36, no. 3（2013）：163-182.

20. Henri Lefebvre, *La production de l'espace*（Paris：Éditions Anthropos，1974）.

21. Miwon Kwon, *One Place After Another: Site-specific Art and Locational Identity*（Cambridge, MA：MIT Press，2004），159.

22. 同上，第 159 页。

23. 作者是未来北方项目的研究人员（www. futurenorth. no）。

参考文献

Aarsaether, Nils, Larissa Riabova, and Jørgen Ole Bærenholdt. "Community

Viability. " In *Arctic Human Development Report*, edited by Nils Einarsson, Joan Nymand Larsen, Annika Nilsson and Oran R. Young. Akureyri: Stefansson Arctic Institute, 2004.

Arbo, Peter, Audun Iversen, Maalke Knol, Toril Ringholm, and Gunnar Sander. "Arctic Futures: Conceptualizations and Images of a Changing Arctic. " *Polar Geography* 36, no. 3 (2013): 163-182.

Berkhout, Frans. "Anthropocene Futures. " *The Anthropocene Review* 1, no. 2 (2014): 154-159.

Ellsworth, Elizabeth, and Jamie Kruse, eds. *Making the Geologic Now: Responses to Material Conditions of Contemporary Life*. New York: Punctum Books, 2013.

Fox, William L. "The Art of the Anthropocene. " In *Curating the Future: Museums, Communities and Climate Change*, edited by Jennifer Newell, Libby Robin, and Kirsten Wehner. Honolulu: University of Hawai'i Press, 2016.

Kwon, Miwon. *One Place After Another: Site-specific Art and Locational Identity*. Cambridge, MA: MIT Press, 2004.

Lefebvre, Henri. *La production de l'espace*. Paris: Éditions Anthropos, 1974.

Lippard, Lucy, "Peripheral Vision. " In *Land Arts of the American West*, edited by Chris Taylor and Bill Gilbert, 337-345. Austin: University of Texas Press, 2009.

——. *Undermining: A Wild Ride through Land Use, Politics, and Art in the Changing West*. New York: The New Press, 2013.

McHarg, Ian. *Design With Nature*. New York: Doubleday, 1971.

Robin, Libby, Dag Avango, Luke Keogh, Nina Möllers, Bernd Scherer, and Helmuth Trischler. "Three Galleries of the Anthropocene. " *The Anthropocene Review* (September 2014). doi: 10. 1177/2053019614550533.

"The Shtokman office in Teriberka. " *Barents Observer*, June 9, 2009, http: //barentsobserver. com/en/node/18632.

9

了解土地，量化自然：
评估西北萨赫图地区的环境影响

卡莉·多克斯

尼皮辛大学

加拿大北部经常被描绘成一片原始荒野和未开发的地区。同样，它也被视作跨国公司为开采资源而争夺的地方，是原住民为保护家园和维持生活而努力的地方。然而，如果只是将加拿大北部简单描述为全球资本主义布局的一个棋子，或原住民坚定维护传统的地方，便误解了当地人使用土地的方式及目的。在本文中，我将探讨中麦肯齐河谷（the Central Mackenzie Valley）的迪恩人如何看待采掘业给他们的土地带来的风险和影响，以及这些风险是如何经常与环境机构的理性评估形式相冲突的。本文通过 2006 年至 2010 年在三个萨赫图（Sahtu）社区进行的九个月的实地考察，以及对麦肯齐天然气项目的环境评估文件的研究[1]，强烈对比了萨赫图迪恩人对土地的理解、体验方式与环境评估机构对大自然的评估方式。

萨赫图迪恩人有着适应环境和经济变化的悠久历史，在许多方面保持着自给自足的经济和采掘经济的平衡，避免矛盾和意外。然而，这种多样的和不断变化的土地使用方式，并没有改变土地作为当地人的物质、情感、身体和精神的来源和寄托的本质。当地的土地使用决策会受到复杂的、不可预测的因素影响，包括经济、跨地区网络、技术、地方因素、预言、行善事的愿望等。这种不同影响因素的混合，即所谓的开发和传统共存、资本主义和生存方式并行的状态，它不仅包括"混合经济"，而且包括不同的认识论取向、人类和非人类的关系以及对自然的体验之间的纠葛。笔者认为，评估机构在对采掘工业的影响和风险进行例行评估和量化时，恰恰忽略了迪恩人对土地的情感和生存的体验。也就是说，目前对工业建设、技术化和管理的评估制度，隐藏了北方资源开发给萨赫图迪恩人带来的社会、文化和政治风险。结果，与密集的采掘业相关的风险的不合理分布被忽视，而且被错误地认为可以通过经济办法加以补救。

正如我所展示的，萨赫图迪恩人土地使用决策并不排除将土地用于开采项目；事实上，迪恩人有时是开采项目的支持者。然而，有关土地使用的决策往往是权力使然，因此，旨在预测和管理采掘业的影响和风险的正规、理性的监管机构，往往不认可地方性的决策及其背后的理由。这似乎表明，萨赫图关于采掘业的性质和范围的冲突可能与生活方式和采掘业的竞争并没有多大关系，主要是质疑决策主体是否有这个权力，以及决策能否反映社区的愿景与体验。

"萨赫图是老大"

今天的萨赫图是 1993 年 9 月中麦肯齐河谷的迪恩和梅蒂斯（Métis）、西北区地方政府和加拿大政府共同签署的《萨赫图迪恩和梅蒂斯综合土地所有协议》的结果。这一协议在法律上确认了

283171 平方公里的萨赫图定居区（SSA），明确了法律上尚未明确的原住民权利。这些权利包括 41437 平方公里的永久土地所有权，打猎、钓鱼的权利，做陷阱的专属权利，联邦政府 15 年的资金扶持，以及当地人参与监督和管理萨赫图迪恩和梅蒂斯的土地使用和环境决策的权利。迪恩和梅蒂斯参与土地使用决策有多种制度形式，包括发起人、政府、社区与地区政府间的正式协商，任命当地人为代表进行共同管理，以及广泛参与社区会议和环境影响听证会。如上所述，这个复杂的机构体系考虑了土地使用决策及其相关影响，对萨赫图社会关系、政治关系和文化渊源都有重要作用，但是没有考虑共同管理和规范使用土地的决策及其实行中的土地商品化问题。[2]

萨赫图迪恩人在中麦肯齐地区生活的时间是最久的；据说自从创世纪以来，他们就住在这里。[3]他们在这片土地上的故事让人联想起人与土地之间世世代代的亲密关系。他们向年轻人讲述这些故事，把知识和技能传承下去。在过去的半个世纪中，在这片土地上，社区常住人口从百人增至 650 人。许多在萨赫图迪恩社区长大的年轻人从未在灌木林中待过一个完整的冬季。但是在有些社区，比如科韦尔湖（Colville Lake）社区的居民，全家老小从 9 月下旬就去捕猎，直到圣诞节才回到村庄。无论萨赫图迪恩人是否还以土地为主业，他们都对土地怀有深深的崇敬之情，并且了解与他们的独特地理位置相关的特别知识。

对于萨赫图迪恩人来说，土地以及基于土地的活动一直在不断变化。许多人认为，在久远的过去发生过一些重大事件，可以用来解释现代宇宙的某些特征。当时世界上居住着大型动物和人类，可以转变成其他生物。由于这些远古的存在，世界才成为现在的样子。[4]这些故事被镌刻在景观中，包含着正确的行为和做事的原则，虽然时光流逝，在这片土地上旅行仍会忆起并体验到这些原则。[5]有个故事讲的是亚莫里亚（Yamoria），他与他的兄弟来到这里，当时这里还是新世界，安置好了一切。有一次，三只巨大的海狸在大熊河（Great Bear River）上建造水坝，亚莫里亚从洪水中拯救了大熊湖（Great Bear Lake）附近的居民。大坝就建在今天被称为圣查尔斯急流（the St. Charles Rapids）的地方，威胁到生活在河流上游的所有人类和非人类的生命。亚莫里亚杀死了建造水坝的海狸，在涂丽特（Tulit'a）西南部的"烟"（燃烧的煤层）上烤肉[6]，并把海狸的毛皮挂在熊岩（Bear Rock）上。亚莫里亚从熊岩向麦肯齐河和大熊河交汇处射了两支箭。直到今天人们还能看到两根柱子，当地人称之为亚莫里亚之箭，在熊岩的顶部还有巨大的海狸皮斑纹。

因此，环境是由强大的、生机勃勃的生物组成的，环境并不臣属于人类，土地和居住在土地上的所有生物决定了人类的命运。在那里，我常有机会与当地人一起旅行、打猎、捕鱼、采集果实或其他来自土地的食物。当我问他们是否要穿过大熊湖去打猎、捕鱼或采集时，最常见的回答是"Sahtu k'aowe"，意思是"萨赫图是老大"。[7]因此，对于萨赫图迪恩人来说，土地决定了人们陆上活动的时间和节奏，而不是人类的意图和规划。对于萨赫图迪恩人来说，这片土地并不是由人类通过科学理性管理的，土地才是领导者，关于土地的知识通过密切的感官体验而代代相传。对于迪恩人来说，维护与土地的恰当关系不能通过"管理"来实现，而是要通过秉持迪恩法则[8]来实现，通过在这片土地上生活，通过前辈的故事，通过感官知识来实现。

2006年初秋，我乘船从涂丽特到德林（Deline）旅行时，强烈地意识到土地的力量。涂丽特是一个有450人的迪恩社区，位于麦肯齐河和大熊河的交汇处，当时那里正举办为期四天的徒手游戏比赛，萨赫图的人们欢聚一处，玩徒手游戏、跳舞、玩宾果、展示才艺，加强了社会联系。比赛结束后，我搭约翰[9]的船回居住的社区，约翰来自德林，尽管年轻，却因为高超的丛林技能而有些名气。我付了大约40美元的汽油费后，约翰同意带着我和几条船一起沿大熊河逆流而上，穿过大熊湖旁边的基思湾（Keith Arm）前往德林社区。我们早上9点左右离开涂丽特，天气晴好，开始了相当平稳的逆流而上的旅程。然而，我们在圣查尔斯急流遇到了一些困难，因为水不够深，其中一艘船无法驶入，快艇无法安全航行。约翰带着我和其他几个乘客向上游走了一小段路，他把我们放在岸边，然后返回并拖着快艇穿过激流。我很快意识到自己准备得太不充分，没有带食物和睡袋，也没有办法保护自己不受熊和狼的伤害。不知道哪些树适合做柴火，也不知道在哪里或怎样可以找到柴火。总之，我和这片土地没有任何关系，因此不知道如何生存。我和一起旅行的迪恩人形成了鲜明的对比。他们很快找到了木头生火，从包里拿出了一个烧水壶和一个烧饭用的架子。很快，有人拿出了驯鹿排骨和一把锋利的刀。他们正如萨赫图人通常所做的一样，慷慨地分享他们的时间和资源，向我展示了他们对这片土地的深刻了解，这使得他们能够在地球上一个最恶劣的环境中过着舒适的生活。我们坐在河岸上，吃着驯鹿肉，喝着茶，等待其他人穿越急流时，一个旅行者说："我们知道土地的重要性，它是相互联系的。来这里探险的人们对这片土地了解不多，因为他们没在这里待过。他们不曾在这里捕鱼、狩猎或围捕。而我们迪恩人大不一样。我们仍然在使用这片土地，所以所知所言都是真实的。"[10]迪恩人与土地的恰当关系不仅限于行动，也与人对土地的感官体验联系在一起，从而最终获取知识。

我们沿着大熊河逆流而上，花费了11个小时才到达源头（到涂丽特只用了 4 个小时）。这时，天又黑又冷，风越来越大，我们还得穿过大熊湖旁边波涛汹涌的基思湾。三艘船，包括我们自己的船，停在与河流相接的湖边。湖的正对面是德林社区。船夫们争论我们是否应该尝试渡过湖。这是有潜在危险的——波浪已经开始上升，我们不能立即判断湖中央浪涛的程度。大多数人开始收拾船，准备在这片亚北极的土地上度过一个寒冷的秋夜，等待风平浪静。最后，大约一个小时后，另一艘船来了，船上有四五个经验丰富的伐木工人。他们在斯拉维（Slavey）讨论了湖上的情况，[11]确定渡湖是安全的。决定渡湖时，一些妇女告诉我应该和她们一起到水边，用烟草、钱或其他有价值的东西来向湖水"付费"。据说，这些祭品是为了请求湖水允许我们安全通过。每艘船上安排了至少两名有经验的船夫后，我们出发了，其他的船跟着，我们用打火机和手电向巨浪中的其他船只发信号，并看着满月引导。一度有一艘船不见了，船上的灯光也看不见了，我们又绕回去。经过艰难的二十分钟，我们安全到达了德林。船到达湖边社区时，受到社区人们的欢迎。他们看到了我们的灯光，正等着欢迎我们。我们在湖上的安全航行靠的是船员们长期的实践经验和多年对湖水的体验（即使在我们看不到的情况下），靠的是向湖水"付费"并保持与大自然的恰当关系。

在萨赫图迪恩人看来，道德的核心以及与其他生物相处的关键是敬重土地。这不仅仅在于简单地保护景观或者不过度捕捞，而是对生命的深刻尊重——对土地、水、天气、昆虫、火、鱼、鸟以及其他所有非人类的尊重。迪恩人说土地是物质、精神、情感和智力的供养者。土地提供了食物和其他生活必需品；土地提供了精神上的满足，因为在这片土地上获得的经验和力量是最深刻的；[12]它维系着人们、祖先、地方和"亡灵"之间的情感联系；只有通过在丛林中的亲身体验，才能获得真正的知识。萨赫图迪恩人说，这些都是土地免费提供的。正如一个迪恩猎人对我说的："我们和动物都不必向土地付钱。鸟类、驼鹿、北美驯鹿和其他所有的动物在陆地上都有生存的地方，它们遵守普遍的法则，而不是违背它。我们可以生活在这片土地上，无须支付费用，只要我们遵守法则。"[13] 敬重土地，维护迪恩的法则，这既是为了保护赖以生存的土地，也是迪恩人之所以为迪恩人的深层承诺。

虽然萨赫图迪恩人仍然与这一片主宰一切并带来收获的亲密土地有根深蒂固的联系，但他们也采用了新的科技和方法，这反映了不断变化的经济和生存方式。例如，2006 年我在进行实地考察时，有三家迪恩的企业打算在大熊河上建造一座水电站，将电力出售给麦肯齐天然气项目运营商。这个拟建的大坝位于圣查尔斯急流，就是世界起源故事里大海狸建坝的地方。提议的大坝没有通过规划，不是因为遇到了当地人的抵制，而是因为麦肯齐天然气项目运营商帝国石油公司对购买水电不感兴趣。值得注意的是，迪恩人是建造大坝的支持者，尽管它坐落在一个具有古老意义的地方，当地居民几乎没有表示反对。有几次，我问当地人对大熊河水坝建设的意见时，他们回应说并不担心，因为只要没有关于大坝的预言，大坝永远不会成为现实。[14]

类似的是，我在实地考察时发现，科韦尔湖（Colville Lake）社区是萨赫图最早接入互联网的社区之一，但社区居民在 2012 年以前一直拒绝水处理技术和污水处理基础设施，因为他们认为这种技术与迪恩人独立、重视土地的价值观不一致；但是他们利用互联网与卡尔加里（Calgary）的石油天然气公司保持联系，这些公司希望在迪恩有租约权的土地上开发天然气。因此，使用新技术和改变土地使用模式并不是随意的，而是反映了迪恩人的土地概念（以及基于土地的活动）是不断变化的。适应不断变化的自然景观被视为生命的内在组成部分，随着时间的推移，人们必须不断适应变化的生态和经济环境。[15]然而，这些变化也反映了萨赫图迪恩人认识土地和评估土地的一致性。例如，20世纪70年代，也就是第一条麦肯齐河谷天然气管道被提议修建的时候，[16]人类学家斯科特·拉什福斯（Scott Rushforth）在德林及其周边地区进行田野调查时指出，只要经济能够得以维持，许多当地人并不反对在萨赫图的土地上采矿。[17]三十年后当我做田野调查时，情况也是如此。正如一位社区领导人所说："老一代人使用土地是一种方式，年轻一代也使用土地，但方式不同。年轻人通常在周末骑雪地摩托出去玩，而不用雪橇犬。使用雪橇犬的时候，（用来喂雪橇犬的）湖鱼很重要，但年轻一代不再这样使用了。年长者和年轻人都对土地有重要的理解，这很宝贵。但对于年轻一代来说，他们需要工作。只要我们能控制开发的进程，就既能提供就业，也能继续使用土地。"[18]

这表明，对萨赫图迪恩人来说，维持以土地为基础的自给自足的经济和发展采掘业并不互相排斥，特别是在采掘经济的强度和范围由迪恩人控制的情况下。即使坚定支持敬重土地、保持与土地的互惠关系并保持迪恩人生活方式的萨赫图老人，也明白在这个变化的世界里，年轻人必须工作，要靠劳动养活自己。因此，正如下一节所指出的，偶尔出现的关于土地利用形式（通常关于集中资源开发还是保护地方经济）的争论并非源自不断变化的土地使用形式，根本问题是如何以不同的方式认识和评估其影响。

预测和创造未来：对风险社会中工业影响的管理

对迪恩人来说，土地是通过感官感知的，它的价值不仅在于它是生存的保障，还在于它赋予的主观的和具体的情感体验。相比之下，预测采掘项目带来的影响的环境管理者，则需要在科学理性的过程中寻求关于土地的知识，这一过程重视计算、效率、可预测性，并试图通过专业技术指标和测量来控制不确定性。历史学家和地理学家巴灵顿（Bavington）指出，管理生态学源于 16、17 世纪的欧洲，当时科学、经济和政治发展促使人们从感受自然转为控制自然，与资本主义生产密切相关的官僚形式越来越多。[19]管理生态的扩张与其他形式的殖民扩张同时发生，形成了对采掘过程的影响和风险进行评估或评价的方式。重要的是，正如巴灵顿指出的那样，管理权的行使不仅限于政治策略，对于那些“对征服、使用和商品化空间感兴趣”的公司来说也很重要。[20]

管理生态学的一个重要组成部分是通过对生态风险的预测和管理来控制或扩大生产条件。[21]在萨赫图，尽管政治上的“传统知识”经常被纳入环境管理和决策委员会的考虑之中，但管理生态学对土地使用决策仍有重大的影响。[22]这些知识通常被转化为定量的数据，目前由一个政府和行业保护管理董事会负责收集，显示了萨赫图迪恩和梅蒂斯的猎人及渔民收获的鱼、鸟和其他动物的数量和种类，并由此评估采掘项目的影响。然而，对生态条件的管理同时也是对社会生活其他领域的管理，对人、思想及其关系的管理。因此，通过管理过程将大自然客观化，环境（和社会）问题就直接被框定为可以通过对自然的理性控制来解决的问题。在这种管理形式下，萨赫图迪恩人与土地的关系被颠覆，因为他们拒绝这种理性的量化。

例如，我们看一下麦肯齐天然气项目的环境影响报告（EIS）在评估天然气管道的影响时是如何物化和量化自然的。首先，环境被分解成可以测量、计算的独立体——被称为“有价值的生态系统组成部分"。表 9-1 表示了与每一个"有价值的野生动物组成部分"相关的天然气管道项目对野生动物居住地可能产生的潜在影响，[23]表 9-2 则说明了与"有价值的野生动物组成部分"有关的风险评估。[24]这种对生态系统组成的理性评估具有可管理的特点，但缺乏灵活性与主动性，只能通过技术测量和模式呈现出来。大自然拥有很多故事和个人经验，充满了随意性和主观性特征，人们可以通过感官体验来了解土地，但是这种大自然的情感体验，在粗暴的数量统计和数值评估中消失殆尽。

表 9-1 天然气管道项目对生态系统因素的影响评估

评估因素	影响阶段	影响	规模	地理影响	持续性	显著性
荒地驯鹿	建造	消极	低	当地	未来	
	使用	消极	低	当地	未来	无
	停用,废弃	消极	低	当地	未来	
草原驯鹿	建造	消极	低	当地	未来	
	使用	消极	低	当地	未来	无
	停用,废弃	消极	低	当地	未来	
驼鹿	建造	消极	中	当地	中长期	
	使用	消极	低	当地	未来	无
	停用,废弃	消极	低	当地	未来	
灰熊	建造	消极	中	当地	长期	
	使用	消极	低	当地	长期	无
	停用,废弃	消极	低	当地	长期	
貂	建造	消极	低	当地	未来	
	使用	消极	低	当地	未来	无
	停用,废弃	消极	低	当地	未来	
猞猁	建造	消极	低	当地	长期	
	使用	消极	低	当地	长期	无
	停用,废弃	消极	低	当地	长期	
河狸	建造	消极	低	当地	长期	
	使用	消极	低	当地	长期	无
	停用,废弃	消极	低	当地	长期	
两栖动物	建造	消极	低	当地	中期	
	使用	消极	低	当地	中期	无
	停用,废弃	消极	低	当地	中期	

续表

评估因素	影响阶段	影响	规模	地理影响	持续性	显著性
鸟类	建造	消极	低	当地	未来	无
	使用	消极	低	当地	未来	
	停用,废弃	消极	低	当地	未来	

资料来源：《麦肯齐天然气项目环境影响报告》，2004，第10节，第214页。

表 9-2　生态系统因素评估

评估因素		调节地位	生态意义	社会经济意义	保护问题
拉丁文	俗名				
Rangifer tarandus groenlandicus	荒地驯鹿	无	有	有	有
Rangifer tarandus caribou	草原驯鹿	有	有	有	有
Alces alces	驼鹿	无	有	有	有
Ursus arctos	灰熊	有	有	有	有
Martens americanus	貂	无	有	有	无
Lynx canadensis	猞猁	无	有	有	无
Castor canadensis	河狸	无	有	有	无
无	两栖动物	有	有	无	无
Chen caerulescens	雪鸭	有	有	有	有
Aythya marila and Aythya affinis	潜鸭	有	有	有	有
Falco peregrinus	隼	有	有	无	有
Tringa flavipes	黄鳍鱼	有	有	无	无
Stema paradisaea	北极燕鸥	无	有	无	无
Poecile hudsonicus	北美山雀	有	有	无	无

注：被选为评估因素的社会经济因素包括影响生存的收获、狩猎及其他休闲方式和设备。

资料来源：《麦肯齐天然气项目环境影响报告》，2004，第10节，第17页。

　　人类学家克林顿·威斯特曼（Clinton Westman）一直对社会思考和评估采掘业对原住民文化的影响和风险的方式持批评态度。威斯特曼认为，由于缺乏与完整的人类学实践一致的严格的实验方法，对于那些技术上不容易理解的问题存在着系统的回避现象，而这种现象会影响"本土文化传统核心的精神、宇宙论或本体论问题"。[25]人类学家不仅致力于将生活中看似不相关的领域与更完整的世界联系起来，而且通常会通过长期的参与和观察，寻求理解主体与环境之间的联系。因此，对文化的理解根植于人们理解世界的意义体系之中，而这些意义体系塑造了人们看待、思考和参与世界的方法。例如，克利福德·格尔茨（Clifford Geertz）将文化描述为"意义的网"，并坚持"理解"文化"并非一门寻求规律的实验科学，而是一门寻求意义的解释性科学"。[26]人类学家埃里克·施维默（Eric Schwimmer）认为，人类学的一个主要研究方向是探索客体理解周围环境的方式，因此，正如约翰·克莱莫（John Clammer）所指出的，"当地人通过本体概念发现自己的方式，可以理解为用于构造世界局部理论的符号和标志系统"。[27]这（重新）关注了当地人的环境和主观体验之间的联系，可以探索当地人是如何理解像现代化和传统方式这种矛盾体的，[28]并分析与跨国公司的谈判如何有助于抵制市场化和商品化的整体趋势。

与强调解释文化意义的人类学方法相反，理性的环境评估采取一些方法记录当地的文化活动并做出评价。为了预测管道项目对萨赫图地区"传统文化"的影响，麦肯齐天然气项目的环境影响报告将文化作为某种行动，以建立可量化和衡量的指标："这些文化指标反映在人们的行为中。文化反映在信仰和价值观塑造的活动中，体现在运用传统知识、技能和戒律的活动中。因此，人们所做的和能够做的即传统文化参与程度。这些基于各种活动的指标用于衡量文化参与度……包括传统的收获活动、消耗的乡村食物以及传统语言使用能力。"[29]

环境影响报告利用这些指标来确定"基本条件"，然后以数字衡量传统文化参与度（参见表9-3和表9-4）。

表 9-3　萨赫图地区从事渔业和捕猎的成年人占比

地点	1993 年(%)	1998 年(%)	2002 年(%)
西北地区	18	42	41
萨赫图定居区	42	48	51
诺曼威尔士（Norman Wells）	8	44	38
萨赫图原住民居住区	37	46	53
好望堡（Fort Good Hope）	33	39	——
德林	41	53	——
涂丽特	32	45	——
科韦尔湖	71	56	——

注：1. ——，无数据。

2. 西北地区不包括伊努维柯、诺曼威尔士、萨普森堡、黄刀镇、西河。这里只统计 15 岁以上的居民，数据来源于加拿大西北地区政府（GNWT）统计局报告（2003）。

资料来源：《麦肯齐天然气项目环境影响报告》，2004，第 4 节，第 16 页。

表 9-4　萨赫图地区土著语言使用者占比

地点	1993 年(%)	1998 年(%)	2002 年(%)
西北地区	56	50	45
SSA 总数	86	68	64
诺曼威尔士	52	36	29
萨赫图原住民居住区	88	73	68
好望堡	81	54	48
德林	98	96	93
涂丽特	82	61	63
科韦尔湖	95	96	76

注：这里只统计 15 岁以上的当地人，数据来源于 GNWT 统计局报告（2003）。

资料来源：《麦肯齐天然气项目环境影响报告》，2004，第 5 节，第 22 页。

　　使用这种方式确定环境所受影响的原因之一是方便预测、计算，而且一旦确定，就可以实施管理。人们一旦通过理性的评估程序确定了与开采项目有关的风险或影响，就往往会通过技术办法来控制风险。例如，为减少对野生动物的影响，环境影响报告提出了缓解策略，包括制定野生动物资源管理条例，实施复垦计划以重建野生动物栖息地，等等。[30]对于开采项目潜在的影响与风险，这些补救措施并没有深层次地反映萨赫图迪恩人与土地和生物的积极的社会关系。正如德林社区的一名成员在一次听证会上对麦肯齐天然气项目联合审查小组所说："你们提到的另一件关于动物研究的事情，就是监测。鱼、鸭子等不同种类的动物，如果有石油泄漏，它们怎么会知道？即使陆地上有石油，它们还是会喝水，因此遭受痛苦甚至死亡。"[31]显然，补救生态危害的技术程序并没有从根本上考虑萨赫图迪恩人的土地观念和他们与土地之间错综复杂的意义关系，也没有尝试恢复这些被切断的联系。[32]

当理性地评估确认开采项目的影响不能通过技术手段补偿时，就从经济角度进行补偿。所以当麦肯齐天然气项目环境影响评估小组确认项目对狩猎和捕鱼业有潜在的风险，并且无法通过技术手段补偿时，便计算每只动物的货币价值："萨赫图定居区的野生动物收获价值是基于适当的权重，用商店买到的牛肉、鸡肉和鱼来代替当地的哺乳动物、鸟、鱼等。"表9-5显示了对渔业和捕猎价值的换算。[33]

表 9-5　对狩猎、做陷阱、捕鱼的价值评估

种类	1999		2001	
	总收获(公斤)	收获价值(美元)	总收获(公斤)	收获价值(美元)
哺乳动物	171165	2375936	134462	1866471
鸟类	8286	146753	6577	116482
鱼类	42613	686086	20977	337733
总数	222064	3208775	152016	2320686

注：哺乳动物、鸟类、鱼类每公斤的补偿数目，见文中所述。数据源自萨赫图可再生资源理事会（1999，2001）。

资料来源：《麦肯齐天然气项目环境影响报告》，2004，第5节，第19页。

　　通过这种评价方式，环境影响评估小组将主观和具体的狩猎和捕鱼经验及其更广泛的主观意义转化为可通过经济补偿取代的量化价值。全部生活领域被技术化和商品化，而这些领域对萨赫图迪恩人来说具有不同的价值和体验，并且把活生生的、相互联系的景观和系统的意义，简单变为市场的交换价值，把萨赫图的捕猎行动等同于去趟杂货店。这种量化行为同时也颠覆了当地的意义体系，这些意义体系在本质上并不仅仅是单一的经济体系，而且描述了人们思考世界的方式和他们在世界中的位置。

构建没有人的自然

　　在《风险社会：走向新的现代性》一书中，乌尔里希·贝克（Ulrich Beck）认为，围绕环境风险评估的争论主要来自自然科学的应用，而自然科学的应用在一定程度上是合法的，因为它们能够识别那些无法感知的风险。[34]然而，用物化和量化人与自然关系的技术来衡量生态或社会风险的问题在于，它们有可能认为对土地的主观体验是理解世界的低级形式。正如贝克所说，"因而存在这样一种危险，即仅以化学、生物和技术术语讨论环境的话，将在不经意间将人类仅仅作为一个有机对象纳入其中……它的风险是可能退化为一种没有人类参与的关于大自然的讨论，不再考虑社会和文化意义"。[35]这样，与工业或开采项目相关的影响仅仅被绘制成地貌上的指标或可量化的标准，而不会对这些影响所破坏的人的体验进行适当的核算。正如贝克所指出的，对风险的理性评估是假设"每个地方的人都受到同等生态或工业影响"，[36]而不考虑人们对土地和以土地为基础的活动是否有不同的环境、社会和文化体验。

在萨赫图，在评估开采业的风险和影响时，关于自然的主观经验被边缘化，同时也使迪恩人生活的组成部分被边缘化。正如一位社区领袖在关于管道项目的听证会上所说："我们心怀感激，所以自称萨赫图迪恩人或熊湖人，我很自豪成为熊湖人的领导者，但我担心文化保护不能在这些听证会或成立的各监管部门得到重视……我想确保我们能在发展和保护北方的生活方式之间取得平衡……我想确保孩子们不会被迫走上打工这种唯一的道路。"[37]

可见，在对立的生活领域之间，在所谓的传统和现代之间，在生存和市场之间，种种纠缠与保护一个静态的过去并没有太大关系，更重要的是考虑萨赫图迪恩人的担忧，他们担心是否有权力确定开采业的范围和风险，能否影响土地使用决策，能否把与土地活动相关的文化意义包括在内。目前评估机构所做的是，试图预测并管理开采项目的风险和影响，以衡量对萨赫图迪恩人来说不可量化的东西——人们对于土地关系的主观感受——并用经济补偿去交换。可以肯定的是，萨赫图迪恩人一直并将继续依赖土地生存，但是萨赫图迪恩人的土地使用决策也受到非经济因素的影响，如预言、实地经验以及做人的道理。如果仅从经济角度描述开采业的风险和影响，那么当地在土地和基于土地的实践中的精神、情感和本体论上的重要性就会被纳入商品市场，无法恰当地解释主观性价值。

在加拿大北部的大部分地区，公众共同参与资源开采和其他环境问题的管理与评估已成为可能受影响的个人和社区的共同期望。加拿大原住民社区尤其如此，他们有权就可能侵犯其权利和影响土地活动的事情发表意见。[38]然而，很少有证据表明这种日益增长的参与意识能够转变为有意义的对话，能够倾听原住民的意见。更重要的是，在加拿大和在国际上出现越来越多的批评，认为这些形式的"参与"

或"协商"产生了新的殖民形态，因而当地的"生存理论"和主体与环境之间的联系被官僚管理机构理解为一些脱节和陌生的东西而受到摒弃。事实上，加拿大原住民最近的不满主要是加大资源开采和放松环境管制造成的，这种不满引发了 20 世纪 70 年代以来加拿大最大的原住民运动之一"不再失业"运动（Idle No More）。[39]

虽然原住民支持者和环境监管者都聚焦实现对环境影响的科学预测上，但相关讨论相对较少涉及流动资本和国际商品市场固有的不确定性，以及这种不确定性给开采工程的可行性和当地社区社会经济带来的风险。[40]颇具讽刺意味的是，就麦肯齐天然气项目而言，最终导致管道建设中断的，是全球商品价格和天然气价格创下历史新低。当然，此前萨赫图社区得到了给予就业机会的承诺，并且已经加速实施，包括开设培训项目、创办小型企业、强化氢碳资源经济等。随着穿越麦肯齐河谷的天然气管道的梦想破灭，这些新工作计划、新培训、新形式的收入计划被搁置或者被完全抛弃。也许这对萨赫图迪恩人来说并不奇怪，毕竟他们已经有了与不断变化的经济打交道的经验。然而，这确实说明一个非常重要的问题，即为什么萨赫图迪恩人并不相信可以通过技术或经济手段管理一种仅依靠氢碳资源的经济。一位萨赫图迪恩长老提醒我，"没有钱，我们可以在土地上生活，但是如果没有土地，我们不能靠钱生活"。[41]

注释

1. 麦肯齐（Mackenzie）天然气项目（MGP）包括一个 1220 公里长的天然气管道和相关基础设施，由帝国石油公司、康菲石油加拿大公司、壳牌加拿大公司、埃克森美孚加拿大公司和当地管道集团提出。MGP 将在麦肯齐三角洲开发 3 个陆上气田，并将天然气和液态天然气从因纽科（Inuvik）附近的加工设施输送到阿尔伯塔省现有管道。2004 年倡议者提交了建设和运营这条价值 162 亿美元管道的监管申请，包括一份环境影响报告。MGP 通过加拿大历史上最大的环境评估及联合审查小组（JRP）和国家能源委员会（NEB）监管听证会（过路费、关税、工程和设计）对环境和社会经济影响的审查。2010 年，监管机构建议批准该管道，经联邦政府批准后，NEB 于 2011 年向倡议者颁发了《公共便利和必要性证书》。

2. 更详细的关于影响萨赫图土地使用决策的讨论，参见 Carly Dokis, "Modern Day Treaties: 'Development', Politics, and the Corporatization of Land in the Sahtu Dene and Métis Comprehensive Land Claim Agreement," *Geography Research Forum* 30 (2010): 32-49。

3. 关于萨赫图迪恩古代的故事，参见 George Blondin, *When the World Was New: Stories of the Sahtu Dene* (Yellowknife: Outcrop, The Northern Publishers, 1990)。

4. Blondin, *When The World Was New*. See also George Blondin, *Yamoria: The Law Maker* (Edmonton: NeWest Publishers, 1997)。

5. Scott Rushforth, "Legitimation of Beliefs in a Hunter-Gatherer Society: More About Bearlake Athapaskan Knowledge and Authority," *American Ethnologist* 21 (1992): 486.

6. 萨赫图迪恩人所说的"烟"是一个巨大的燃烧着的煤层，该煤层位于麦肯齐河的西侧，在涂丽特以南大约 4 公里处。煤层持续燃烧，据当地人说，如果一个人能看到从煤层冒出来的烟，就意味着这个人会长寿。据说，这是亚莫瑞亚把在大熊河上筑水坝的大海狸做成烤肉时烧的篝火。

7. 在 *Raymond Taniton* 和 *Mindy Willet* (Markham, ON: Fifth House/Fizhenry & Whiteside, 2011) 中，萨赫图迪恩人讲述了一个类似的故事。

8. 迪恩法则是优秀的人应该遵守的一套道德准则。迪恩法则主要包括分享、互助和维持与环境的相互尊重和互惠关系。例如，用烟草或钱支付水陆安全通行费、不浪费猎物等。

9. 这里使用了假名以保护个人隐私。

10. 2006 年 9 月 5 日，田野记录。

11. 斯拉维语是西部亚北极地区的迪恩人所说的一种阿萨巴斯卡语。迪恩有各种斯拉维语的方言，包括萨赫图人使用的北斯拉维语。

12. Ellen Basso, "The Enemy of Every Tribe: Bushman Images in Northern Athabaskan Narratives," *American Ethnologist* 5, no. 4 (1978): 690-709.

13. 2006 年 8 月 25 日，田野记录。

14. 在萨赫图有一个强大的预言传统，即拥有强大力量的人有预测能力，能帮助他人预测未来事件。人类学家和其他在北部阿萨巴斯卡工作的人，已经记录了这种预言传统。Jean Guy Goulet, *Ways of Knowing: Experience, Knowledge, and Power Among the Dene Tha* (Lincoln: University of Nebraska Press, 1998); Antonia Mills, "The Meaningful

Universe: Intersecting Forces in Beaver Indian Cosmology and Causality," *Culture* 6, no. 2 (1986): 81–91; Robin Ridington, *Trail to Heaven: Knowledge and Narrative in a Northern Native Community* (Iowa City: University of Iowa Press, 1988).

15. 在过去两百年中，萨赫图迪恩人的土地和生活发生了重大变化。迪恩人和欧洲人最初的接触始于 1789 年的毛皮贸易。人类学家迈克尔·阿什（Michael Asch）认为，直到 19 世纪 90 年代，交通限制了西北地区贸易的货物数量，因此大量的贸易实际上包括迪恩人提供食物以换取西方商品。毛皮贸易无疑对萨赫图迪恩人产生了很大影响；然而，历史学家凯利·阿贝尔（Kerry Abel）认为，尽管迪恩人对可接受的贸易关系的理解与欧洲商人不同，但迪恩人参与毛皮贸易不仅实用而划算，且符合迪恩人的生活方式和道德。迪恩人参与毛皮贸易的详细记录，参见 Kerry Abel, *Drum Songs: Glimpses of Dene History* (Montreal: McGill-Queen's University Press, 1993)，迪恩经济的总体变化，参见 Michael Asch, "The Dene Economy," in *Dene Nation: The Colony Within*, ed. Mel Watkins (Toronto: University of Toronto Press, 1977)。

16. 1974 年，石油公司在波弗特海和阿拉斯加北坡发现天然气，印第安事务与北部发展部成立了一个调查委员会，由大法官伯杰（Thomas Berger）领导，调查铺设天然气管道的可行性。1977 年，经过 3 年的听证，伯杰法官发表了一份报告《北方边境，国土北部》，建议管道应推迟 10 年通过麦肯齐河谷，从而有足够时间进行土地赔偿和建立新的机构。

17. Scott Rushforth, "Country Food," in Watkins, ed., *Dene Nation*.

18. 2006 年 9 月 20 日，田野报告。

19. Dean Bavington, *Managed Annihilation: An Unnatural History of the Newfound-land Cod Collapse* (Vancouver: University of British Columbia Press, 2010).

20. Dean Bavington, "Of Fish and People: Managerial Ecology in Newfoundland and Labrador Cod Fisheries" (PhD diss., Wilfred Laurier University, 2005), 5.

21. Carolyn Merchant, *The Death of Nature: Women, Ecology, and the Scientific Revolution* (New York: Harper & Row, 1980).

22. 更多关于萨赫图地区制度化合作管理资源的复杂性，参见 Carly Dokis, *Where the Rivers Meet: Pipelines, Politics, and Participatory Management in the Sahtu Region Northwest Territories* (Vancouver: University of British Columbia Press, 2015)。了解更多将 TEK 纳入环境管理相关的问题，可参见 Paul Nadasdy, "The Anti-Politics of TEK: The Institutionalization of Co-Management Discourse and Practice," *Anthropologica* 47, No. 2 (2005): 215–232。

23. Mackenzie Gas Project. *Environmental Impact Statement*, Vol. 5, section 10, 10–17.

24. 同上，第 10~214 页。

25. Clinton Westman, "Social Impact Assessment and the Anthropology of the Future in Canada's Tar Sands," *Human Organization* 72, No. 2 (2013): 111.

26. Clifford Geertz, *The Interpretation of Cultures* (New York: Basic Books, 1973), 5.

27. John Clammer, "Decolonizing the Mind: Schwimmer, Habermas and the Anthropology of Post-Colonialism," *Anthropologica* 50, no. 1 (2008): 159.

28. Natacha Gagne, "The Link Between an Anthropologist and His Subject: Eric Schwimmer and (De) colonization Processes," *Anthropologica* 50, no. 1 (2008): 13.

29. MGP，第 4 卷，第 5 节，第 16 页。

30. MGP，第 4 卷，第 5 节，第 22 页。

31. Northern Gas Project Secretariat, *Joint Review Panel for the Mackenzie Gas Project—Public Hearing Transcripts*, vol. 16 (2006): 1636.

32. 克林顿·威斯特曼（Clinton Westman）在 2013 年的一篇文章中考察了阿尔伯塔省焦油砂的社会影响，对那里的开采评估忽视对土地的主观体验做出了类似的观察。他指出，评估影响的知识生成过程将如何处理土地的政治问题转变为技术干预，使科学和理性管理优于其他具体的认识和存在方式。萨赫图也是如此，文章显示，阿尔伯塔省的焦油砂开采评估经常得出这样的结论："尽管在施工期间和运营阶段可能存在一些对土地的影响，但从长远来看，焦油砂开采后这些影响将会有所改善。"他认为，这种评估的功能是产生并合法化某些设想，使资源开采经济看起来似乎不可避免，从而排除了其他形式的土地使用和可行的经济形式。Westman, "Social Impact Assessment and the Anthropology of the Future in Canada's Tar Sands."

33. MGP, Vol. 4，第 5 节，第 19 页。

34. 例如，贝克指出，当今社会的风险构成中，许多危险包括毒素或核威胁等并非通过感官感知，而是通过物理和化学公式加以识别。Ulrich Beck, *The Risk Society: Towards a New Modernity* (London: Sage Publications, 1992).

35. 同上，第 24 页。

36. 同上，第 26 页。

37. Northern Gas Project Secretariat, *Joint Review Panel for the Mackenzie Gas Project—Public Hearing Transcripts*, 1618.

38. 加拿大的法律判例对政府和工业在发展中考虑原住民土地和缔约权提出了更高标准。

39. "不再失业"是联邦综合法案 C45 引发的平民运动，该法案包括撤销一些水道管制、削弱环境保护法等。该运动成员呼吁联邦政府遵守条约，恢复原住民对土地的管辖权。他们特别批评大规模的资源开采，指出大规模的资源开采给当地社区带来的利益很少，反而造成严重的环境退化。

40. 关于例外，参见 Carole Blackburn, "Searching for Guarantees in the Midst of Uncertainty: Negotiating Aboriginal Rights and Title in British Columbia," *American Anthropologist* 107, no. 4 (2005): 586。

41. 作者访谈，2006 年 4 月 10 日。

参考文献

Abel, Kerry. *Drum Songs: Glimpses of Dene History*. Montreal: McGill-Queen's University Press, 1993.

Asch, Michael. "The Dene Economy." In *Dene Nation: The Colony Within*, edited by Mel Watkins, 47-61. Toronto: University of Toronto Press, 1977.

Basso, Ellen. "The Enemy of Every Tribe: Bushman Images in Northern Athapaskan Narratives." *American Ethnologist* 5, no. 4 (1978): 690-709.

Bavington, Dean. *Managed Annihilation: An Unnatural History of the Newfoundland Cod Collapse*. Vancouver: University of British Columbia Press, 2010.

——. "Of Fish and People: Managerial Ecology in Newfoundland and Labrador Cod Fisheries." PhD dissertation, Wilfred Laurier University, 2005.

Beck, Ulrich. *The Risk Society: Towards a New Modernity*. London: Sage Publications, 1992.

Blondin, George. *When the World Was New: Stories of the Sahtu Dene*. Yellowknife: Outcrop, The Northern Publishers, 1990.

——. *Yamoria: The Law Maker*. Edmonton: NeWest Publishers, 1997.

Clammer, John. "Decolonizing the Mind: Schwimmer, Habermasandthe Anthropology of Post-Colonialism." *Anthropologica* 50, no. 1 (2008): 157-168.

Dokis, Carly. *Where the Rivers Meet: Pipelines, Politics, and Participatory Management in the Sahtu Region Northwest Territories*. Vancouver: University of British Columbia Press, 2015.

——. "Modern Day Treaties: 'Development', Politics, and the Corporatization of Land in the Sahtu Dene and Métis comprehensive Land Claim Agreement." *Geography Research Forum* 30 (2010): 32-49.

Gagne, Natacha. "The Link Between an Anthropologist and His Subject: Eric Schwimmer and (De) colonization Processes." *Anthropologica* 50, no. 1 (2008): 13-22.

Goulet, Jean Guy. *Ways of Knowing: Experience, Knowledge, and Power Among the Dene Tha*. Lincoln: University of Nebraska Press, 1998.

Mackenzie Gas Project. *Environmental Impact Statement for the Mackenzie Gas Project*. 8 vols. Submitted by Imperial Oil on behalf of the Mackenzie Gas Project Proponents to the National Energy Board (NEB), 2004.

Merchant, Carolyn. *The Death of Nature: Women, Ecology, and the Scientific Revolution*. New York: Harper & Row, 1980.

Mills, Antonia. "The Meaningful Universe: Intersecting Forces in Beaver Indian Cosmology and Causality." *Culture* 6, No. 2 (1986): 81-91.

Nadasdy, Paul. "The Anti-Politics of TEK: The Instutionalization of Co-Management Discourse and Practice." *Anthropologica* 47, no. 2 (2005): 215–232.

Ridington, Robin. *Trail to Heaven: Knowledge and Narrative in a Northern Native Community*. Iowa City: University of Iowa Press, 1988.

Rushforth, Scott. "Legitimation of Beliefs in a Hunter-Gatherer Society: More About Bearlake Athapaskan Knowledge and Authority." *American Ethnologist* 21 (1992): 486.

——. "Country Food." In *Dene Nation: The Colony Within*, edited by Mel Watkins, 32–46. Toronto: University of Toronto Press, 1977.

Taniton, Raymond, and Mindy Willet. *At the Heart of It: Dene dzó t'árá*. Markham, ON: Fifth House/Fizhenry & Whiteside, 2011.

Westman, Clint. "Social Impact Assessment and the Anthropology of the Future in Canada's Tar Sands." *Human Organization* 72, no. 2 (2013).

10

从北极到南极的人类世作品：
玛丽·雪莱的《弗兰肯斯坦》和
理查德·鲍尔斯的《回声制造者》

肯德拉·特纳

独立学者

进入 21 世纪之际，科学家们一致认为，气候快速变化的不祥影响，比如最近毁灭性的台风和海平面上升，说明大气化学家和地理学家所定义的"气候"对南极和北极经济脆弱的社区和生态系统造成了不同程度的影响。例如，由于海上冰层融化和极地冰川消融影响到海洋哺乳动物的数量和靠海为生的人们的生计，北极地区不同程度地承受着地球气候变暖的后果。这些跨越时间和空间的因果关系表明，我们确实处在大气化学家保罗·克鲁岑（Paul Crutzen）和生物学家尤金·斯托尔默（Eugene Stoermer）所说的人类世——一个全球消费、经济发展、迁移模式使地球上的人类及所有生命更容易面临环境灾难和环境风险的时代。作为回应，人类学家和生态批评家黛布拉·伯德·罗斯（Debra Bird Rose）最近呼吁"人类世写作"的新形式，"这种形式能够撼动我们的文化，让人类更生动地认识世界和我们在其中的地位，以及我们在多物种社会的相互联系"。[1]迅速变化的气候要求我们立即做出反应，并且呼吁作家和学者帮助公众理解为什么人类的行为必须要改变。本文通过讨论 19 世纪玛丽·雪莱的经典小说《弗兰肯斯坦》和当代理查德·鲍尔斯的小说《回声制造者》（*The Echo Maker*）中标志性的北方，回应罗斯关于"人类世写作"的呼吁，为我所谓的"人类世阅读"提供范例，或者重读经典和当代文本，为那些有兴趣改变人类行为的人提供见解，并为 20 世纪末物质世界的生活方式提出建议。

我阅读雪莱的《弗兰肯斯坦》（1818）时，聚焦小说中以北极为背景的部分，考察其中探险、科学和自然在气候、经济、人类和非人类迁徙模式中可能扮演的历史角色。雪莱不会知道今天冰川的迅速融化和海平面的上升，但她意识到歉收、暴乱、饥饿导致欧洲的动荡日益加剧，气候变化引发全球霍乱疫情。1816 年春，雪莱开始撰写《弗兰肯斯坦》的同一年，全球气温下降，降雨模式发生了巨大变化。雪莱在《弗兰肯斯坦》的序言中称之为"寒冷和多雨"的季节，实际上是由于 1815 年桑巴瓦岛（Sumbawa）上的坦博拉火山（Mount Tambora）喷发引起持续三年的气候危机，那里位于当时的荷属东印度群岛，即现在的印度尼西亚。[2]环境历史学家吉伦·达西·伍德（Gillen D'Arcy Wood）指出，"一次大型热带火山喷发的相互矛盾的影响是，虽然地球总体上被从赤道飘到两极的火山灰覆盖而变冷，但由于风循环和北大西洋洋流的变化，北极却急剧变暖"。[3]随着北极冰川融化，英国海军部开始制订一项耗资巨大且长达 50 年的计划，绘制连接欧洲经北美东部海岸到亚洲的较短航线，但最终失败。当然，当时的英国人不可能知道坦博拉火山喷发的气候影响只会持续三年：

"1818 年，约翰·罗斯（John Ross）船长率领的英国首次极地考察队到来的时候，北极再次冻结。19 世纪 40 年代，多年的极地海洋探险最终导致了富兰克林（Franklin）的探险悲剧，当时船上所有人都失去了生命，英国北极探险的英雄时代也结束了。"[4]因此，《弗兰肯斯坦》的开场场景包括船长在冰冻的北方寻找通往太平洋的航线、遇见怪物和怪物的创造者，这一点儿也不奇怪。这部小说为一个两百年前的事件提供了文字记录，说明了具有全球影响的区域环境灾难。

在北极地区的社会和环境问题上，将雪莱的经典作品《弗兰肯斯坦》与美国国家图书奖获奖小说家理查德·鲍尔斯的《回声制造者》比较可以看出，两百年来人类的殖民和经济活动导致的气候效应，与数千年来地球上毁灭性的火山爆发引起的气候效应相似。仔细阅读《回声制造者》可以发现，当代美国作家通过神经科学和北极鸟类迁徙等话题，寻求探讨北极工业资本主义的技术力量以及石油开采和气候变化的破坏性影响。鲍尔斯的小说似乎很诡异，因为他预见到了从加拿大到美国的拱心石（Keystone XL）输油管道引发的争议，这是北美环境运动中的一个重要辩题。鲍尔斯和雪莱将消费模式与以牺牲人类和非人类生命为代价的政府和私人投资联系起来，促使读者重新思考北极的主流价值观、经济优先权和日益增长的对北极的剥削心态。我认为，这两部小说都为我们理解如何使用有限的资源提供了一些见解，既可以促进正义，也可以避免关键资源仅为少数人的利益服务。

《弗兰肯斯坦》中的极地探索与科学事业

沃尔顿船长（Captain Walton）为了探索北极的磁场秘密及全球

商业流通通道的潜力而进行极地探索，说明19世纪人们普遍认为自然是人类发展的无可争议的资源。詹姆斯·库克（James Cook）船长、约翰·巴罗（John Barrow）爵士和康斯坦丁·约翰·菲普斯（Constantine John Phipps）对极地旅行的叙述，催化了雪莱对主宰着非人类自然和文化的资本主义探险的忧虑。例如，沃尔顿船长在写给他的妹妹玛格丽特·萨维尔（Margaret Saville）的第一封信中断言："我在北极附近发现一条通往这些国家的通道，毋庸置疑，它将给全人类世世代代带来不可估量的利益。"⁵沃尔顿船长表示，只有进行这样一次航行，才能发现"磁场的秘密"。⁶在这里，沃尔顿船长表达了他支配自然、为人类利益服务的愿望。他认为，这样的发现将赋予人类权威和权力，能控制地球上哪怕最偏远的资源和通道，将扩大英国的全球权力。因此，《弗兰肯斯坦》表达了男性探险科学家支配和控制自然的愿望。

作为欧洲最受尊敬的两位知识分子玛丽·沃尔斯通克拉夫特（Mary Wloostonecraft）和威廉·戈德温（William Godwin）的女儿，雪莱也非常了解格瓦尼（Galvani）、汉弗莱·戴维（Humphry Davy）和本杰明·富兰克林（Benjamin Franklin）的科学研究。然而，雪莱并不认为所有的科学探索都是危险和自私的。例如，维克托·弗兰肯斯坦（Victor Frankenstein）在观察闪电摧毁一棵老树时，称赞自然和科学的力量："当风暴持续时，我依然保持着好奇心和喜悦，观察着它的进展。我急切地向我父亲询问雷电的本质。"⁷然而，人们也可以看到雪莱对人类试图控制或改变自然的科学实践的批判，例如维克托操纵电力为自己的自私目的创造一种新的生命形式，导致5位无辜的人死亡："生与死在我看来是理想的界限，我应该首先突破它，向我们黑暗的世界注入一股光明的洪流。一个新的物种会保佑我成为它的创造者和源泉；许多快乐和优秀的天性都要归功于我。"[8]这篇文章不仅将自然描述为可以而且应该被人类控制和操纵以满足他们欲望的被动事物，而且还表明了文化价值观、态度和人类行为的变化。随着西方文化在 17 世纪变得越来越机械化，地球原本作为一个鲜活的女性形象被机械化的世界观取代。这种自私自利和父权制的自然观可以看作科学革命的结果，很明显，雪莱在她的小说中，正沿着这些思路为某些事情辩护。

在《弗兰肯斯坦》中，沃尔顿船长为了商业利益而开发自然资源的追求，类似于维克托·弗兰肯斯坦具有破坏性而又自恋的科学探索。沃尔顿在弗兰肯斯坦身上找到了自己的镜像——"我渴望一个朋友；我寻找一个能同情我、爱我的人。看哪，在沙漠一样的海上，我发现了这样一个人"——表明雪莱把这两种形式的探索都看作男性利己主义驱使下的破坏性过程。[9]沃尔顿和弗兰肯斯坦都是科学革命的产物，他们被教导把自然视为独立于自身的事物，作为独立的被动体，可以而且应该被控制和操纵。例如，弗兰肯斯坦在英戈尔施塔特大学（University of Ingolstadt）的老师沃尔德曼（Waldman）向弗兰肯斯坦解释说，哲学家（还不是"科学家"，因为"科学家"一词直到 1833 年才被创造出来）[10]能够升入天堂，是因为他们发现了血液如何循环，以及我们呼吸的空气的性质。他们获得了新的、几乎无限的力量，他们可以指挥天上的雷声、模拟地震，甚至用影子嘲笑看不见的世界。[11]沃尔德曼鼓励弗兰肯斯坦"进入大自然的深处，探索那神秘地带"。[12]这个比喻把自然描绘成一个被动的女性，男人可以进入来满足他们的欲望。它对过去和现在人类的实践提出文化批判，尤其是全球商业及其对生态系统的影响。

沃尔顿船长和维克托·弗兰肯斯坦的例子说明，雪莱正在思考人

类因为没有考虑社会、环境、民族主义和经济力量的消极影响而导致
的畸形行为，因此，小说预言了很多关于人类行为导致人类世的争
论。沃尔顿研究"磁场的秘密"和"北极附近通道"的科学理论，
在"托马斯叔叔的图书馆"中"日夜研究"，[13]类似于弗兰肯斯坦的
科学探索"进入大自然的深处"，以"探索那神秘地带"。[14]因此，在
生态评论家乔尼·亚当森（Joni Adamson）看来，雪莱的小说是"对
科学的批判，认为科学是一种话语，它授权殖民活动不断扩大规模，
今天甚至可以改变行星体系"。[15]因此，不同规模的气候变化、经济变
化、人类和非人类的迁徙都会改变地球的生物、地理、化学过程，而
我所说的"人类世阅读"对此都持批判态度。这些新的读物将吸引
读者对历史文本、事件、当代热点进行讨论，鼓励读者重新认识和质
疑常规叙事方式，正是这些叙事方式强化了目前以有限的资源和危险
的钻探来解决石油等不可再生资源短缺问题的做法，而这些读物将扩
展读者对这种行为后果的认知。

北极北部和人类世的商业利润与政治控制

沃尔顿船长的北极探险活动呼应了当前的一个趋势，即由于大陆
架延伸，北方国家竞相占有北极的自然资源和航运路线。据《国家
地理新闻》记者约翰·罗奇（John Roach）报道，自 1979 年以来，
由于全球气候变化，北极海冰已消退约 40%。[16]消失的海冰可能为开
发丰富的石油、天然气、矿物和鱼类资源开辟道路，而这些资源原来
一直未被染指。此外，俄罗斯、加拿大、丹麦、芬兰、瑞典、挪威、
冰岛和美国等北极国家，还有代表原住民的六个国际组织，以及北极
附近的国家如中国等都认识到该地区潜在的矿产资源。例如，2004

年，在争夺和开发北极圈的竞争中，丹麦宣布一个耗资 2500 万美元的项目，用以证明北极下面的海床是格陵兰海床的自然延伸。2007年，俄罗斯加入了这场竞赛，通过在北极海底插上国旗，象征性地宣称要确保潜在的跨北极航线和该地区自然资源的安全。到 2013 年，加拿大已经在科学研究上花费了 2 亿多美元，以维护其在资源丰富的北极地区的主权，并向联合国大陆架界限委员会提出了正式主权要求。因此，将《弗兰肯斯坦》置于大陆架扩张和北方国家争夺潜在自然资源和跨大西洋航线的背景下，我们可以看到，"人类世写作"作为一种"文化批评"不仅是当代文学的一个趋势，事实上，像雪莱一样的作家早已预见并且在 19 世纪就已开始创作。

此外，北方国家已经开始争夺穿越加拿大群岛的西北航道以及西伯利亚以北的东北航道，这两处地方在冰融后或许能成为两条全季节贸易航线，具有经济潜力。与坦博拉火山仅仅持续三年的气候变暖不同，这些新的跨大西洋航线不会再结冰，因此越来越受欢迎。这些新航线可以"使现在通过苏伊士运河或巴拿马运河的一些货物运输速度加快三分之一以上"。[17] 尽管航运业在很大程度上被外界忽视，但自1970 年以来，海运贸易增长了 4 倍，而且仍在增长。2011 年，美国的商业港口接收了价值 1.73 万亿美元的国际货物，是 1960 年美国所有贸易额的 80 倍。[18] 目前，海运公司运输的货物占所有货物的 90%。使用季节性北部冰川通道的船只数量也在增加。2010 年，只有 4 艘船通过北极航线，沿着俄罗斯北部海岸穿越北冰洋。2011 年，有 34艘船舶使用同一航线。2012 年是北极海冰覆盖率最低的年份，有 46艘工业船舶通过这里。2013 年，有 71 艘船在北极航线上航行。由于气候变化引起的北极冰层流失，到 2050 年，即使没有装备破冰设备的船只也将能够在北极航线上航行。[19] 北极水域日益增长的航运量也意味着更高的风险，可能出现噪声污染、温室气体排放、物种入侵、石油泄漏，船可能撞上鲸或其他海洋生物。重读经典，使抽象的、无形的全球模式和概念变得容易理解，可以揭示人类不考虑生态影响的持续活动对生物圈造成的后果。

目前对传说中的大西洋和太平洋之间的西北航道及其下面自然资源的政治控制，不仅对北方国家，而且对北方社区的经济、环境和管理都有重要的影响。北极海冰的融化使人们在讨论北极地区的未来时，开始聚焦因纽特（Inuit）人，聚焦商业和资本主义利益是否能超越环境和北方人民的需要。遍布加拿大、格陵兰、阿拉斯加和俄罗斯的因纽特社区依靠海洋资源维持他们的生存方式和文化传统。代表16万多因纽特人的因纽特北极圈委员会主席阿卡鲁克·林格（Aqqaluk Lynge）提醒政治领导人，"不能把北极当作实验室。这不是实验室。北冰洋不是最后的边疆。这是我们的家。必须记住人们生活在那里"。[20]维克托·弗兰肯斯坦和沃尔顿船长说明"财富"的创造如何依赖于对环境资源的控制和攫取。强者对北极资源的圈藏代表了物种之间和人类之间的不民主关系。北极地区的发现者、科学家和生物的多维度叙事揭示了当代人的担忧，并启示读者重新思考和理解常规叙述方式，以改变人类行为和我们在世界上的地位。

《回声制造者》中的人类行为与人类世

与雪莱相似，鲍尔斯（Powers）也探索人类和非人类物种的认知过程和行为。《回声制造者》的叙事发生在内布拉斯加州的乡村卡尼（Kearney，Nebraska），27岁的肉类包装工马克·施卢特（Mark Schluter）在夜间驾车穿越沙丘鹤的迁徙地时，卡车神秘地翻车了。

马克昏迷 14 天后醒来，认为他的姐姐卡琳以及他的狗布莱克以及他的房子"家庭之星"都是冒名顶替的。马克被确诊患上卡普格拉斯综合征（Capgras syndrome），一种罕见的神经系统疾病，患者无法识别他们周围的人和物体。马克的情况非常特殊，著名的认知神经学家杰拉尔德·韦伯博士（Dr. Gerald Weber）同意对他进行检查。在亚历克·米乔德（Alec Michod）的采访中，鲍尔斯解释了马克的脑损伤和鹤类的智力如何给了他"一种基于不同神经和生态特征展开故事的途径"。[21]例如，鲍尔斯阐述道，"所以我们在这里，与异常智慧、聪敏的生物分享地球，而我们则不够聪明，不理解它们。然而，我们的大脑仍然有它们大脑的核心部分"。[22]在整部小说中，鲍尔斯利用沙丘鹤与人类的大脑和智慧，提出了人们习以为常的自私行为问题，这些行为使人类和非人类在人类世处于危险之中。

例如，韦伯博士出于商业利益，试图通过人工手段控制马克的大脑，维克托·弗兰肯斯坦自我放纵，尝试"获得无限的力量"，可以理解为一种隐喻，即人类活动今天正在以某种方式战胜非人类和人类的需求。[23]韦伯博士是神经学家和著名的常见神经学案例研究者，在接到卡琳绝望的求救信后，他来到内布拉斯加州，检查她的弟弟马克。多年来，韦伯博士的研究给他带来名声、金钱和虚构的另一个自我——"著名的杰拉尔德"。结果，韦伯博士只是把马克的大脑看作一种独立的被动事物，可以由他来控制和操纵。鲍尔斯让读者看到，马克的大脑不是一个孤立的因素，或者用环境科学家布拉德·阿伦比（Brad Allenby）的话说，"一个设计空间"。在这里我们可以使用认知科学和新兴技术——纳米技术、生物技术、机器人技术、信息和通信技术来设计内部空间，为我们的利益服务。然而，结果是不可预测的。韦伯灰心丧气地断言，"精神药理学：成功与否，难以调整，副作用多，只能掩盖症状，一旦开始就很难摆脱"。[24]最后，韦伯博士没有能"治愈"或"重新设计"马克："卡琳走进弟弟的房间，一直否认认识她的男人已经不见。取而代之的是一个她从未见过的马克，穿着条纹睡衣坐在椅子上。"[25]韦伯试图利用科学技术纠正马克的行为，但失败了，这表明利用科学技术重新设计人类并不能改变人类世的人类行为。鲍尔斯要求他的读者思考自私的行为给他人带来的灾难性后果，以及"普通"人改变自己行为的可能性。

人类世人类与非人类的迁徙

沃尔顿船长、弗兰肯斯坦博士和怪物的艰难的北上旅程与《回声制造者》中的鹤类迁徙路线平行。《回声制造者》的开端和接下来四个部分中每一部分的开头，都是鹤飞越半个地球向北迁移，停留在内布拉斯加州普拉特河（Platte River）湿地上。濒临灭绝的沙丘鹤被原住民称为"回声制造者"，因为它们高亢的叫声"每天从新墨西哥州、得克萨斯州和墨西哥飘扬数百英里，而距离它们记忆中的巢穴还有数千英里"。[26]鹤类的迁徙让人们看到人类从一个地方到另一个地方的迁徙。与迁徙动物不同，人类通常不会留下一个干净完整的地方，而总是改变地方生态系统，以至于那里的物种无法忍受。鲍尔斯在这部小说中清楚地表明，随着人类社区的扩大，沙丘鹤被挤到越来越小的空间，以至于越来越多病，越来越迷失方向。而卡琳在布法罗县（Buffalo County）鹤群援助所的工作也表明，人们可以立足当地，深切关注广泛的全球运动。卡琳几乎对鹤一无所知，但主动去沙丘鹤保护区做志愿者。正如卡琳向开发商、骗子罗伯特·卡什（Robert Karsh）解释她在鹤群援助所的工作时所说："怎么说呢？这是我做过的最有成就感的工作。比我大？比任何人都大。我正在看一些文件……你知道吗？我们一百年来对河的改造比之前的一万年都要多。"[27]沙丘鹤从当地生态和社区的生物圈视角，增强了读者的地方感和公民责任感。

与鸟类迁徙不同的是，19世纪的"昭昭天命"等观念推动人类从东向西迁徙。在整个19世纪，移民的动机，如宅地法的实施、加利福尼亚淘金热、神秘的西部边疆，都持续推进美国向西扩张。小说的背景，内布拉斯加州的卡尼，靠近那些伟大的、具有历史意义的东西通道：俄勒冈小径（Oregon Trail）、摩门教小径（Mormon Trail）、波尼水牛小道（Pawnee Buffalo Trail）、小马快车（Pony Express）、横贯大陆的铁路、林肯公路、80号州际公路。[28]在这里，东西向的人类迁徙走廊横穿古老的南北鸟类迁徙路线。在一条从墨西哥北部到内布拉斯加州的普拉特河流域的鹤类迁徙路线上，沙丘鹤在那里休息和觅食，为穿越加拿大、阿拉斯加和西伯利亚广阔苔原的艰苦旅程做准备。沙丘鹤通过中央高速公路，而人类继续自东向西移动，这不仅加强了商业和文化交流的大通道建设，而且通过机械化农业、水沉积物改良，以及城市化和工业化等前所未有的人类活动，塑造和改造了环境，起到了催化全新世向人类世过渡的作用。

公共空间和资源的权利和使用

鹤类栖息地的缩小是人类过于关注自我的一个表现，它忽视了社会成本和环境影响，从而使个人和群体的生存处于危险之中。每年普拉特河上的鸟群看起来越来越壮观。每年似乎有越来越多的鹤"成群结队地进城，降落在麦当劳的屋顶上"。[29]然而，鹤类数量的增加实际上只是它们湿地栖息地减少的一个表现。在这部小说中，鹤类保护主义者和环境活动家丹尼尔·里格尔（Daniel Riegel）向卡琳解释了鹤类"过去沿着整个大弯道栖息的样子，鹤群栖息地长达 120 英里或更长。如今鹤群栖息地已经降到 60 英里了，而且还在萎缩。同样数量的鸟类挤在只有原来一半的空间"。[30]一个个购物中心、综合住宅（如马克的河畔庄园）和工业农业的发展已经减少了鹤的栖息地。鹤群之所以壮观，"是因为当时下游的河水已经干枯，它们集中在仅存的几个天堂里"。[31]由于当地水资源的开发，沙丘鹤的困境更加复杂。

　　有趣的是，《回声制造者》里的鹤在地方和全球层面展现了人类世的特征。资源开采的例子将小说锚定在有关全球淡水危机和区域获得清洁水供应的现实世界问题上。鲍尔斯表示，我们现在面临的挑战是如何有效地保护、管理和分配我们拥有的水。对于沙丘鹤来说，问题在于能否获得水源和筑巢地。里格尔警告并解释说，如果"河水流速变慢，树木和植被就会填满它。鹤害怕树木。它们需要平坦的、看起来无所隐藏的地方。这是它们唯一安全的中途停留地"。[32]然而，并不是每个社区的人都想把鸟类保护区置于人的舒适和福利之上。水是湿地与灌溉田、盈利和亏损之间的区别。丹尼尔工作的鹤群援助所遭到来自四面八方的攻击。一位当地农民说："你知道那些鸟造成了多大的伤害吗？……美国人花了几百年的时间才把这片沼泽地变成美丽的农场。你们这些人想把它再变成沼泽地。"[33]鲍尔斯审视土地保护和农业之间艰难而微妙的平衡以及在社会和环境中发挥积极作用的重要性。他对土地管理和水资源保护的意义有更细致和复杂的理解，并主张对于自然资源人类和非人类都享有使用的权利。

跨国怪物

通过鹤类迁徙的轨迹，鲍尔斯将读者的注意力从卡尼当地社区拓展到全球整个北方范围内工业生产对自然世界的毁灭性影响。广阔的半球视角突出了我们今天在进入 21 世纪时所面临的一些现代跨国怪物。例如，加拿大运输公司（TransCanada）耗资 70 亿美元的输油管道引发了许多环境问题。拱心石输油管道穿越国界，把沥青砂从加拿大阿尔伯塔省北部输送到墨西哥湾沿岸的炼油厂。激进的环保主义者、作家阿里克·麦克贝（Aric McBay）解释说，在从森林和地表土壤中提取出沥青砂后，"附近河流的水被用来冲洗砂中的沥青。一个单位的石油需要使用几倍的水，产生一种水油副产品，能杀死鱼类、鸟类和该地区的居民"。[34] 麦克贝解释道："即使你恨这片土地，想要摧毁它，你都很难找到一种比这更邪恶的方式。"[35]《回声制造者》中的迁徙鹤揭示了对工业主义与人之间关系的广泛理解，而不仅仅是人类的世界。同样，沃尔顿船长对北极磁性秘密的极地探索，以及他与维克托·弗兰肯斯坦和怪物的接触，也成为当今人类活动对世界上最脆弱的非人类物种和北方原住民的影响方式的隐喻。因此，将区域环境和社会问题，如土地管理、水资源保护、人类和非人类移民模式等置于拱心石输油管道与北极矿物和通道的跨国争端背景下，对消费者消费和增长构成挑战，因此必须改变人类的行为，不是在未来某个不确定的时候，而是现在。

拱心石输油管道也将读者的注意力带回小说中的十字交叉口，即鹤类的南北迁徙路线与人类消费和人口增长的东西经济路线的交叉点。有关输油管道路线的辩论引起了国际社会对内布拉斯加州的关注。计划中的管道将穿过内布拉斯加州，穿过生态敏感的沙丘和巨大的奥加拉拉含水层（Ogallala Aquifer），那里是大平原的重要饮用水来源。在最近的一项独立研究中，环境工程师约翰·斯坦斯伯里（John Stansbury）估计，拟建的拱心石管道穿过普拉特河，重大泄漏"可能威胁到堪萨斯城以南数十万人的饮用水安全"，[36]这样的泄漏会使生活在沙丘的当地居民以及下游的社区和生态系统面临有毒的饮用水、致癌物、受污染的农业和休闲旅游业的危害。鲍尔斯表明，资源开采和人类、非人类的毁灭和迁徙是分不开的。因此，这部小说属于"人类世阅读"，它增强了人们对美国当前致力于用有限的资源和高科技管道解决石油等不可再生资源短缺问题的认识，并扩展了我们对人类行为后果和可持续环境要素的认识。

鲍尔斯的开放式结局让这部小说在一个反乌托邦式的音符上戛然而止，表明我们确实正处于环境危机的临界点："在人们忙于自己的私利之后的数百万年之后，猫头鹰的歌声将在夜晚出现。我们不会错过。"[37]没有明确的答案或解决方案，读者不得不重新审视自己的选择和行为，以更好地了解彼此的社会和环境关系。卡琳在布法罗县救援站的志愿者工作提醒读者，所有年龄、种族、专业的"普通人"（如卡琳和拱心石管道抗议者）都有能力创建并发展跨国联盟，而国际环境组织的努力能够使这一切发生改变。

将这两部小说联系起来，人类世的读者可以构建叙事框架，促使人们做出改变，并建立联盟，应对资源开采和气候变化的破坏性影响。这两部小说都敦促"普通"公民考虑如何在应对地方和全球社会及环境正义的挑战方面发挥作用。雪莱的弗兰肯斯坦博士因为不能解释人类世中环境、政治和文化的消极力量，只能继续从事创造怪物的行为。《回声制造者》中卡琳代表了"普通"的公民，他们接受了全球范围内的环境和社会法律挑战的教育并参与了辩论。整个北方的

"主流"价值观、优先事项和态度导致人们在脆弱的生态系统中进行石油开采或其他毁灭地球的活动。小说呼吁学术界内外的人们重新思考主流观点，改变人类行为，重新认识"人"在世界上的地位。19世纪雪莱的经典小说《弗兰肯斯坦》和当代鲍尔斯的小说《回声制造者》都超越了地域、海洋和学科的界限，是人类世文学的典范。这些作品立足地理上的北方，对北方的担忧具有跨国意义。毫不奇怪，世界环境的未来取决于人类在这些地方上演的戏剧。

注释

1. Debra Bird Rose, "Introduction: Writing in the Anthropocene," *Australian Humanities Review* 49 (2009): 87.

2. Mary Shelley, *Frankenstein, or the Modern Prometheus*, ed. J. Paul. Hunter (New York: W. W. Norton & Company, 1996), 6.

3. Gillen D'Arcy Wood, "The Volcano That Changed the Course of History," *Slate Magazine*, April 9, 2014, accessed June 5, 2014, http://www.slate.com/articles/health_ and_ science/science/2014/04/tambora_ eruption_ caused_ the_ year_ without_ a_ summer_ cholera_ opium_ famine_ and. html.

4. 同上。

5. 雪莱，《弗兰肯斯坦》，第 8 页。

6. 同上。

7. 同上，第 23 页。

8. 同上，第 32 页。

9. 同上，第 147 页。

10. Tim Fulford, Debbie Lee, and Peter J. Kitson, *Literature, Science and Exploration in the Romantic Era: Bodies of Knowledge* (Cambridge: Cambridge University Press, 2004), 170.

11. 雪莱，《弗兰肯斯坦》，第 28 页。

12. 同上，第 29 页。

13. 同上，第 8 页。

14. 同上，第 29 页。

15. Joni Adamson, "Humanities," in *Keywords for Environmental Studies*, eds. Joni Adamson, William Gleason, and David N. Pellow (New York: New York University Press, 2016).

16. John Roach, "As Arctic Ice Melts, Rush Is on for Shipping Lanes, More," National Geographic News, February 25, 2005, accessed January 2, 2014, http://news. nationalgeographic. com/news/2005/02/0225_ 050225_ arctic_ landrush. html.

17. 同上。

18. Rose George, *Ninety Percent of Everything: Inside Shipping*, *the Invisible Industry That Puts Clothes on Your Back*, *Gas in Your Car*, *and Food on Your Plate* (New York: Metropolitan Books, 2013), 3.

19. Laurence C. Smith and Scott R. Stephenson, "New Trans-Arctic Shipping Routes Navigable by Midcentury," *Proceedings of the National Academy of Sciences* 110, no. 13 (2013): 4871-4872.

20. James Brooke, "As North Pole Ice Melts, More Ships Take Arctic Shortcut," *Voice of America*, October 4, 2013, accessed February 23, 2014, http://www. voanews. com/ content/as-north-pole-ice-melts-more-ships-take-arctic-shortcut/1763072. html.

21. Alec Michod, "Interview with Richard Powers," The Believer, February 2007, accessed November 3, 2011, http://www. believermag. com/issues/200702/? read = interview_ powers.

22. 同上。

23. Shelley, Frankenstein, 29.

24. Richard Powers, *The Echo Maker* (New York: Farrar, Straus and Giroux, 2006), 311.

25. 同上，第 443 页。

26. 同上，第 4 页。

27. 同上，第 329 页。

28. Michod, "Interview with Richard Powers".

29. Powers, *The Echo Maker*, 16.

30. 同上，第 57 页。

31. 同上，第 346 页。

32. 同上，第 57 页。

33. 同上，第 264 页。

34. Aric McBay, "Civilization and Other Hazards," in *Deep Green Resistance: Strategy to Save the Planet*, eds. Aric McBay, Lierre Keith, and Derrick Jensen (New York: Seven Stories, 2011), 32.

35. 同上。

36. Sandra Postel, "Keystone XL, Clean Water and Democracy," *National Geographic Magazine* (November 2011), accessed November 2, 2011, http://newswatch. national

geographic. com/2011/11/16/ keystone-xl-clean-water-and-democracy.

37. Powers, *The Echo Maker*, 443.

参考文献

Adamson, Joni. "Humanities." In *Keywords for Environmental Studies*, edited by Joni Adamson, William Gleason, and David N. Pellow. New York: New York University Press, 2016.

Brooke, James. "As North Pole Ice Melts, More Ships Take Arctic Shortcut." *Voice of America*, October 4, 2013, http: //www. voanews. com/content/as-north-pole-ice-melts-more-ships-take-arctic-shortcut/1763072. html.

Fulford, Tim, Debbie Lee, and Peter J. Kitson. *Literature, Science and Exploration in the Romantic Era: Bodies of Knowledge*. Cambridge: Cambridge University Press, 2004.

McBay, Aric. "Civilization and Other Hazards." In *Deep Green Resistance: Strategy to Save the Planet*, edited by Aric McBay, Lierre Keith, and Derrick Jensen. New York: Seven Stories, 2011, 31-59.

Michod, Alec. "Interview with Richard Powers." The Believer, February 2007, http: // www. believermag. com/issues/200702/? read=interview_ powers.

Postel, Sandra. "Keystone XL, Clean Water and Democracy." *National Geographic Magazine*, November 16, 2011, http: //newswatch. nationalgeographic. com/2011/ 11/16/ keystone-xl-clean-water-and-democracy.

Powers, Richard. *The Echo Maker*. New York: Farrar, Straus and Giroux, 2006.

Roach, John. "As Arctic Ice Melts, Rush Is on for Shipping Lanes, More." *National Geographic News*, February 25, 2005, http: //news. nationalgeographic. com/news/2005/ 02/0225_ 050225_ arctic_ landrush. html.

Rose, Debra Bird. "Introduction: Writing in the Anthropocene." *Australian Humanities Review* 49 (2009): 87.

Shelley, Mary. *Frankenstein, or the Modern Prometheus*, edited by J. Paul Hunter. New York: W. W. Norton & Co. , 1996.

Smith, Laurence C. , and Scott R. Stephenson. "New Trans-Arctic Shipping Routes Navigable by Midcentury." *Proceedings of the National Academy of Sciences* 110, no. 13 (2013): 4871-4872.

Wood, Gillen D'Arcy. "The Volcano That Changed the Course of History." *Slate Magazine*, April 9, 2014, http: //www. slate. com/articles/health_ and_ science/science/ 2014/04 /tambora_ eruption_ caused_ the_ year_ without_ a_ summer_ cholera_ opium_ famine_ and. html.

第三部分（下）
北方和民族的概念：
原住民的北方

11

监控与自我：两名萨米影片制作人跨越萨普米"边界"对原住民权利和个人权利的探索

谢丽尔·J. 菲施

纽约城市大学曼哈顿社区学院

引 言

尼尔斯·高普（Nils Gaup）的电影《探路者》（*Pathfinder/ Ofelaš*）基于萨米人的传奇故事改编而成，于 1988 年获得奥斯卡最佳外语片提名，从而使萨米电影登上了世界舞台。从那时起，现代萨米电影可以说将电影技术与北方古老原住民的故事紧密结合在了一起，这一古老的民族并不是严格意义上的白种人。萨米人，历史上被称为拉普人，是北方人口相对较少的一个民族（5 万~7 万人），他们的家园跨越了四个国家——挪威、瑞典、芬兰和俄罗斯［科拉半岛（Kola Peninsula）］。萨米人的身份不同于其他北方居民和原住民群体，但又与他们相互融合。萨米影片制作人在他们的纪录片和电影中采取复杂的策略，即他们结合地方、文化、历史以及政治和环保运动，创作了有关萨米人在北极圈周围生活的故事。[1]尽管他们的作品中融合了充满讽刺、幽默和自我监控意味的个人故事，但其主题是对殖民和民族叙事的反映和抵制。

由于"约克"（yoik）这一萨米歌曲形式表达了萨米人所遭受的外来侵略和不公正对待，所以我认为在这里有必要对这种歌曲形式做一下简要介绍。"约克"包括大多数西方人所不熟悉的音阶和声音，是萨米人记录并在听觉上传达内心感受的一种传统的方式，这种形式还充分利用了跨越时间、人和风景的隐喻意象。因此，对于影像来说，这是恰当的隐喻，因为影像就是在有意或无意中表达时间、地点、主观性和神话的一种媒介。[2]事实上，丽塞洛特·瓦杰斯特德（Liselotte Wajstedt）的《萨米族的女儿约克》（Sami Daughter Yoik/Sami Nieida Joik），是本文所关注的影片之一，这位导演声称她的影片具有"约克"的功能。[3]

我所感兴趣的是，新一代的萨米影片制作人是如何通过影像来塑造和重振萨米人的经历、历史、文化和政治主权的。这些影片包括纪录片和或长或短的虚构电影；而且，为了赢得更多的受众，影片往往会有英文字幕。

其他萨米电影直接或间接地通过尼尔斯·高普的《探路者》，显示了它们的重要性。《探路者》描绘了一个游牧民族如何在北方严酷的环境中依靠萨满的指导和智慧与来自内外的威胁进行斗争的故事。保罗-安德斯·西玛（Paul-Anders Simma）的很多作品，比如《让我们跳舞吧，国务大臣》（Let's Dance, Minister of the State）和《给我们骷髅》（Give Us Our Skeletons），都充满激情和幽默地描述了当代萨米人的经历、文化和传统，这些作品在斯堪的纳维亚半岛和国外都广泛上映。萨米电影在欧洲、北美和其他地方放映，也参加过电影节。在我居住的纽约市，斯堪的纳维亚之家（Scandinavia House）和现代艺术博物馆（Museum of Modern Art）这两个重要的文化机构定期赞助萨米电影并邀请导演来演讲。[4]电影在我们这个日益视觉化的时代是一种强大媒介，它使艺术家能够构成埃琳娜·赫兰德（Elina Helander）和卡琳娜·凯洛（Kaarina Kailo）所称的萨米人的"认识论真理"（epistemological truths），即参与故事叙述、评估先前的活动、纪念某种现象、汲取精神、利用文字以及依赖直觉等。[5]萨米人充分讨论了与资源和原住民权利等跨国争端共存的地区、环境以及社会问题。正如我的结论所述，他们有效使用了杰拉尔德·维泽诺（Gerald Vizenor）所称的结合了维生和抵抗的"生存"概念，而这一概念挑战了统治和被统治的二元观念。

瓦杰斯特德的《萨米族的女儿约克》和卡尔维莫的《对无限的恐惧》

本文主要关注两部纪录片，一部是丽塞洛特·瓦杰斯特德的《萨米族的女儿约克》（2007）（"约克"为传统萨米歌曲形式），另外一部是约翰·卡尔维莫（Johs Kalvemo）的《对无限的恐惧》（*Fear of the Boundless / Frykten for De Grenselose*）（2002）。[6]它们将个人叙事与殖民主义政策、殖民抵抗、萨米文化特征以及萨米电影制作人作为民族的局内人和局外人的反思融合在了一起。这两部纪录片都讲述了深入萨普米北部的旅行。萨普米是萨米人的故乡，分属北极圈内的四个国家。对于我来说，这两部纪录片特别讲述了萨米传统日益显现的丰富性，它融合了神话、历史、新闻调查和个人叙事，创造出引人入胜的艺术效果，极大地吸引了那些对人权、社会正义和原住民生活感兴趣的人。据苏珊·科林（Susan Kollin）在本书文章中的观点，萨米导演可能经常旅行，见多识广，这也影响到他们的作品。

瓦杰斯特德的母亲是萨米人，而她的纪录片就是基于她对萨米族遗产的一年半的探索旅程以及她自己想要找回萨米族身份的渴望。瓦杰斯特德的纪录片也是一份旅行记录，她从当时的居住地斯德哥尔摩向北出发，到达了她童年居住过的瑞典的基律纳（Kiruna），然后到达萨米族的精神家园，即挪威的考特基诺（Kautokeino）。随着地点的不断转换，她在屏幕上或头脑中画下了地图以及汽车在道路上行驶的轨迹。越往北旅行，瓦杰斯特德越能感受到内心深处的魔咒，似乎在提示她被压抑的萨米自我。她所路过的树林和景观营造出一种阈限感，荒野变得越来越神奇，也越来越具有威胁性。正如哈拉尔德·加斯基（Harald Gaski）所指出的，萨米人口头描述的景观在传统上就像地图一样，"其中包含了地形、地理和信息"。[7] 根据人类学家维克托·特纳（Victor Turner）的解释，瓦杰斯特德正在跨越一个阈限，来创造一种"在法律、习俗、传统和仪式所指定和排列的位置中既不在这里也不在那里"[8]的感觉。《萨米族的女儿约克》在不断地讨论这些类别和位置；纪录片的制作人既是参与者又是观察者，她也质疑自己作为故事讲述者的这一角色，营造了一种认识上的不确定性，从而使观众也融入其中。身份永远不可能被视为理所当然的事情，也不容易被假定，它是片面的或矛盾的。她走向北方，以萨米族女人的身份阐释了殖民主义和男权制度相互交织的历史话语——对一个民族的压迫和强迫同化，以及对为女性主体创造空间的恐惧。它们相互影响，但可能不被承认。[9]之前，我创造了一个术语叫"流动的主体性"，即"取决于一个人与特定的人、事件、意识形态、地点、时间和空间关系的流动的、暂时的认识论和主体地位"。我用这一术语来描述 19 世纪女性旅游叙事中的主体定位。[10]这个概念用在这里似乎也很合适。瓦杰斯特德的主体性具有偶然和不稳定性，它取决于地缘政治位置、心态和被抛弃感。在这部纪录片中，主人公的视角与内外部身份、是否位于萨米地区以及一系列表明萨米或瑞典妇女生存方式的信仰有关。

卡尔维莫的纪录片则由于受到旁观者的影响而呈现出流动的主观性，因为萨米人经常被怀疑有越界侵入他人家国的行为。萨米族作为一个不受国界束缚的民族，给其他人带来了"威胁"；这种"威胁"和当时的冷战气氛激起了人们对萨米人自治和生存愿望的迷信和误解。在这一背景下，纪录片《对无限的恐惧》探索了挪威秘密警察在 20 世纪 70~90 年代监视萨米领导人所使用的方式。即使在今天，科拉半岛上的萨米人也面临灭绝的威胁，"尤其是如果语言被视为一个民族最重要的特征之一的话"。[11]根据本书（第 8 篇文章）中加尼科·坎普福德·拉森（Janike Kampevold Larsen）和皮特·汉摩森（Peter Hemmersam）所言，如今的巴伦支海和科拉半岛也起着"矿产开发和军事监控作用"。[12]卡尔维莫的纪录片也是对他自己过往的回顾，因为作为萨米族电台记者和电影制作人，他发现自己一直受到监控。

关于对萨米人的同化政策可以追溯到"19 世纪 60 年代的挪威少数民族同化政策，由于少数民族被视为潜在的危险，所以少数民族同化政策被视为国家安全问题……出于对俄罗斯的恐惧，挪威政府极其不信任来到挪威海岸的瑞典和芬兰驯鹿牧民"。[13]给予教育和社会福利是挪威政府对其进行迅速同化的手段之一，也是应对这种恐惧的一种方法；在瑞典也有类似的情形，"社会达尔文主义"将萨米人归为"低劣人群"。[14]《大地的成长》（1917）是出版于 20 世纪早期的一部通俗小说，其作者是挪威作家克努特·汉姆生（Knut Hamsun），这部小说反映了人们对萨米人的恶劣态度。在此部小说中，挪威农场主伊萨克（Isak）凭借对土地的热爱和理解，以及他的雄心壮志和民族自豪感，获得了令人羡慕的公民身份，而萨米人在小说中被描绘成低劣、迷信的乞丐，他们利用了成功的伊萨克。[15]伊萨克被视为成功者，值得拥有社会资本，而萨米人则被描绘成北方的游牧闯入者，是导致挪威人生活动荡的一种"威胁"。[16]

萨米人认识论：打破语言和视觉沉默

在这两部影片中，萨米人的认识论逐渐纠正了外人对萨米人的不公正看法，外人的看法对不同年代的萨米人也产生了不均衡的影响。据埃琳娜·赫兰德和卡琳娜·凯洛在《无始无终：萨米人的辩护》（*No Beginning, No End: The Sami Speak Up*）一书中所说，"萨米人不习惯于毫无掩饰的交流，他们对任何过于开放和坦率的人都会产生怀疑"。[17]但在这两部影片中，导演/演员打破了视觉和语言层面的沉默，这是萨米人艺术性和个人自我主张的一种表现；通过观看和再现，观众认同并同情萨米主人公的追求。就瓦杰斯特德来说，她渴望归属，害怕失败，一开始就试图在萨普米的一所学校里集中学习萨米语，结果却流着泪离开。她把自己塑造成一个真正萨米人的"失败的复制品"，形象地表现了她内心的挣扎，但又将其内心的挣扎置于家庭和社会历史的背景中。在整部影片中，她反复强调在她成长过程中，母亲没有教她任何萨米语，也没有让她接触到她家族的丰富遗产。这种痛苦表现在两个方面。一方面，母亲告诉她，"我被称为拉普兰人的（Lappish）私生子，所以我不想教我的孩子萨米语"。瓦杰斯特德却深深感受到了这种疏忽所带来的痛苦和空虚。[18]母亲的这种行为造就了一代人的历史，他们被迫在瑞典、挪威、芬兰或俄罗斯的学校接受教育，这些学校在执行同化政策的同时压制萨米文化和语言。另一方面，瓦杰斯特德所代表的年轻一代极其渴望弥合现代与传统、瑞典文化与萨米文化之间的鸿沟，但同时他们也对弥合这些鸿沟感到绝望。他们以多重身份生活在格洛丽亚·安扎尔杜亚（Gloria Anzaldúa）所称的"边界地带"——这是一个人来人往的混居区，生活也很舒服，但他们从不满足，一直努力想成为变革的推动者。[19]瓦杰斯特德拥有的前卫艺术和表演艺术方面的知识背景也有助于她在影片中使用各种后现代技术，比如拼贴画、动画、连环画、平面小说中的对话气泡框、音乐以及表示运动、静止或特殊效果的摄制场景。借助于这些后现代技术，她的角色在各种地点和感知之间切换，有助于在电影中帮助观众理解主人公的极限身份感。

卡尔维莫曾经是一名广播电台记者，他主张为萨米人的利益提供一个公共空间，他也生活在"记者"和"利益相关者"的边界地带，而这一背景在他的影片基调中显而易见。他的影片是以对话的方式呈现的，对话发生时，人被隐晦地当作没有感情和权利的物体。通过打破影片中的沉默，他揭露了一些机构和国家权力机关所筑起的围墙可能导致沉默、恐惧和退缩。

作为自我监控的萨米"加克提"

萨米语是萨米民族身份的基本标志之一。对瓦杰斯特德来说，穿着萨米人的服装"加克提"（gakti）并以此为时尚是这部影片的主题。"加克提"是萨米人的传统服装，只在礼仪场合穿着，这种服装特征是只有一种主导色，并装饰以辫子、刺绣、腰带或银纽扣。这就在"加克提"、艺术家和观众之间建立了一种关系，形成了一种体验感。"加克提"成为一种自我监控：衣服合身吗？穿上它会让她感觉像萨米人吗？因为服装的图案、式样和细节提供了穿着者的地理起源信息，因此传统的萨米人服装与这个群体的起源有着密切的联系。[20]在《萨米族的女儿约克》中，制作和穿上传统服装是一种复杂而又自觉的仪式。当萨米人在非萨米人群中穿着传统服装时，他们立即被标记为原住民，与其他白人或斯堪的纳维亚人截然不同。[21]因此，当主人公记录她的经历时，她区分了真实性的概念。也许是真的。但为了谁？"感觉是"萨米人和"就是"萨米人有什么区别？例如，在芬兰北部的罗瓦涅米（Rovaniemi）机场，作为一种异国情调的象征，"假萨米人"迎宾员穿着萨米人的传统服装"加克提"，欢迎来自南欧和亚洲的游客，这些游客来芬兰看雪，拜访圣诞老人，希望体验北方风情。[22]但是，瓦杰斯特德在她的电影中没有提到这种特殊形式的模仿，罗瓦涅米机场的这个案例和萨米人对它的回应强调了穿着"加克提"是一些萨米人有意识的政治行为，以表明在萨米文化内部及外部萨米人的真实性和自我认同。

对国家安全的"威胁"？

萨米影片制作人的关注点可以理解为对当局监控的回应，也是对当局在指控对手过程中所表现出来的愚笨能力的回应。对卡尔维莫来说，萨米领导人一直被视作挪威国家安全的一种潜在"威胁"，对萨米领导人的监控激发米歇尔·福柯（Michel Foucault）设计了圆形"全方位"系统，这成为监狱里进行24小时监视的工具。它的设计确保了任何囚犯都看不到"监视者"，"监视者"在有利的中心位置进行监视。囚犯永远不知道自己什么时候被监视，这种不确定性被证明是一种至关重要的纪律手段，造就了一种不平等的监视。卡尔维莫的影片为萨米人争取权利，挑战了国家的纪律职能以及他和其他萨米人所说的"种族监视"。

卡尔维莫比瓦杰斯特德年长。他的影片让人们想起冷战时期的偏执和二战后人们对萨米民族的疑虑，即不知何故人们认为萨米民族对任何国家都不够热爱。他在影片的开头展现了萨米人在芬俄战争中保卫芬兰的情景，同时讲述了俄罗斯北极地区的萨米人加入与德国人的战斗，用驯鹿将物资运送到前线的故事。然而，20 世纪 70 年代，当萨米人开始组织抗议在斯堪的纳维亚北部［在挪威阿尔塔（Alta）和其他地方］修建水电工程和其他影响驯鹿牧区的工业项目时，挪威特别分会（Norwegian special branch）认为有一个非常危险的萨米秘密政治组织与北欧萨米委员会（Nordic Sami Council）的领导人有联系。该委员会成立于 1956 年，旨在促进不同国家萨米人之间的合作。卡尔维莫的影片呈现了对许多所谓激进的萨米领导人的采访，这些领导人被监视了几十年。其中一位是挪威萨米学院（Sami College）的教授奥德·马蒂斯·海塔（Odd Mathis Haetta），他自称是和平主义者。在影片中，他说："他们认为我会诉诸武装斗争来破坏现状，建立一个萨米人国家，这让我自己都感到困惑。"[23]相反，他反驳说，他们想根据自己的主张来发展自己的社区。海塔认为挪威社会对萨米民族的无知导致无辜的人民受到了惩罚。阿尔塔的萨米人抗议是非暴力的；然而，当局怀疑斯基博顿大桥（Skibotn Bridge）的爆炸案是由"来自斯堪的纳维亚和苏联的极左萨米人"造成的。由于萨米人跨越很多国家边界且有着广泛的家庭关系，警方问询了许多萨米人家庭。当时的媒体把萨米人描绘成"武装分子"甚至"恐怖分子"。卡尔维莫让萨米"被告"在影片中发声，试图澄清这一事实。基于历史事件和萨米人的主张，他构建了萨米反叙事结构。

尼拉斯·索姆比（Nilaas Somby）参与了所有的阿尔塔抗议活动，他在影片中接受了采访，带我们重返现场，并在影片中讨论了他参加抗议活动的动机和行为。他指着桥上他和他的一个朋友曾经安放炸药的地方说："我必须让大家知晓我的观点。开发是对萨米人权利的侵犯。我们安放的炸药不足以炸毁大桥，事实上爆炸只是个意外。"索姆比在爆炸中失去了一只眼睛和一只胳膊。而且，他被判入狱六个月，被视为"当时世界上最大的恐怖分子"。索姆比接受了赫尔辛基（Helsinki）英文报纸《六度》（Six Degrees）的深度采访，他谈到萨米人之所以进行抗议活动，是因为"当局认为放牧驯鹿没有经济效益，不算合法职业，而萨米人拒绝接受这一观点"。[24]

在 18 世纪，对民族国家边界的侵犯已不多见，取而代之的是伐木、采矿、旅游业和水电开发，所有这些都是殖民地蚕食和新自由主义全球化的例证，影响了萨米人的传统生活方式。萨米妇女不是卡尔维莫电影的重点，然而对她们而言，这些发展"导致了她们在维持生计及管理决策中的地位和存在感的丧失"。[25]阿尔塔水电站抗议活动是卡尔维莫影片的核心，也是萨米人进行抵抗活动的一个常见标志："萨米人作为一个民族、作为挪威少数民族、作为世界上的一个原住民群体，阿尔塔事件……这一重大事件，强调了萨米人境况的所有重要方面。"[26]

卡尔维莫意识到，由于他在 20 世纪 70 年代去过苏联，也由于他在摩尔曼斯克（Murmansk）的新闻工作经历和个人关系，他一直受到挪威特别分会的监视。他略带讽刺意味地说"我害怕克格勃"，因为在当时的冷战氛围下，萨米人可能会在政治上被同化和利用，[27]但他没有想到由于边界的"敏感性"和他在挪威与苏联之间的来回往返，挪威政府也害怕他。他的影片是对这种监视的回应，也是对那些不认同民族观念的人所持的怀疑态度的回应。然而，他没有详细说明萨米议会和抗议行动在多大程度上帮助了萨米人及其与各国的关系。

瓦杰斯特德在她的影片中也谈到了萨米人的政治活动，这些政治活动对萨米人的权利和主权具有重要意义，她也谈到了自己的学习过程。她的影片也包括很多萨米人穿着"加克提"在斯德哥尔摩游行的场景，他们游行的目的是要支持保护原住民权利的国际劳工组织第169条条款；随后影片中也播放了前融合署署长（Minister of Integration）与萨米人举行的新闻发布会，发布会指出对那些没有驯鹿的萨米人，瑞典政府仍然不愿意改变关于他们捕鱼和狩猎权利的规定。这位电影制片人解释了这项政策是如何影响她父亲和兄弟的。作为非萨米人和非驯鹿所有者，他们不能随心所欲地狩猎和捕鱼，但签署条约将支持萨米人的土地权利。影片中她还与另一名萨米族妇女进行了交流，这名妇女极具政治意识，参加了一次复活节活动后感到很有压力。这位年轻妇女解释了国际劳工组织是如何帮助挪威的萨米人的，她问道："为什么瑞典不能也签署条约呢？"瓦杰斯特德总结说："我甚至不知道我应该知道的关于萨米人的所有事情。"[28]这是她更大的怀疑危机的一部分；对于一个在公共政治聚光灯下时不时感到不舒服的女性来说，以及对于那些萨米和瑞典混血儿来说，这也是一个潜在的冲突。

随着故事的发展，瓦杰斯特德又回到了服装的政治话题上——她的姑姑用亲手挑选的布料和饰物为她缝制了"加克提"。她在几次旅行中都穿着它，先是在她表妹的婚礼上，她说"穿上我的新衣服好不自在"，然后是在几次节日活动中，数以百计的年轻萨米人随着带有萨米"约克"风格的摇滚乐队起舞，瓦杰斯特德在那里努力寻找被接受的机会。她穿着萨米族传统风格的鞋子，但她说，她"从来没觉得这些鞋子舒服合脚"。

萨米之谜和"约克"

在影片中，瓦杰斯特德对"祭地"进行了渲染，她对萨米"约克"的阐释和她对"祭地"颇具神圣精神的朝圣都深刻体现了萨米人认识论和身份的精神层面。

瓦杰斯特德称她的影片是一首"约克"，是人们想记住的东西。"你可以通过约克表达一种渴望。"她在画外音中说。她去参加一个音乐节，采访了 DJ 安特（Ante）关于"约克"的含义，安特给出的解释修正了她姑姑提供的负面信息。"信奉基督教的萨米人吟唱约克是一种罪过"，因此她的姑姑把"约克"称为"嚎叫"。[29]休·比奇（Hugh Beach）说："约克深深植根于萨满教的过往，约克很可能不仅仅是一种记忆的方式，而且是一种身体变形方式。有了约克，萨满巫师可以把他的灵魂转化为动物，或者去很远的地方旅行。吟唱约克的人在身体变形的过程中，向约克的主旋律敞开心扉，约克充实了他的内心，以此为念。"这个描述很适合瓦杰斯特德，她寻求各种各样的萨米仪式，让自己沉浸在她所错过的萨米传统中，并且要求自己必须恢复这些传统，比如在北方度过驯鹿打烙印、分群和屠宰期，还参观大型神圣的萨米人石头，这些石头被称为"塞伊塔"（seitas），象征着用动物祭祀的自然神灵。她对拍摄这个"神圣"的地方感到矛盾——她想知道这样做是否为剥削行为。她将自己拍摄时的那种恐怖感觉与美国电影《女巫布莱尔》（*The Blair Witch Project*）进行了比较，讲到即使汽车熄火，车窗似乎仍然会升起或降下。在几近影片的结尾，她爬上一个陡峭的斜坡，去寻找被她称为"实体"的黑暗石头，她看到了峡湾，听到了鼓声和雨声，这是朝圣者在北方必然会遭遇的，也是朝圣途中最后的关口。她在影片中把我们带到了那里，但只到了那里，然后影片戛然而止。我们理解影片中省略和沉默的意义，省略和沉默代表了对最神圣和不可知的东西的渴望。

结论：生存和灵感

对于这两位电影制作人来说，他们的叙述、采访以及这些作品中所蕴含的历史都是维泽诺"生存"理论的例证。劳纳·库卡宁（Rauna Kuokkanen）称生存是一种积极主动的姿态。[30]重要的是，电影制作人提出了从内部和外部来了解和解释萨米人经历的不同方式，声称客观化是一种反思的形式，其目的是创造主体性，在主体性中，他们运用萨满式灵感以故事讲述者的形象出现。向北并跨越边界是向真实性过渡甚至是通向真实性的入口，外人可能无法理解这一点，因此认为这样做很有威胁性。通过电影这种灵感的艺术来表现这样的经历，可以与社区和人们的直觉建立联系。其结果是：为民族自决提供了丰富的可能性，并为那些寻求了解萨米人来自何处、走向何方的人提供了可以研究的对象。这些影片预示着一个属于萨米人的强大的新时代的到来，萨米人现在也向其他原住民群体伸出援手，为我们所有人提供更大的空间和可能。

虽然这两部影片有情节重叠之处，但是在穿越自我的旅程中，这两部影片向我们呈现了萨米历史和主体性的方方面面。瓦杰斯特德和卡尔维莫致力于唤醒公众意识，并引发人们对北斯堪的纳维亚和俄罗斯萨米地区内部和外部政治主权和权利的更多思考。与其他原住民群体一样，他们使用技术来审视过去和当代的生活，并乐于接受技术所带来的新的文化形态，这些文化形态给他们带来了灵感、娱乐、挑战和启迪。我期待着对该领域进行更深入的了解和研究。

致　谢

非常感谢彼得·斯科尔德（Peter Sköld）和克里斯特·斯托尔（Krister Stoor）邀请我参加 2009 年在瑞典于默奥（Umeå）萨米研究中心（Center for Sami Research）举行的河流穿越会议（the Rivers to Cross Conference），也非常感谢把这篇论文的早期版本收入到论文集《穿越河流：萨米土地的使用与人文维度》[*Rivers to Cross: Sami Land Use and the Human Dimension*（Umeå University，2012）] 中。此外，还要感谢纽约城市大学曼哈顿社区学院学术事务部（Department of Academic Affairs）提供的教师发展基金，使我得以在挪威开展更多的研究。

注释

1. 我分析萨米电影时，虽受制于关于萨米语和斯堪的纳维亚语知识的匮乏和局外人的身份，但我本身具有对电影和文学关于种族、性别、社会阶层和环境正义主题的研究背景和写作背景。我曾在斯堪的纳维亚生活、工作，曾与萨米朋友一起参加会议、度过节日，曾访问他们的家和他们祖祖辈辈生活的地区；我还参观了斯堪的纳维亚半岛的萨米研究中心和其他图书馆的档案室。我的关注点一直是萨米人导演的带有英文字幕的电影。自从开展这项研究以来，萨米电影蓬勃发展，包括挪威国际萨米电影中心在内的一些萨米电影中心支持并促进了我的研究工作，近年来还出现了萨米电影节（萨米语为"Dellie maa"），这个电影节的特色即以瑞典北部原住民的电影为主，这个电影节也对本研究提供了支持。

2. Kathryn Burke, "The Sami Yoik," Sami Culture website, http：//www. utexas. edu/courses/sami/diehtu/giella/music/yoiksunna. htm; Harald Gaski, "Introduction：Sami Culture in A New Era" and "Voice in the Margin：A Suitable Place for a Minority Literature," in *Sami Culture in a New Era: The Norwegian Sami Experience*，9-28，199-221（Karsjok, Norway：Davvi Girji OS, 1997）.

3. Liselotte Wajstedt, *Sami Nieida Jojk*（*Sami Daughter Yoik*）（Littlebig Productions in co-production with Filmpool Nord, Sirel Peensa, with support from Swedish Film Institute, 2007）.

4. 在我修改这篇文章时，纽约市的斯堪的纳维亚之家推出了一个电影系列，名为"萨米人生活的一面：来自遥远北方的电影"（2014 年 6 月 4 日至 18 日），其中有来自特罗姆瑟（Tromso）国际电影节的包括《萨米族的女儿约克》在内的部分电影、一个持续到 2014 年 8 月的艺术展览和讲座。2008 年，斯堪的纳维亚之家和美国印第安人国家博物馆联合推出了萨米语电影节目。丽塞洛特·瓦杰斯特德最近在多伦多的"想象/本土电影+媒体"艺术节以及其他地方播放了她的电影。

5. Elina Helander and Kaarina Kailo, *No Beginning, No End: The Sami Speak Up*, *The Canadian Circumpolar Institute Research Series* No. 5（published in cooperation with the Nordic Sami Institute, Finland, 1998）.

6. Johs Kalvemo, *Frykten for De Grenselose*（*Fear of the Boundless*）（Norwegian Broadcasting Co. / Sami Radio, 2002）.

7. Gaski, *Sami Culture in a New Era*.

8. Victor Turner, "Liminality and Communitas," in *The Ritual Process: Structure and Anti-Structure*（Berlin: Walter de Gruyter, Inc. , 1969）, 95.

9. Rauna Kuokkanen, "Myths and Realities of Sami Women: A Post-Colonial Feminist Analysis for the Decolonization and Transformation of Sami Society," in *Making Space for Indigenous Feminism*, ed. Joyce Green（London: Zed Books, Fernwood Publishing, 2007）.

10. Cheryl J. Fish, *Black and White Women's Travel Narratives: Antebellum Explorations*（Gainesville: University Press of Florida, 2004）.

11. Lukas Allemann, *The Sami of the Kola Peninsula: About the Life of an Ethnic Minority in the Soviet Union*（University of Tromso Centre for Sami Studies, Skriftserie number 19, 2013）.

12. 加尼科·坎普福德·拉森，皮特·汉摩森，本书第 8 篇文章。

13. Coppelie Cocq, Revoicing Sami Narratives: North Sami Storytelling at the Turn of the 20th Century（PhD diss. in Sami Studies, Umea University, 2008）, 31-32.

14. 同上。

15. Knut Hamsun, *Markens Grode*（*Growth of the Soil*）, trans. by Sverre Lyngstad（New York: Penguin Books, 2007）.

16. 在美国全国广播公司（NBC）的电视情景喜剧《欢迎来到瑞典》（*Welcome to Sweden*, 2014）中，一个瑞典人说，萨米人在他的国家处境尴尬，是"我们的小印第安人"。

17. Helander and Kailo, *No Beginning, No End*, 10.

18. Wajstedt, *Sami Daughter Yoik*.

19. Gloria Anzaldúa, *Borderlands/La Frontera: The New Mestiza*（San Francisco: Spinsters/

Aunt Lute，1987）.

20. Cocq, *Revoicing Sami Narratives*, 189.

21. Gaski, "Voice in the Margin," 202-203.

22. 2008 年，来自四个国家的萨米族青年在芬兰的罗瓦涅米举行了一场大规模的和平抗议活动，反对芬兰旅游业在罗瓦涅米机场使用 "假萨米服装和假萨米人" 迎接外国游客。他们还反对芬兰选手在环球小姐大赛上穿萨米服装，他们谴责这对萨米文化十分不尊重。Galdu Resource Center for the Rights of Indigenous Peoples.

23. Kalvemo, *Fear of the Boundless*.

24. Juhana Lumme, "Niillas Somby：A Wounded Healer" *Six Degrees* 3（2007）：9.

25. Rauna Kuokkanen, "Indigenous Women in Traditional Economies：The Case of Sami Reindeer Herding," *Signs: Journal of Women in Culture and Society* 34, no. 3（Spring 2009）：499-504.

26. Harald Eidheim, "Ethno-Political Development among the Sami after World War Ⅱ," in Gaski, *Sami Culture in a New Era*.

27. Gaski, "Introduction" and "Voice in the Margin".

28. Wajstedt, *Sami Daughter Yoik*.

29. Hugh Beach, "Cultural Expression," in *Polar Peoples: Self-Determination and Development*, ed. the Minority Rights Group（London：Minority Rights Publications，1994），165.

30. Gerald Vizenor, quoted in Rauna Kuokkanen, "Survivance in Sami and First Nations Boarding School Narratives," *American Indian Quarterly* 27, no. 3-4（Summer/Fall 2003）：699.

参考文献

Anzaldúa, Gloria. *Borderlands/La Frontera: The New Mestiza*. San Francisco：Spinsters/ Aunt Lute，1987.

Allemann, Lukas. *The Sami of the Kola Peninsula: About the Life of an Ethnic Minority in the Soviet Union*. University of Tromso Centre for Sami Studies, Skriftserie number 19, 2013.

Beach, Hugh. "Cultural Expression." In *Polar Peoples: Self Determination and Development*, edited by the Minority Rights Group. London：Minority Rights Publications, 1994.

Burke, Kathryn. "The Sami Yoik." http：//www. utexas. edu/courses/sami/diehtu/ giella/music/yoiksunna. htm.

Cocq, Coppelie. Revoicing Sami Narratives：North Sami Storytelling at the Turn of the 20th Century. Doctoral dissertation in Sami Studies, Umea University, 2008.

Eidheim, Harald. "Ethno-Political Development among the Sami after World War Ⅱ." In *Sami Culture in a New Era: The Norwegian Sami Experience*, edited by Harald Gaski. Karsjok, Norway: Davvi Girji OS, 1997.

Fish, Cheryl J. *Black and White Women's Travel Narratives: Antebellum Explorations*. Gainesville: University Press of Florida, 2004.

Gaski, Harald. "From Tundra to Desk." In *In the Shadow of the Midnight Sun: Contemporary Sami Prose and Poetry*. Seattle: University of Washington Press, 1998.

——. "Introduction: Sami Culture in A New Era" and "Voice in the Margin: A Suitable Place for a Minority Literature." In *Sami Culture in a New Era: The Norwegian Sami Experience*. Karsjok, Norway: Davvi Girji OS, 1997.

Hamsun, Knut. *Markenes Grode (Growth of the Soil)*. Translated by Sverre Lyngstad. New York: Penguin Books, 2007.

Helander, Elina, and Kaarina Kailo. *No Beginning, No End: The Sami Speak Up*. The Canadian Circumpolar Institute Research Series No. 5. Published in cooperation with the Nordic Sami Institute, Finland, 1998.

Kalvemo, Johs. *Frykten for De Grenselose (Fear of the Boundless)*. Norwegian Broadcasting Co. /Sami Radio, 2002.

Kuokkanen, Rauna. "Survivance in Sami and First Nations Boarding School Narratives." *American Indian Quarterly* 27, no. 3-4 (Summer/Fall 2003).

——. "Myths and Realities of Sami Women: A Post-Colonial Feminist Analysis for the Decolonization and Transformation of Sami Society." In *Making Space for Indigenous Feminism*, edited by Joyce Green. London: Zed Books, Fernwood Publishing, 2007.

——. "Indigenous Women in Traditional Economies: The Case of Sami Reindeer Herding." *Signs: Journal of Women in Culture and Society* 34, no. 3 (Spring 2009): 499-504.

Lumme, Juhana. "Niillas Somby: A Wounded Healer." *Six Degrees* 3 (2007): 9.

Turner, Victor. "Liminality and Communitas." In *The Ritual Process: Structure and AntiStructure*. Berlin: Walter de Gruyter, Inc., 1969.

Wajstedt, Liselotte. *Sami Nieida Jojk (Sami Daughter Yoik)*. Littlebig Productions in co-production with Filmpool Nord, Sircl Peeusa, with support from Swedish Film Institute, 2007.

12

揭示北极：好莱坞电影中自然、种族和地域的呈现

苏珊·科林

蒙大拿州立大学

在纳撒尼尔·韦斯特（Nathanael West）1939 年出版的小说《蝗虫之日》（*The Day of the Locust*）中，所有在大萧条时代来到好莱坞的标新立异的人中，最出人意料的可能就是金戈（Gingo）一家，他们是来自阿拉斯加州巴罗角（Point Barrow）的爱斯基摩三重唱表演组合，来加利福尼亚州为一部有关极地探险的电影重拍镜头。这部影片上映后的很长一段时间，这一家人仍然拒绝返回阿拉斯加，因为他们"喜欢好莱坞"。[1]金戈一家设法在加利福尼亚谋生，甚至在犹太人熟食店找到了必要的北极饮食的替代品，在那里可以买到诸如熏鲑鱼、白鱼和腌鲱鱼之类的东西。来自遥远北方的新移民在这里经历了文化置换，但是加利福尼亚长期以来建立的流浪犹太人社区减轻了北极新移民的这种文化置换感，犹太人社区的商店货物充足，使金戈一家能够在他们北方家园之外开始一种新的生活。

在小说中，这家人非常引人注目地出现在了一个小丑的葬礼上。

当他们进入教堂时，他们一边向悲伤的人群鞠躬挥手，一边走向他们的座位，就像电影明星在首映之夜一样。我们了解到，金戈一家是那些真正渴望看到死者遗体的悼唁者。韦斯特写道："只有金戈一家马上站了起来，向棺材走去……他们俯身在棺材上，用厚重的爆破喉音告知对方一些事情。当他们想再看一眼时，约翰逊夫人把他们紧紧地拥到了座位上。"[2]就像源源不断的"到加利福尼亚去死"的那些梦想家一样，金戈一家被电影业的假象、机巧和声誉诱惑。[3]和电影中天真而毫无才华的少女法耶·格林纳（Faye Greener）、一蹶不振的编剧托德·哈克特（Tod Hackett）和在"塔特尔贸易站"（Tuttle's Trading Post）兜售"古老西方真正遗迹"的美洲原住民推销员一样，这个貌似已经错位的因纽特家庭代表了好莱坞梦想机器的腐朽和肤浅。[4]作者把因纽特人在好莱坞发展描绘成一种荒谬的错位，并运用关于种族、流动性和地理的主流现代主义思想来阐释更大的文化哀悼，以及对雷伊·周（Rey Chow）所说的"现代性的不可逆转性"的焦虑。"现代性的不可逆转性"是20世纪大都市对社会的快速变革的深切悲痛以及对真实性和自然性丧失的感知。[5]

　　在纳撒尼尔·韦斯特讲述的好莱坞爱斯基摩人的故事发表前几年，一位阿拉斯加原住民演员以神秘的不同寻常的电影新星的身份登上了好莱坞商报的头条。因纽皮亚克演员雷·马拉（Ray Mala）可能是韦斯特小说中金戈一家的原型，他是爱斯基摩人来到好莱坞定居的一个例子。20世纪30年代到50年代，马拉的影视作品达到了20多部。他在《冰屋》（Igloo）（1932）、《爱斯基摩人》（Eskimo）（1934）和《最后的异教徒》（The Last of the Pagans）（1935）中饰演主角，在与芭芭拉·斯坦威克（Barbara Stanwyck）和乔尔·麦克雷（Joel McCrea）合作的《和平联盟》（Union Pacific）（1939）中饰演了一个小角色，而《蝗虫之日》在《和平联盟》上映的同一年出版。作为好莱坞小说作家的韦斯特不可能错过围绕马拉进行的媒体炒作，尤其是马拉拍的第二部电影长片《爱斯基摩人》上映后。《爱斯基摩人》于1934年在纽约阿斯特剧院首映并获得巨大的关注，被誉为"史上最宏大的电影"。在好莱坞报刊中，马拉被称为"阿拉斯加的克拉克·盖博（Clark Gable）"，他成为一个名人。后来，他的名字成为阿拉斯加因纽皮亚克家庭最喜欢使用的一个名字。[6]我认为，在美国现代文化中，阿拉斯加及其原住民的主要思想往往依赖对自然、种族和地方的狭隘理解。然而，马拉在好莱坞的事业以意想不到的方式发展，打破了原有的文化范畴；同时，他辗转各地旅行，他的跨文化经历为考察失去天然本色的阿拉斯加景观提供了新的手段，同时也为文化评论家考察变化的美国原住民身份提供了新的可能。

韦斯特在《蝗虫之日》中对流浪的、受到各种文化影响的金戈一家的处理，以及现实生活中人们对马拉的迷恋，都说明了人们往往用各种狭隘的种族化方式来理解现代社会的错位和流动性。评论家苏珊·柯西（Susan Koshy）在研究"少数民族世界主义"时指出，一种"未经检验的逻辑"往往铸就了对文化和流动性的理解，即民族研究领域忽视了世界主义和民族散居研究，而是支持以地方和民族归属为中心的论点。[7]她使用"少数民族世界主义"一词来阐释"散居的少数民族"的体验，这种体验源于"跨文化交流中的矛盾关系"，包括"跨文化接触中的非对称关系"和"转变的可能性"。[8]菲利普·德洛里亚（Philip Deloria）在他的《意外之地的印第安人》（*Indians in Unexpected Places*）一书中，以类似的方式审视了人们对原住民、族群、流动性和身份等长期持有的观点，特别审视了人们对美洲原住民的成见。不知何故，在主流话语中美洲原住民被限制在一个固定的地方，很自然地被模式化。19世纪末20世纪初是原住民几乎"从历史中消失"的时代，他们被永久性地归类为囿于固定时间和地点的"原始"民族。通过关注这个时代，德洛里亚研究了美洲原住民如何应对对于非印第安人来说都具有挑战性的现代化力量，以及他们处于快速文化变革中心的生活状态。[9]

在这一历史时期，原住民被视为居于"异域"的民族，很多故事讲述了爱斯基摩人在欧美大都会的悲惨命运，从这些故事中可以发现人们对他们的强烈兴趣。例如，莎丽·赫恩多夫（Shari Huhndorf）指出，1897年六个被囚禁的爱斯基摩人在纽约被公开展览，这引起了轰动。1894年，在芝加哥举行的哥伦布万国博览会上，"活人展品"出人意料地大受欢迎，人类学家弗朗茨·博阿斯（Franz Boas）和美国自然历史博物馆的其他官员要求著名探险家罗伯特·皮尔里（Robert Peary）在他前往遥远北方的新航程中，为科学研究捕捉活人"标本"。在皮尔里抵达纽约的第二天，两万名游客来到他的船上，其目的就是要看一眼船上的俘虏"标本"。尽管天气炎热，被展览的那些俘虏"标本"却穿着北极毛皮，这恰巧与对北方人的普遍预想相一致。后来，这些被俘虏的爱斯基摩人被"安置"在美国自然历史博物馆的地下室里，一群群好奇的纽约人透过爱斯基摩人住所上方的天花板格栅窥探他们。在整个西方帝国扩张征服的历史上，原住民就这样一次次被展览。来到纽约的爱斯基摩人开始生病，几个月内就有四个人死于肺炎。正如赫恩多夫所指出的，"即使已经死亡，他们也忍受着西方窥探的目光。人类学家阿尔弗雷德·克罗伯（Alfred Kroeber）煞费苦心地记录了幸存者的悲伤和他们给亡者举行的葬礼，他们的同伴和家庭成员一个接一个地逝去"。[10]这种迁移和人口流动的悲惨故事往往以死亡告终，并促成了关于自然、种族和居住地等因素各有其位的大众流行观点。

纵观接触与冲突的历史，爱斯基摩人常常被当作屏幕来使用，欧美人在这块屏幕上投射出他们对改变自然和文化的渴望与焦虑。正如菲努普-里奥丹（Fienup-Riordan）所指出的，"这个世界上很少有人像爱斯基摩人那样被描写得如此神乎其神，或经常被描绘成异国情调的样子"。[11]她指出，大部分对爱斯基摩人的描写是关于他们的起源，特别是对现代西方文化所假定的已失落的起源的描述。人们通常认为爱斯基摩人体现了社会的开端，他们常常被描绘成"和平、快乐、具有孩子气、高贵、独立和自由的人"。[12]特别是在电影中，爱斯基摩人被描绘成自然的"纯粹的人"，摆脱了社会的束缚和所谓高雅文化的限制。[13]这样，在现代这一非自然的时代，作为我们所说的"纯粹的原始人"中最纯粹的人，他们在感情上超越了卑微的妥协，在生活中发挥着作用。[14]借鉴了这种思想史，韦斯特把《蝗虫之日》中的爱斯基摩家庭描绘成荒诞的流离失所者的形象，以此来批判现代文化中空虚的诱惑、不切实际的幻想和道德沦丧，所有这些尤其体现在好莱坞电影业的腐败、肤浅和虚伪性上。通过将金戈一家置于这一背景下，韦斯特指出了他所认为的现代社会令人不安的变化，这些变化甚至扰乱了所谓最纯粹的"纯粹的原始人"的生活。正如作者暗示的那样，像金戈一家这样的阿拉斯加原住民应该非常自然地生活在另一个地方，与北方恶劣的环境作斗争，而不是在阳光明媚的好莱坞超现代的人工世界里欣赏电影布景。

全球的阿拉斯加人

以马拉为例，他的电影从业经历的有趣之处不仅在于他作为好莱坞世界影星拍摄的作品，还在于他在许多电影中作为一个种族另类所扮演的各种角色。马拉的种族身份并没有限制他所能扮演的角色，他的种族身份一度让他在角色挑选上有一定程度的弹性，这很可能延长了他的职业生涯。在这个世界上，电影流行的周期变化无常，而且观众会很快厌恶曾经新鲜一时的事物。最终，随着电影业开始禁止出现跨种族的爱情场景，他确实面临着很多限制，也就是说，如果他想获得一个主要的浪漫角色，那在这部电影中必须和另外一个"外国人"搭档。[15]这样一来，尽管马拉在好莱坞最著名的角色是在银幕上扮演爱斯基摩人，但在很多以遥远的异国土地为背景的动作冒险电影中，他被塑造成夏威夷人、塔希提人、平原印第安人和其他民族的人。这类影片凸显了美国对野外自然景观冒险故事的渴望。事实上，允许这种角色分配的文化逻辑源于美国扩张主义的想象，这种扩张主义的想象认为其他种族的环境甚至生活在此类环境中的原住民可以某种方式与其他环境或居民进行身份置换。这种文化逻辑使马拉在好莱坞闯出了一番事业，通过艾米·卡普兰（Amy Kaplan）所称的"美国的跨国路线"[16]来讲述遥远荒蛮之地的故事。

雷·马拉是第一位成为著名好莱坞影星的阿拉斯加原住民。[17]他1906年出生在科策布（Kotzebue）附近的蜡烛村，母亲是因纽皮亚克人，父亲是出生于西伯利亚的俄罗斯犹太人，是阿拉斯加的探矿者、商人和猎人。马拉很小的时候，父亲就抛弃了他们，在母亲死于流感后，他成了孤儿。他在科策布的一所贵格会传教士学校接受教育，在那里学习了英语。他最终逃离了学校，在北极的探险船上找到了工作，其中包括一艘与丹麦探险家克努兹·拉斯穆森（Knud Rasmussen）合作的探险船。在船上，他遇到了一位喜欢他的新闻摄影记者。人们发现，马拉是船上唯一在北极极端气温下能用手摇相机的人，而且他很快就获得了作为摄影师的很多重要经验。后来，他的一位船员朋友借给他一笔钱，他得以去好莱坞旅行，他在那里找到了从事电影业的工作。[18]

　　马拉最早作为一名助理摄影师开始工作时，名为雷·怀斯（Ray Wise），后来他写了一个电影剧本，但未能出售，他最后成为一名电影演员。终于，他被环球影业公司选中出演由导演尤因·斯科特（Ewing Scott）执导的影片《冰屋》，这部电影于 1932 年上映，是翻拍自罗伯特·弗莱厄蒂（Robert Flaherty）的《北方的纳努克》（Nanook of the North）。[19]后来，他又出演了 W.S. 范·戴克（W. S. Van Dyke）执导的《爱斯基摩人》，这部电影改编自著名北极探险家彼得·弗留申（Peter Freuchen）的两本书。他的名字马拉就是他在电影中扮演的角色的名字。他在好莱坞遇到了一批电影事业蒸蒸日上的美洲原住民演员，他们主要出演了 20 世纪上半叶制作的西部片。正如德洛里亚所解释的，那个时候以前参与过西部荒野表演的美洲原住民演员已经进入了电影业，因此到了 20 世纪中叶，在好莱坞生活和工作的美洲印第安人已经建立起一个规模很小但设施颇为完善的社区。[20]在马拉职业生涯的早期，他健康状况不是很好。他经常流鼻血，抱怨脚痛，经历了一场风湿热，他还患有高血压。一位医生建议他返回阿拉斯加进行康复，但马拉拒绝了这一建议。[21]

　　马拉不是一个被拘囿在固定时间和地点的"纯粹的原始人"，而是一个世界性的艺术家，他周游世界，目睹了那些为他家乡带来巨大变化的事件。这些经历证明，阿拉斯加和北极地区总的来说远不是过去被冻结的未曾开发的空白地带。这些事件也表明，原住民并非天生要过一种停滞和静止的生活。就像他的出生于俄罗斯的父亲一样，在一个由帝国运动所构建的世界中，马拉经历了地域的流动。帝国运动始于 18 世纪初，当时俄国首次尝试在北美建立殖民地。俄属美洲最终从现在的阿拉斯加向南延伸到加利福尼亚州的罗斯堡（Fort Ross）。[22]在 18 世纪和 19 世纪，阿拉斯加是欧洲许多探险活动的必争之地，同时也是毛皮贸易集散地和捕鲸业的中心。这些探险活动主要是为了寻找一条西北航道，西班牙、法国、英国以及后来的美国都声称对该地区的自然资源有拥有权，并在地图上留下了各自的印记。从马拉的俄国父亲穿越阿拉斯加的旅行，到马拉与两位对他的未来发展有极大影响的探险家（弗留申和拉斯穆森）的相遇，以及他到南加州的旅行，在许多方面，马拉的生活与北极开发的历史息息相关。

异域北方

马拉的电影生涯也揭示了遥远的具有异域情调的自然和民族对于现代美国的魅力，从半民族志电影《冰屋》和《爱斯基摩人》开始，他后来参演了各种南海冒险电影，包括改编自赫尔曼·梅尔维尔（Herman Melville）的《太比》（*Typee*）并由亚裔美国女演员路特斯·朗（Lotus Long）主演的《最后的异教徒》（1935）、《南国艳迹》（*The Tuttles of Tahiti*）（1942）和《复仇女神之子：本杰明·布莱克的故事》（*The Son of Fury: The Story of Benjamin Blake*）（1942），以及关于西北部的情节剧，包括《育空人的呼唤》（*Call of The Yukon*）（1938）和《来自上帝国度的女孩》（*Girl from God's Country*）（1940）。对其他地域景致和民族的迷恋是现代美国身份认同的一个构成因素。正如比尔·布朗（Bill Brown）所说，在这一时期，美国的"全球化浪潮（移民、中产阶级旅行和国际贸易的结果）激发了地区浪漫情怀，激起了人们对无数地方的无尽渴望。大多数地域都是作为知识而产生的，无论多么离奇，这些知识都可以被纳入本国的知识之中——离奇是知识本身的一种效应"。[23]

马拉作为一个另类种族的代表，他在好莱坞电影中的多面性是现代主义的"地区浪漫情怀"的一个产物，这种多面性也帮助他能够竞争各种电影角色，使他的职业生涯延长了近 20 年。其中一部影片讲述了一个意想不到的破裂时刻，这种破裂挑战了美国关于种族、自然、流动性和地方的主流观念。1939 年在由塞西尔·B. 德米尔（Cecil B. DeMille）执导的西部片《和平联盟》中，马拉担任主演，扮演一个苏族（Sioux）战士（也叫马拉），他是一个抢劫队的成员，抢劫了一列穿过怀俄明州、从夏延（Cheyenne）到拉勒米（Laramie）的火车。在这个场景中，由芭芭拉·斯坦威克和乔尔·麦克雷扮演的主要角色要进行一场不太可能的营救行动，他们试图连接一条断了的电报线，他们要用这条电报线把他们所遇到的麻烦和求救信号发回车站，但这条电报线不知何故进入了火车车厢的侧面。

在一个场景中，马拉仔细挑拣着出轨列车里的东西，忽然在残骸中看到了一个雪茄店印度安人偶。他立刻举起他的战斧，以保护自己不受伤害，他吃惊地盯着这个奇怪的木雕人偶，镜头捕捉到了他偶遇白人拥有的印第安人偶时的不安反应。臭名昭著的雪茄店印第安人偶的历史在这里值得一提。木质人偶出现在一个文盲较多的时代，是广告业的发明，当时店主依靠描述性的视觉图案来推销商品。在 17 世纪，欧洲烟草商人利用美国印第安人的形象向不识字的公众宣传他们的雪茄商店。大多数欧洲人从未见过美洲原住民，许多早期的雪茄店印第安人偶都模仿了被奴役的非洲人形象。18 世纪初，当欧洲烟草商人到达北美时，木雕人偶已经更像现实中的印第安人，尽管这些人偶的雕刻仍然基于当时流行的关于美洲原住民的刻板种族观念。[24]

　　在这一场景中，马拉揭开了一个雪茄店印第安人偶的神秘面纱。这个火车上的人偶原本是用来帮助怀俄明州的一位烟草商人进行广告宣传的。马拉所饰的角色一开始被这个人偶吓到了，过了一会儿，他从惊吓中回过神来，把他的朋友叫过来拿起这个人偶。这一场景或许预示着杰拉尔德·维泽诺的一种思路，他曾经适当地描述了美国文化史上所谓"俗气"的印第安文物。维泽诺曾有一句著名的论断，即"印第安人是一个档案馆"，这个档案馆反映了殖民管理，展示了有关"发现"、"条约"和"博物馆遗址"的虚假的帝国历史。[25]在这一场景中，马拉扮演平原上的印第安战士马拉，画面显示了因纽皮亚克演员在西部影片中的形象和他在火车残骸中发现的印度安人偶之间的相似性。在流行的西部影片中，火车头标志着现代化的到来，也标志着西方本身的终结。罗宾·默里（Robin Murray）和约瑟夫·胡曼（Joseph Heumann）在《生态围栏的枪战：西方电影与环境》（Gunfight at the Eco-Corral：Western Cinema and the Environment）一文中描述了铁路的出现，认为它是自然界的"无敌对手"，是流行西部片中"不受约束的进步愿景"。[26]在这里，火车明显偏离了轨道，它的残骸呈现出大量具有代表性的盎格鲁文化元素，如灯笼裤、一件紧身胸衣、一个落地式大摆钟、各种家具和上文所提及的雪茄店印第安人偶，所有这些都未能到达最终目的地，因此未能在发展史上——就此事来说，未能在盎格鲁-美国建国史上——发挥它们应有的作用。

　　维泽诺可能会将电影的这一相遇时刻描述成后印第安式的分裂，它回避了"审美缺失或受害者的浪漫"[27]，而是强调了"持久性和生存性"，强调了"存在感"，甚至也许强调了"自嘲"的构建。[28]正如维泽诺所认为的，"毫无疑问，档案里有一些骗人的东西"，它们就像"缺失的折痕"，不知何故，这些骗人的东西以一种不可预知和令人惊讶的方式渐渐为人所知。[29]在《难以忽视的印第安人：对北美原住民的奇特描述》（*The Inconvenient Indian: A Curious Account of Native People in North America*）中，评论家和小说家托马斯·金（Thomas King）认为，好莱坞电影制片人倾向于自然化三种基本的印第安人类型，即嗜血的野蛮人、高贵的野蛮人和垂死的野蛮人。[30]在电影和流行文化中，人们主要通过这些老套的种族观念和陈词滥调，或者通过金所称的"文化碎片"的东西来了解和认识印第安人。这些"文化碎片"常常体现为北美印第安战士佩戴的羽毛头饰、珠子装饰的衬衫、流苏鹿皮裙、缠腰带、头饰带、羽毛长矛等物品。[31]对于金来说，即使有这些基本的印第安人类型和陈腐的文化碎片元素，"好莱坞的印第安人历史与其说是悲剧，不如说是喜剧"。[32]这样的观察有助于理解《和平联盟》中的种族认同和亲和力，使这部原本并不幽默的电影有了出人意料的奇特幽默感。

这种分裂的例子稍纵即逝，随时发生，对于流行的西部影片来说是一种挑战，也可能会产生一种"后西部电影可能性"的东西，或者说，这种矛盾和不稳定的例子，为这种类型的影片提供了意想不到的、新的可能性。尼尔·坎贝尔（Neil Campbell）将后西部电影描述为既"被困扰"又以各种沉默和缺席的方式困扰观众的话语形式。[33]后西部电影"既被困扰又困扰别人。在这种影片中，西部不再被视为一个理想的、堕落前期的社区，更像复杂的曲径蜿蜒进入了一个多层次的、伤痕累累的区域"。[34]正因如此，后西部电影时代可能会"超越并凭吊它的过去、它的话语构建以及它的沉重框架"。[35]我们可以通过把后西部电影看作一种情感而不是一种电影类型来进一步阐释这些观点。以黑色电影为例，最近有学者，如丹·弗洛里（Dan Flory），建议我们抛开传统的类型，转而接受更为流畅的"黑色情感"概念。丹·弗洛里所说的"情感"指的是一种"感觉或态度"，而不是严格遵守类型惯例，来达到某种"特征和效果"。[36] 在《和平联盟》中，作为演员的马拉可能有助于引入后原住民和后西部电影的情感，重新构建现代电影观众的自然、种族和人口流动观。

也许《和平联盟》的电影制作人通过这位因纽皮亚克演员开了一个玩笑——好像由于马拉与生俱来的"纯真"，他一定会误把雪茄店印第安人偶当成真的印第安人，一个和他有亲缘关系的人，他的"叔叔"，就像他在电影中所说的那样。然而，电影也可能有其他的含义，比如这个笑话可能会被反向解读，从而介入和重构好莱坞把种族脸谱自然化的历史。伊丽莎白·弗里曼（Elizabeth Freeman）在另一个语境中讨论过所谓的奇怪世事的"时间约束"，或许对我们有所启发。弗里曼在对奇怪的时间和历史建构的研究中，写到了对"形式"的渴望，这种渴望常常使被边缘化的人"倒退到以前的时刻，前进到尴尬的乌托邦社会，或转向表面平庸的存在和归属形式"。[37] 这一运动涉及一个过程，即"尽可能接近读者和主流文化"，被边缘化的人群可以"把生活中的片段和废品收集起来，把它们整合成虚拟的、美丽的整体"。[38]

这一场景无疑为被边缘化的人们及时利用盎格鲁文化中俗气的糟粕提供了新的视角。在《和平联盟》中，马拉所扮演角色的行为揭示了这类影片的黑暗面，他成功避开自然、种族和类型的框架，表现了后西部影片中的原住民形象。因此，雪茄店印第安人偶代表了白人定居者文化中的糟粕，在电影中代表了殖民废墟；马拉对雪茄店印第安人偶的多重回应，标志着一个关键的可能性时刻的到来，即对美国历史上所有原住民承受的暴力、误解和被边缘化的承认。

马拉的职业本身就揭示了一段被忽视的历史，即建立新的种族亲缘关系、消除涉及种族的地区建构以及在不同的时间和地点为美国原住民争取世界性行为和身份。最终，马拉的生活和职业纠正了美国民众普遍把北方看作一个遥远之地、孤立之所或是空白之处的普遍看法。马拉在镜头前后的工作为他提供了维护原住民存在感的机会，有助于争取原住民的迁徙权，也为消除人们对北方生活、民族和地方的刻板观念提供了关键渠道。进入 21 世纪后这仍然对观众和研究者具有重要意义。

注释

1. Nathanael West, The Day of the Locust（1939；New York：Signet，1983），122. 作者曾经写过《三个爱斯基摩人》草稿，但未出版，是《蝗虫之日》的蓝本。*Nathanael West：Novels and Other Writings*, ed. Sacvan Bercovitch（New York：Library of America，1997）.

2. West, *The Day of the Locust*, 124.

3. 同上，第 30 页。

4. 同上，第 164 页。

5. Rey Chow, *Writing Diaspora: Tactics of Intervention in Contemporary Cultural Studies*（Bloomington：Indiana University Press，1993），107.

6. Susan Hackley Johnson, "When Moviemakers Look North," *Alaska Journal*（Winter 1979）：17–18.

7. Susan Koshy, "Minority Cosmopolitanism," *PMLA* 126, no. 3（May 2011）：592.

8. 同上，第 594 页。

9. Philip J. Deloria, *Indians in Unexpected Places*（Lawrence：University Press of Kansas，2006），6.

10. Shari Huhndorf, *Going Native: Indians in the American Cultural Imagination*（Ithaca：Cornell University Press，2001），79–80.

11. Ann Fienup-Riordan, *Freeze Frame: Alaska Eskimos in the Movies*（Seattle：University of Washington Press，1995），xi.

12. 同上。

13. 同上。

14. 同上，第 12 页。

15. Lael Morgan, *Eskimo Star: From the Tundra to Tinseltown: The Ray Mala Story* (Kenmore, WA: Epicenter Press, 2011), 58.

16. Amy Kaplan, *The Anarchy of Empire in the Making of U. S. Culture* (Cambridge, MA: Harvard University Press, 2002), 61.

17. Evey Ruskin, "Memories of a Movie Star," *Alaska Journal* (Spring 1984): 34.

18. Morgan, *Eskimo Star*, 15 and 35; Ruskin, "Memories of a Movie Star," 34; and Johnson, "When Moviemakers Look North," 16.

19. Morgan, *Eskimo Star*, 43.

20. Deloria, *Indians in Unexpected Places*, 79-80.

21. Morgan, *Eskimo Star*, 46.

22. Ilya Vinkovetsky, *Russian America: An Overseas Colony of a Continental Empire, 1804-1867* (Oxford: Oxford University Press, 2014), 14, 46.

23. Bill Brown, *A Sense of Things: The Object Matter of American Literature* (Chicago: University of Chicago Press, 2004), 86.

24. "Cigar Store Indian," in *Encyclopedia of North American Indians*, ed. Frederick E. Hoxie (New York: Houghton Mifflin, 1996), 123.

25. Gerald Vizenor, *Fugitive Poses: Native American Indian Scenes of Absence and Presence* (Lincoln: University of Nebraska Press, 2000), 50.

26. Robin Murray and Joseph Heumann, *Gunfight at the Eco-Corral: Western Cinema and the Environment* (Norman: University of Oklahoma Press, 2012), 145.

27. Vizenor, *Fugitive Poses*, 15.

28. 同上，第 20 页。

29. 同上，第 114 页。

30. Thomas King, *The Inconvenient Indian: A Curious Account of Native People in North America* (Toronto: Doubleday Canada, 2012), 34.

31. 同上，第 54 页。

32. 同上，第 50 页。

33. Neil Campbell, *Post-Westerns: Cinema, Region, West* (Lincoln: University of Nebraska Press, 2013), 14.

34. 同上，第 15 页。

35. 同上，第 4 页。

36. Dan Flory, *Philosophy, Black Film, Film Noir* (University Park: Pennsylvania State University Press, 2008), 19-20.

37. Elizabeth Freeman, *Time Binds: Queer Temporalities, Queer Histories* (Durham: Duke

University Press, 2010), xxii.

38. 同上。

参考文献

Brown, Bill. *A Sense of Things: The Object Matter of American Literature.* Chicago: University of Chicago Press, 2004.

Campbell, Neil. *Post-Westerns: Cinema, Region, West.* Lincoln: University of Nebraska Press, 2013.

Chow, Rey. *Writing Diaspora: Tactics of Intervention in Contemporary Cultural Studies.* Bloomington: Indiana University Press, 1993.

"Cigar Store Indian." *Encyclopedia of North American Indians*, edited by Frederick E. Hoxie. New York: Houghton Mifflin, 1996.

Deloria, Philip J. *Indians in Unexpected Places.* Lawrence: University Press of Kansas, 2006.

Fienup-Riordan, Ann. *Freeze Frame: Alaska Eskimos in the Movies.* Seattle: University of Washington Press, 1995.

Flory, Dan. *Philosophy, Black Film, Film Noir.* University Park: Pennsylvania State University Press, 2008.

Freeman, Elizabeth. *Time Binds: Queer Temporalities, Queer Histories.* Durham: Duke University Press, 2010.

Huhndorf, Shari. *Going Native: Indians in the American Cultural Imagination.* Ithaca: Cornell University Press, 2001.

Johnson, Susan Hackley. "When Moviemakers Look North." *Alaska Journal* (Winter 1979): 17-18.

Kaplan, Amy. *The Anarchy of Empire in the Making of U. S. Culture.* Cambridge: Harvard University Press, 2002.

King, Thomas. *The Inconvenient Indian: A Curious Account of Native People in North America.* Toronto: Doubleday Canada, 2012.

Koshy, Susan. "Minority Cosmopolitanism." *PMLA* 126, no. 3 (May 2011): 592-69.

Morgan, Lael. *Eskimo Star: From the Tundra to Tinseltown: The Ray Mala Story.* Kenmore, WA: Epicenter Press, 2011.

Murray, Robin, and Joseph Heumann. *Gunfight at the Eco-Corral: Western Cinema and the Environment.* Norman: University of Oklahoma Press, 2012.

Ruskin, Evey. "Memories of a Movie Star." *Alaska Journal* (Spring 1984): 34.

Vinkovetsky, Ilya. *Russian America: An Overseas Colony of a Continental Empire, 1804-1867.* Oxford: Oxford University Press, 2014.

Vizenor, Gerald. *Fugitive Poses: Native American Indian Scenes of Absence and Presence.* Lincoln: University of Nebraska Press, 2000.

West, Nathanael. *The Day of the Locust.* 1939; New York: Signet, 1983.

——. "Three Eskimos." *Nathanael West: Novels and Other Writings,* edited by Sacvan Bercovitch, 456-458. New York: Library of America, 1997.

13

口述历史与特林吉特语地名中的景观变化

丹尼尔·蒙提斯

阿拉斯加大学东南分校

想象一下，巨大的潮汐冰川崩塌汇入海洋，巨大的水柱在空中喷射，海浪滚滚而来，不同种类的滨鸟在上空飞翔，海豹和鲸在冰冷的深蓝色海水中游弋。这是许多当代阿拉斯加游客在冰川湾国家公园（Glacier Bay National Park）设想和寻找的景象。许多探险家和科学家为这一瞬息万变、不同寻常的景观着迷，绘制了图表、地图，撰写了有关冰川湾和潮汐冰川的文章，这些潮汐冰川现在分别被命名为瑞德冰川（Reid Glacier）、兰普卢冰川（Lamplugh Glacier）、约翰·霍普金斯冰川（John Hopkins Glacier）、马杰瑞冰川（Margerie Glacier）、泛太平洋冰川（Grand Pacific Glacier）、缪尔冰川（Muir Glacier）、里格斯冰川（Riggs Glacier）和麦克布莱德冰川（McBride Glacier）。特林吉特人（Tlingit）祖先的历史可以追溯到冰川湾，对他们来说这些景观具有深刻的意义。特林吉特人"自古以来"就居住在冰川湾并从中获取资源。[1]他们为所有冰川和冰川湾的数百个地方命名。特林吉特人与土地保持着密切的关系，他们的名字衍生自地名。讲特林吉特语的人说，欧洲人以自己的名字来命名地点，而他们根据居住和获取食物的地点来给自己命名。对于冰川湾的特林吉特人来说，这里首先是他们的家园、他们的起源地、他们的"粮仓"[2]，也被称为"S'ix Tlein"，即"大盘子"的意思。[3]在冰川湾最常见的特林吉特名字是"Sit'eeti Geeyi"，译为"冰川的海湾"。[4]对于大多数游客来说，冰川湾是一个风景秀丽的地方。本文讲述了人类学、地质学、生物学和其他领域的研究人员如何与胡纳（Hoonah）人合作，通过学习和分解特林吉特语中的生态知识、地名和口述历史，拓展我们对冰川湾人类历史和自然历史的认识与理解。

冰川湾的动态冰川历史展现了迷人的景观，集中了多种不同的认知方式，讲述了一个比你在游览冰川湾国家公园时所听到的更为全面的故事。结合人类学和地质学知识分析特林吉特语中的生态知识和口述历史，能够展现一段完整的历史，因为特林吉特口述历史证实了地质历史。

2003 年、2004 年和 2005 年夏季，阿拉斯加大学东南分校（University of Alaska Southeast）团队在冰川湾下游进行了实地调查。协助调查的有国家公园管理局的考古学家韦恩·豪威尔（Wayne Howell）、已退休的国家公园管理局的野生生物学家格雷格·斯特雷维勒（Greg Streveler），以及国家公园管理局与胡纳社区的联络人、著名特林吉特语言专家和顾问肯·格兰特（Ken Grant）。作为一名人类学家，我与阿拉斯加大学东南分校的生物地质学家凯茜·康纳（Cathy Connor）共同进行了调查。理查德（Richard）和娜拉·道恩豪尔（Nora Dauenhauer）是重要的顾问，为这项工作提供了宝贵的意见。本文我将把这一核心研究团队称为阿拉斯加大学东南分校团队，阿拉斯加大学东南分校团队负责地质考察和民族志分析工作。我还要感谢其他贡献者，特别是胡纳社区人员和胡纳长老，他们为特林吉特生态与历史研究工作做出了贡献。

地质学家将冰川湾视为一个动态景观，因为这里有着巨大的冰原和广阔的冰川。冰川的推进和后退不断重构着冰川湾。随着冰川的前进和后退，它们会冲刷地貌，仅留下相关的地质线索。所有人类活动的考古线索都会被冰川运动冲刷掉。当冰川进退时，它们会使路径及其周围的土地上下移动。威斯康星（Wisconsin）冰河时代末期，气候开始变暖，冰川消退。随着冰川融化，海平面上升，冰川沿着山谷逐渐减少，沿海地区海岸线开始隆起。地质学家计算，在更新世（Pleistocene）末期，由于沿海冰川融化，海平面可能上升高达 300～400 英尺。一万年前，在更新世末、全新世（Holocene）初，冰川湾的冰川迅速消退，冰川湾大部分地区变为咸水峡沟。许多地方看上去应该和今天一样。[5]

大约四千年前，随着气温降低和小冰河时代（Little Ice Age, LIA）的到来，冰川网络缓慢发展，形成了大型体系。在小冰河时代的最后几百年，冰川迅速发展，到达冰冷海峡（Icy Straits），并在 18世纪早期达到最高点。胡纳卡乌（Huna Kaawu）人通过口述历史[6]、特殊的服饰和歌谣，描绘了小冰河时代末期冰川摧毁他们村庄[7]的事件。1794 年的航海图和温哥华（Vancouver）在阿拉斯加东南部的航海日志[8]记录了泛太平洋冰川初始和迅速退后的状况。[9]约翰·缪尔（John Muir）的著作记录了泛太平洋冰川在 19 世纪后期不断快速后退的状况。[10]如今，泛太平洋冰川已从 18 世纪初的最高点向后退了约65 英里。最近的地质考古研究表明，胡纳人的口述历史至少已有四百年。[11]

考古学家已在冰川湾外的土拨鼠湾（Groundhog Bay）发现了人类活动和占领这片土地的证据，而这些证据可以追溯到一万多年前。

随着时间的推移，特林吉特人发现了海湾中的许多地方并为其命名。特林吉特人所使用的地名描述了该地区某个时间的地貌景象。通过口述历史，其中许多地名使用了数百年甚至数千年。在许多情况下，特林吉特人仍使用旧地名，而不是指定新地名。特林吉特语中的地名通常指代古代的而非现代的景观。因此，特林吉特语中的地名描述的是冰川推进前的景观，这为地质学家提供了一个机会，将特林吉特语中的知识与基岩地质学和土壤沉积物中的证据相结合，来解释景观的其他细节。

谁是特林吉特人？

特林吉特部落，或名卡乌人（Kwaan），是胡纳卡乌人，他们声称冰川湾是他们祖先生活的地方。[12]他们至今仍生活在这片区域，并频繁出入冰川湾。当地现已建成冰川湾国家公园。今天的胡纳部落包括乔卡奈德（Chookaneidi）、卡格万塔（Kaagwaantaan）、伍什凯塔（Wooshkeetaan）和塔克丁塔（T'akdeintaan）。每个部落由几个家族组成。胡纳人有许多关于冰川湾的口述历史。[13]现代冰川湾国家公园及其周围的地方被胡纳卡乌人视为他们的"起源地"。

> 胡纳人把冰川湾称为"At.oow"，即有丰富资源的、祖先在此生活的领地。胡纳人通过口述、歌曲、地名、人名以及部落和家族纹章描述过去的冰川湾。所有这些，包括土地本身，在特林吉特文化中都被视为在历史、法律和精神上将人们与冰川湾联系起来的财富。[14]

"At. oow" 的概念经常与部落或家族的财产有关。"At. oow" 包括地方、地名、纹章、部落的特别服饰、库提亚（kooteeya）或雕刻的柱子、特林吉特人世代相传的名字、歌曲以及口述历史或叙事等。[15]在冬季赠礼节或库克斯节（ku. eexs）讲述并展示给客人。[16]口述历史必须转述得精确、具体。这种精确性使得口述历史代代相传，仍非常可靠。靠着这种做法，特林吉特人的口述历史和叙事已经传承数千年。歌曲、名称、特殊服饰作为记忆储存的方式，不仅可以加强记忆，还成为部落主张的合法名号。[17]

特林吉特人的口头叙事大都涉及自然历史事件，其中最著名、记载最全的一个事件是"Sit' Kaa Kax Kana. aa"，即"冰川湾历史故事"。许多游客和学者都记录、转录或翻译了这一段故事。叙事的共同点是关于如何打破禁忌、冰川如何遭受不敬以及冰川如何摧毁特林吉特人村庄的故事。埃莉萨·锡德莫尔（Eliza Scidmore）是最早记录冰川湾故事的美国游客之一，[18]她在19世纪80年代来到位于冰川湾下游巴特利特湾（Bartlett Cove）莱斯特岛（Lester Island）上的一个特林吉特小村庄。[19]当时，村子里有一个腌鱼场。在锡德莫尔访问巴特利特湾的时候，业余民族志学者乔治·T. 埃蒙斯（George T. Emmons）正在阿拉斯加东南部旅行，他记录了特林吉特人文化和历史的诸多方面。埃蒙斯记录了一些关于冰川湾的故事，还拍摄了村庄的黑白照片。阿拉斯加大学东南分校团队通过埃蒙斯的照片，考察历史活动和冰川回流而导致的景观变化。[20]在埃蒙斯之后，美国人类学家约翰·R. 斯万顿（John R. Swanton）记录了关于冰川湾的故事，包括关于"Kake'qlute"的两个故事，这两个故事在特林吉特人的年代表中比冰川推进毁灭村庄更早。他也记录了冰川推进的故事。[21]对冰川湾故事描述最详细的是苏西·詹姆斯（Susie James）讲述的版本，1973 年由阿拉斯加大学费尔班克斯分校的阿拉斯加原住民语言中心在特林吉特人居住的地区记录。[22]此版本是 20 世纪 80 年代多恩豪尔斯（Dauenhauers）手抄本的灵感来源。[23]朱莉·克鲁克香克（Julie Cruikshank）的《聆听的冰川》（*Do Glaciers Listen*）一书中分析"本土知识"时，将不同版本的冰川湾故事纳入其中，讨论了特林吉特人对冰川的敬意。[24]

冰川湾故事所包含的细节对地质学家有很大启发。故事甚至描述了冰川推进的速度："它像疾奔的狗一样迅速。"[25]对于地质学家来说，故事提出了一些重要的问题：故事描述的是上升期的冰川吗？发生于何时？古冰川湾的景观如何？地质证据是否与口述历史和特林吉特语中的地名相一致？科学家是否能够在冰川湾利用地质科学与特林吉特人的口述历史研究景观变化？这些问题促使阿拉斯加大学东南分校团队将地理考古学、民族历史学和民族志研究跨学科地结合起来。这种方法既有科学性，也证实了特林吉特口述历史和地名。

早在 20 世纪 70 年代初期，民族志和语言学研究者就开拓性地着手咨询胡纳长老。1973 年，阿拉斯加大学费尔班克斯分校的阿拉斯加原住民语言中心出版了关于冰川湾历史的研究著作（Sit Kaa Kax Kana. aa Glacier Bay）。口述者是卡斯吉，即苏西·詹姆斯。[26]这段叙述于 1972 年 6 月在锡特卡（Sitka）录制。苏西·詹姆斯是河下游的（乔卡奈德部落的女人）。她父亲是塔克丁塔人，她父母的名字分别是帕西·杰克逊（Percy Jackson）和莉莉·杰克逊（Lilly Jackson）。她出生于 1890 年 8 月 10 日，卒于 1980 年 11 月 3 日。[27]这项研究符合人类学研究趋势，重新激发了人们通过口述历史与传记了解文化和地方之间联系的兴趣。

20 世纪 70 年代民族志研究得以发展，80 年代一部重要的作品、诺拉（Nora）和理查德·道恩豪尔（Richard Dauenhauer）的《哈舒卡，我们的祖先：特林吉特人的口述》（1987）出版，该著作以英语和特林吉特语记录了特林吉特人的口述历史，这是他们关于特林吉特人叙事的多卷著作中的第一本。该书包括了冰川湾历史的两个版本，一个是苏西·詹姆斯的版本，另一个是艾米·马文（Amy Marvin）的版本。马文的版本是 1984 年 5 月 31 日在朱诺（Juneau）录制的。艾米·马文是海湾上游的楚肯部落（Chookan Shaa）人，也是塔克丁塔人。她母亲的特林吉特语名字为 Sxeinda.at。马文是故事中两位主要人物卡斯滕（Kaasteen）和肖瓦采克（Shaawatseek）的直系后裔。[28]这些版本以英语和特林吉特语出版，强调了特林吉特本族语口述的重要性。特林吉特语地名中的细节信息与口述中的描述，为研究冰川推进前的小冰河时代冰川湾景观提供了资料。

特林吉特语地名与生态知识

20 世纪 90 年代初，人类学家托马斯·桑顿（Thomas Thornton）开始对冰川湾特林吉特语中的地名进行研究。1993 年，桑顿在第三届冰川湾科学研讨会（Third Glacier Bay Science Symposium）上提交了题为"冰川湾的特林吉特与欧美地名"的研究成果。这是全面研究地形和传统生态知识（TEK）的发轫之作。之后的十几年里胡纳长老详述并扩展了冰川湾地图与传统生态知识，并与人类学研究者一起继续收集特林吉特语的地名信息。2006 年，联邦政府认可的胡纳部落委员会——胡纳印地安人协会（Hoonah Indian Association，HIA）绘制了地图并出版，目前该地图已公开发售。[29]长老们的贡献有助于保留关于特林吉特语地名的记忆，如今这些地名和地图已经应用于语言课程。各学科的学者和科学家都可以通过这些地名获得信息，从而更多地了解自然历史和景观变化。

2003年，我对胡纳和朱诺的长老进行了访谈，以获得更多有关冰川湾口述历史、故事和可使用的数据。过去几年中，许多研究人员采访过冰川湾的老人。阿拉斯加大学东南分校的胡纳学生也与他们的长辈谈话，获得了更多了解部落历史的机会。经受访者同意，访谈可以使用录音带和录像带记录。采访的录音带、录像带和索引已提交胡纳印第安人协会存档。

特林吉特语地名既具有历史性，又具有描述性，提供了大量有关冰川湾的信息。有些地名与特林吉特人的部落、他们自己或者他们的"起源地"同名。例如乔卡奈德指"草地上的人"，位于冰川湾的伯格湾（Berg Bay）等。有些地名记录历史事件，有些是部落成员的名字，还有些指的是该地点的特定资源。例如 Tleikw aani 为"浆果地"，指胡纳人去采浆果的地方。[30]

地名也可以是描述性的。其中许多种地名所描述的是该地过去的景观。莱扎·莎莎（L'eiwshaa Shake.aan）指冰川沙丘顶部的位置。今天那里是冰川湾下游森林覆盖的岛屿，然而岛屿上的沙丘是冰川最后一次融化留下的。即使古老的名字不能描绘现代的景观，也依然被使用。[31]

这些特林吉特语地名提供的细节与口述记录的历史，对于更全面地了解小冰河时代之前的景观，是至关重要的。阿拉斯加大学东南分校重新开展冰川湾地质考古学项目研究后，当地团队仔细分析了特林吉特语地名以及这些地名的深层景观意义。其中一些地名为我们提供了有关景观和地貌的特别线索。今天，我们可以在冰川湾看到植物的演替。在冰川湾北部有潮汐冰川和冰碛。在我们集中研究的南部，冰川早已远退，森林正在崛起。许多特林吉特语地名都描绘了冰川的影响，表明冰川曾距离我们更近。下列名单更多与冰川的影响有关，而不是今天的森林。

特林吉特语地名	翻译/地理解释
S'e Shuyee	冰川淤泥末端区
Sit'k'I T'ooch'	小黑冰川
Chookanheeni	草绿色的河
Chookanheeni Yadi	草地的孩子，支流
Ghatheeni	红鲑溪
Ghatheeni Tlein	红鲑河
Aax'w Xoo	小湖之中
L'eiwshaayi	沙山
L'eiwshaa Shake Aan	冰川沙丘镇
T'ooch Ghi'l'i	黑色悬崖
Tleiw shayee	黏土点

特林吉特口述历史与深层历史

特林吉特口述历史与地名为他们在阿拉斯加东南部的定居提供了历时视角。许多学者尝试使用欧美年表描述特林吉特人在该地区的定居史。一些研究将特林吉特人及其早期口述历史定位在更新世末、全新世初或一万年前。虽然一些保守的考古学家可能会质疑，但大多数人认可特林吉特人已经在阿拉斯加东南部生活了数百年甚至数千年。按照特林吉特人的纪年，冰川湾的故事是较近期的。一些特林吉特叙事很可能发生在冰川推进前。这些早期的口述历史也可能为我们提供更多有关古代景观的线索。大多数特林吉特部落都有被早期传教士和学校教师称为"洪水"的口述历史。当我们的研究小组考察这些历史时，发现这些叙述可能是在描述"深层历史"[32]或发生在一万年前的更新世末期和全新世初的事件。

像许多原住民叙事一样，特林吉特口头叙事是不同体裁的结合，包括口述历史、梦境故事、想象和史诗般的创作。许多特林吉特叙事也可描述为解释自然历史事件和进程的隐喻。简而言之，这些特林吉特叙事中一些特定的历史事件与其他因素交织在一起。

特林吉特口述历史的使用和理解带来的挑战，类似于任何使用口述历史传统来补充历史的情况那样。在特林吉特文化中，每一代讲述者都被要求讲述尽可能准确，但讲述者的故事仍可能存在细微的差别或不同观点。因此，根据家族独特的历史或视角展现的故事，每个版本可能会略有不同。多年来，冰川湾的历史已由不同的译者或转录者用不同的语言进行了记录。每个人记录的方式无疑也会产生影响。记录者可能用笔记录或者录音，不同的记录方式也可能会影响记录或讲述者。在考察冰川叙事的版本时，一些记录者缩减了许多细节，他们自己的偏见或已有知识影响了故事的完整性。同样，听众或读者的解读对故事的理解也起着作用。对今天的听众和讲述者来说，理解特林吉特人口述历史可能会有点困惑，因为景观在迅速变化。

跨学科研究可以增进我们的理解，理解景观变化的原因，理解故事的传承与适用于当前环境之间的困境。阿拉斯加大学东南分校团队研究的地质考古部分主要集中在冰川湾下游，原因有两个。第一，冰川湾的故事讲到一个叫加蒂（Ghatheeni）的村庄被冰川冲毁，这里最有可能是故事中的地点。第二，由于冰川的存在，冰川湾上游已经受到更多的关注。俄亥俄州立大学极地研究所此前的研究大多集中在缪尔湾（Muir Inlet）和冰川湾上游。20 世纪 60 年代中期，戈尔德思韦特（Goldthwaite）[33]和哈瑟尔顿（Haselton）[34]将研究重点放在缪尔湾。他们采集土壤样本、潮汐间树桩的木材，收集放射性碳测年数据，为缪尔湾冰川的推进制定年表。极地研究所的研究人员继续进行这项实地调查，迈克尔森（Mickelson）围绕巴勒斯冰川（Burroughs Glacier）[35]进行研究，麦肯齐（McKenzie）和戈尔德思韦特则专注于研究亚当斯湾（Adams Inlet）[36]。20 世纪 80 年代，古德温（Goodwin）在缪尔湾工作，在那里收集了"冰川"的沉积物，对全新世期间的冰川运动进行了更精确的分析。[37]由于之前的研究重点更多放在冰川湾上面现存的冰川上，因此阿拉斯加大学东南分校团队得以开展研究并获取放射性碳测年数据。我们利用早期研究数据构建了地理信息系统（GIS）数据库和制作了计算机动画地图。然后，我们根据特定时期制作了不同的地图，并制作了冰川推进时期的快照。阿拉斯加大学东南分校团队决定继续在冰川湾下游进行实地考察，研究小冰河时代冰川推进状况。

阿拉斯加大学东南分校团队的工作有助于了解冰川湾下游的情况，并有可能为新冰川期或小冰河时代的冰川发展制定一个年表。冰川湾下游有许多岛屿，地质考古研究团队乘坐皮划艇对这些岛屿进行了探索。我们正在寻找被冰川推进毁灭或碾压的树桩。从一些树桩上收集少量的木材样品，然后通过放射性碳检测标定年代。每个年代都为我们提供了冰川到达特定区域的时间数据。我们在凹岸和小溪的岸边进行了土壤探测分析。我们收集了动植物样本，这些样本既提供了景观信息，也提供了可能测量放射性碳的有机物。我们总共收集了十个样品，用放射性碳测定了年代。下表列出了样品的年代、地点和材料类型。

地点	年代（碳−14 指数）	材料	β 系数#
基德尼岛	4310 +/−40 BP	贝壳	194096
伯格湾头	4380 +/−50 BP	贝壳	194100
南伯格湾	2300 +/−40 BP	木材	194103
南伯格湾	2120 +/−40 BP	木材	194102
冲击点	1860 +/−40 BP	木材	194104
伯格湾头	1910 +/−60 BP	木材（泥炭）	194101
三号福克斯农场岛	1630 +/−60 BP	木材	194099
基德尼岛	1300 +/−50 BP	木材	194098
基德尼岛	430 +/−60 BP	木材	194097
莱斯特岛	370 +/−50 BP	木材	194095

　　来自海湾不同位置的地质样品为我们提供了有关地貌的绝对年代和信息。这些样品按从北到南的位置列出，与冰川的推进方向相同。可以看到，这些年代也从北到南按时间顺序更新。

　　通过地质考古样本的放射性碳日期与地理信息系统模型，我们能够重现冰川的推进过程。此外，从收集的动植物样本的类型，我们能够建立一个有关景观（陆地或海洋）变化的概念模型。一个主要问题涉及冰川底部的生态或地貌。换句话说，卡斯滕讲述的故事里的场景是否与地质考古的样本相符？在冰川湾下游收集的材料是陆地沉积物，不是海洋沉积物。在最后的分析中，这些样本证实了冰川向加蒂村庄推进时的陆地景象。特林吉特故事中所指的村庄有时是加蒂，有时是与加蒂相邻的村庄，其被称为"红鲑溪"。我们能够推测，无论在冰川推进之前还是之后，都有一条红鲑溪。我们无法在古代景观中确定加蒂的位置。但是，仅仅就冰川推进前后红鲑溪的讨论，已经引起了渔业生物学家对冰川湾溪流里的红鲑鱼的活动及其洄游进行研究。古代景观地理信息系统模型可能会为鱼类生物学家识别某些

DNA 信息提供一些线索。了解溪流的变化以及鲑鱼洄游不同溪流的原因，在今天也有应用价值。阿拉斯加东南部的许多冰川正在消退。冰川的消退影响了陆地和河流特征，包括陆地隆起、河流温度、河流浑浊度、水流、宽度和水的盐度梯度。

结　语

从冰川湾所收集的信息中，我们整合了地质学、考古学、地理信息系统、特林吉特语地名与口述历史，以便更好地了解阿拉斯加东南部其他地区的景观变化。在该地区其他地方进行的研究使科学家们能够建立更好的预测模型，有助于我们在阿拉斯加东南部发现更古老的文化遗址。在该地区很难找到超过六千年的考古遗址或文化遗址，这主要是由于冰川的回弹幅度很大且不稳定。许多古老的地点与当今的海岸线相距遥远且海拔很高。这项跨学科研究的另一应用是运用这些技术来更好地了解景观变化、土壤形成和森林再生情况。

在一个地面快速抬升的地区，对特林吉特语地名与口述历史的深入研究，能够促使科学家构建更好的预测模型，发现全新世的早期遗址。[38]许多口述历史讲述了有关地震、海啸、火山爆发、冰川和洪水的事件。另外，作为一种有效的研究途径，特林吉特生态学知识可以帮助科学家更多地了解动植物季节性变化以及气候和经济发展引起的植被丰富性和利用价值的变化。这项跨学科研究很有价值，因为它确定了特林吉特人口述历史和传统生态知识的可靠性，展现了不同认识方式如何丰富我们对景观变化和文化适应的理解。

特林吉特科学和知识使欧美科学受益，而"西方"科学也有助于推进本土研究。最新的跨学科研究已被整合到阿拉斯加东南部各个层次的课堂教学中，为特林吉特口述历史研究奠定了基础。冰川湾特林吉特语地图为各级语言学习者提供了教材。参与这项研究的特林吉特学生中至少有三人现在是公立学校教师。

　　冰川湾特林吉特语地图还可作为政治工具，协助胡纳和雅库塔特人（Yakutat）消除冰川湾国家公园的欧美地名。根据《国家历史保护法》的指导方针，公园内有几处遗址是潜在的传统文化遗产。这些地方，例如上面提到的乔卡奈德，既是部落的起源地，又是部落的代名词。特林吉特语地名与口述历史为这些遗址的命名提供了重要的记录，毕竟冰川已经抹去了一切，几乎没有任何有形的考古或实物证据。因此，正是特林吉特语地名和口述历史留下了他们的祖先在这块土地上未曾消散的声音。这项跨学科合作研究成果拓展了人们的思维方式，促使人们对阿拉斯加东南部的人类与自然历史有更深入的了解。北方通常被视为地球上"最后"的边疆或"最后"的荒野，如果我们希望保护北方生态的完整性，就要更加认真地对待这些历史。如果没有这样的认知方式和承载历史的语言，对这片荒原的一切关注都是徒劳的。

注释

1. Daniel Monteith, "Tongass, the Prolific Name, the Forgotten Tribe: An Ethnohistory of the Taantakwaan Tongass People" (PhD diss., Department of Anthropology, Michigan State University, 1998), 53.

2. Walter R. Goldschmidt and Theodore H. Haas, Haa Aani, *Our Land: Tlingit and Haida Land Rights Use*, ed. with an introduction by Thomas F. Thornton (Seattle: University of Washington Press, 1998), 54, 131.

3. Thomas F. Thornton, "Tleikw Aani, the 'Berried' Landscape: The Structure of Tlingit

Edible Fruit Resources at Glacier Bay, Alaska," *Journal of Ethnobiology* 19 (1999): 29.

4. Thomas F. Thornton, "Tlingit and Euro-American Toponymies in Glacier Bay," *Proceeding of the Third Glacier Bay Science Symposium*, 1993 (Anchorage: US Department of the Interior, National Park Service, 1993), 294。

5. Cathy Connor, Greg Streveler, Austin Post, Daniel Monteith, and Wayne Howell, "The Neoglacial Landscape and Human History of Glacier Bay, Glacier Bay Park and Preserve, Southeast Alaska, USA," *Holocene* 19, no. 3 (2009): 375-387.

6. Susie James (Kaasgeiy X'eidax), *Sit'Kaa Kax Kana. aa* (*Glacier Bay History*), ed. and transcribed by Nora Florendo (Sitka: Tlingit Readers, in association with the Alaska Native Language Center, 1973), 1-23.

7. Nora Marks Dauenhauer and Richard Dauenhauer, eds., Haa Shuká, *Our Ancestors: Tlingit Oral Narratives* (Seattle: University of Washington Press, 1987).

8. George *Vancouver*, *A Voyage of Discovery to the North Pacific Ocean and Round the World*, *Performed in the Years of 1790-1795*, ed. and annotated by W. Kaye Lamb (London: The Hakluyt Society, 1984), map appendices.

9. Archibald Menzies, *The Alaska Travel Journal of Archibald Menzies 1793-1794*, ed. Wallace M. Olson (Fairbanks: University of Alaska Press, 1993).

10. John Muir, *John Muir Travels in Alaska* (Boston: Houghton Mifflin Company, 1979).

11. Connor et al., "Neoglacial Landscape and Human History," 375-387.

12. Walter R. Goldschmidt and Theodore H. Haas, *Possessory Rights of the Natives of Southeastern Alaska: A Report to the Commissioner of Indian Affairs* (Washington, DC, 1946).

13. John R. Swanton, "Social Condition, Beliefs, and Linguistic Relationship of the Tlingit Indians," in Bureau of American Ethnology Twenty-sixth Annual Report, 393-512 (Washington, DC, 1908).

14. Daniel Monteith, Cathy Connor, Wayne Howell, and Greg Streveler, "Geology and Oral History-Complimentary Views of a Former Glacier Bay Landscape," in *Proceedings of the Fourth Glacier Bay Science Symposium*, eds. John F. Piatt and Scott M. Gende (Anchorage: National Park Service, 2007), 50.

15. Nora Dauenhauer, "Tlingit At. oow: Traditions and Concepts," in *The Spirit Within*, ed. Steve Brown (Seattle: Seattle Art Museum, 1995), 15.

16. Sergei Kan, *Symbolic Immortality* (Washington, DC: Smithsonian Institution Press, 1989), 43-46.

17. Daniel Monteith, "Tlingit Oral Narratives and Time Immemorial," paper presented at the Conference of the Tlingit and Haida Clans, March 22-25, 2007, Sitka, Alaska, p. 2.

18. Eliza R. Scidmore, *Journeys in Alaska* (Boston: D. Lothrop and Company, 1885).

19. Eliza R. Scidmore, "Glacier Bay," in *Appleton's Guide to Alaska and the Northwest Coast* (New York: D. Appleton and Company, 1899).

20. George Emmons, The *Tlingit Indians*, ed. Frederica de Laguna (Seattle: University of Washington Press, 1991), 58, 368.

21. John R. Swanton, *Tlingit Myths and Texts*, *Bureau of American Ethnology Bulletin* 39 (Washington, DC: US Government Printing Office, 1909).

22. James, *Sit'Kaa Kax Kana. aa*, 1-23.

23. Dauenhauer and Dauenhauer, *Haa Shuká*, *Our Ancestors*.

24. Julie Cruikshank, *Do Glaciers Listen? Local Knowledge*, *Colonial Encounters*, *and Social Imagination* (Vancouver: University of British Columbia Press, 2005).

25. Dauenhauer and Dauenhauer, *Haa Shuká*, *Our Ancestors*, 253.

26. James, *Sit'Kaa Kax Kana. aa*. 1-23.

27. Dauenhauer and Dauenhauer, *Haa Shuká*, *Our Ancestors*.

28. 同上。

29. Hoonah Indian Association, *Tlingit Place Names of the Huna Kaawu* (Hoonah, AK: Hoonah Indian Association, 2006).

30. Thornton, "Tleikw Aani, the 'Berried' Landscape," 27.

31. Connor et al., "Neoglacial Landscape and Human History" 375-387.

32. Monteith, "Tlingit Oral Narratives," 2.

33. R. P. Goldthwaite, F. Loewe, F. C. Ugolini, H. F. Decker, D. W. DeLong, M. R. Trautman, E. F. Good, T. R. I Mereli, and E. D. Rudolph, Soil Development and Ecological Succession in aDeglaciated Area of Muir Inlet, Southeast Alaska, *Institute of Polar Studies Report* no. 20 (Columbus: Ohio State University, 1966).

34. G. M. Haselton, Glacial Geology of Muir Inlet, Southeast Alaska, *Institute of Polar Studies Report* no. 18 (Columbus: Ohio State University, 1966).

35. D. M. Mickelson, Glacial Geology of the Burroughs Glacier Area, Southeastern Alaska, *Institute of Polar Studies Report* no. 40 (Columbus: Ohio State University, 1971).

36. G. D. McKenzie and Goldthwaite, R. P., "Glacial History of the Last Eleven Thousand Years in Adams Inlet, Southeastern Alaska," *Geological Society of America Bulletin* 82 (1971): 1767-1782.

37. R. G. Goodwin, "Holocene Glaciolacustrine Sedimentation in Muir Inlet and Ice Advance in Glacier Bay, Alaska, USA," *Arctic and Alpine Research* 20 (1988): 55-69.

38. Daniel Monteith, "Current Transdisciplinary Research on the Natural History and Landscape Change in Southeast Alaska," in *Proceedings from the Alaska Historical Society* (AHS) *Annual Meeting*, September 26-28, 2013 (Haines: Alaska Historical Society 2013).

参考文献

Connor, Cathy, Greg Streveler, Austin Post, Daniel Monteith, and Wayne Howell. "The Neoglacial Landscape and Human History of Glacier Bay, Glacier Bay Park and Preserve, Southeast Alaska, USA." *Holocene* 19, no. 3 (2009): 375–387.

Cruikshank, Julie. *Do Glaciers Listen? Local Knowledge, Colonial Encounters, and Social Imagination.* Vancouver: University of British Columbia Press, 2005.

Dauenhauer, Nora. "Tlingit At. oow: Traditions and Concepts." In *The Spirit Within*, edited by Steve Brown. Seattle: Seattle Art Museum, 1995.

Dauenhauer, Nora Marks, and Richard Dauenhauer, eds. *Haa Shuká, Our Ancestors: Tlingit Oral Narratives.* Seattle: University of Washington Press, 1987.

Emmons, George. *The Tlingit Indians.* Edited by Frederica de Laguna. Seattle: University of Washington Press, 1991.

Goldschmidt, Walter R., and Theodore H. Haas. *Haa Aani, Our Land: Tlingit and Haida Land Rights Use.* Edited with an introduction by Thomas F. Thornton. Seattle: University of Washington Press, 1998.

——. *Possessory Rights of the Natives of Southeastern Alaska: A Report to the Commissioner of Indian Affairs.* Washington, DC, 1946.

Goldthwaite, R. P., F. Loewe, F. C. Ugolini, H. F. Decker, D. W. DeLong, M. R. Trautman, E. F. Good, T. R. I. Mereli, and E. D. Rudolph. *Soil Development and Ecological Succession in a Deglaciated Area of Muir Inlet, Southeast Alaska.* Institute of Polar Studies Report no. 20. Columbus: Ohio State University, 1966.

Goodwin, R. G. "Holocene Glaciolacustrine Sedimentation in Muir Inlet and Ice Advance in Glacier Bay, Alaska, USA." *Arctic and Alpine Research* 20 (1988): 55–69.

Haselton, G. M. *Glacial Geology of Muir Inlet, Southeast Alaska.* Institute of Polar Studies Report no. 18. Columbus: Ohio State University, 1966.

Hoonah Indian Association. *Tlingit Place Names of the Huna Kaawu.* Hoonah, AK: Hoonah Indian Association, 2006.

James, Susie (KaasgeiyX'eidax). *Sit'Kaa Kax Kana. aa (Glacier Bay History).* Sitka: Tlingit Readers in asociation with the Alaska Native Language Center, 1973.

Kan, Sergei. *Symbolic Immortality.* Washington, DC: Smithsonian Institution Press, 1989.

McKenzie, G. D., and Goldthwaite, R. P. "Glacial History of the Last Eleven Thousand Years in Adams Inlet, Southeastern Alaska." *Geological Society of America Bulletin* 82 (1971): 1767–1782.

Menzies, Archibald. *The Alaska Travel Journal of Archibald Menzies 1793–1794.* Edited by Wallace M. Olson. Fairbanks: University of Alaska Press, 1993.

Mickelson, D. M. *Glacial Geology of the Burroughs Glacier Area, Southeastern Alaska*. Institute of Polar Studies Report no. 40. Columbus: Ohio State University, 1971.

Monteith, Daniel. "Current Transdisciplinary Research on the Natural History and Landscape Change in Southeast Alaska." In *Proceedings from the Alaska Historical Society (AHS) Annual Meetings, September 26-28, 2013*. Haines: Alaska Historical Society, 2013.

——. "Tlingit Oral Narratives and Time Immemorial." Paper presented at the Conference of the Tlingit and Haida Clans, March 22-25, 2007, Sitka, Alaska.

——. "Tongass, the Prolific Name, the Forgotten Tribe: An Ethnohistory of the Taantakwaan Tongass People." PhD diss., Department of Anthropology, Michigan State University, 1998.

Monteith, Daniel, Cathy Connor, Wayne Howell, and Greg Streveler. "Geology and Oral History-Complimentary Views of a Former Glacier Bay Landscape." In *Proceedings of the Fourth Glacier Bay Science Symposium*. Edited by John F. Piatt and Scott M. Gende. Anchorage: National Park Service, 2007.

Muir, John. *John Muir Travels in Alaska*. Boston: Houghton Mifflin company, 1979.

Scidmore, Eliza R. *Journeys in Alaska*. Boston: D. Lothrop and Company, 1885.

——. "Glacier Bay." In *Appleton's Guide to Alaska and the Northwest Coast*. New York: D. Appleton and Company, 1899.

Swanton, John R. *Tlingit Myths and Texts*. Bureau of American Ethnology Bulletin 39. Washington, DC: US Government Printing Office, 1909.

——. "Social Condition, Beliefs, and Linguistic Relationship of the Tlingit Indians." In *Bureau of American Ethnology Twenty-sixth Annual Report*, 393-512. Washington, DC, 1908.

Thornton, Thomas F. "Tleikw Aani, the 'Berried' Landscape: The Structure of Tlingit Edible Fruit Resources at Glacier Bay, Alaska." *Journal of Ethnobiology* 19 (1999).

——. "Tlingit and Euro-American Toponymies in Glacier Bay." In *Proceedings of the Third Glacier Bay Science Symposium*. Anchorage: United States Department of the Interior, National Park Service, 1993.

Vancouver, George. 1984. *A Voyage of Discovery to the North Pacific Ocean and Round the World, Performed in the Years of 1790-1795*. 4 vols. with introduction and appendices. Edited and annotated by W. Kaye Lamb. London: The Hakluyt Society, 1984.

14

探寻兰格尔-圣伊利亚斯国家公园
暨保护区的隐藏叙事

马戈·希金斯

马卡莱斯特学院

我们该怎样对待我们的历史?

    我们必须直面我们的历史。我们必须承认我们的历史。我们必须铭记我们的历史。只有这样,我们才能治愈,才能相互平等交流。

    让我们告诉彼此生活中相似的故事。让我们告诉彼此珍视当下重要关系的故事。让承认、尊重与了解相向而行。

    ——欧内斯汀·海斯(Ernestine Hayes),特林吉特长老,
                    阿拉斯加大学东南分校英语系教授

在阿拉斯加兰格尔-圣伊利亚斯国家公园暨保护区,国家公园管理局通过互联网、游客手册、路边的标志以及工作人员,讲述了该地区为人熟知的兴衰历史,而1900年到1938年短暂的工业采矿时代是

叙事重点。庆祝肯尼科特公司（Kennecott Corporation）修建的铁路是国家公园管理局和一些当地公园居民的宏大叙事的一部分，该铁路将世界上最丰富铜矿的铜矿石从兰格尔山脉（Wrangell Mountains）运到科尔多瓦（Cordova）海岸。这条铁路绕过冰川、跨越峡谷、穿过深雪和雪崩区，全长196英里，由纽约投资者投资，数千名工人参与修建，从1911年至1938年矿区关闭，共运送了2亿吨铜矿石。在20世纪初，正是通过这条险峻的铁路运送的肯尼科特铜矿资源，为美国提供了新的发电形式。[1]

2011年夏天，为期一周的铁路修建百年庆典在当地一家高档酒店举行，讲述了铁路竣工的故事，庆典活动包括幻灯片展示、铁路开通场景再现、时代服装晚会，漂亮的草坪上还摆有茶和蛋糕。在庆典举办的前几天，当地的历史博物馆和国家公园管理局排练了当地阿特纳（Ahtna）儿童舞蹈，演出的儿童基本上来自公园附近低收入区。庆典最后的表演吸引了当地居民和游客，大厅里座无虚席，公园解说员将铜轨钉作为礼物赠予阿特纳人。他的用意可以理解为对演员所花费的时间、交通成本和排练的感谢，但也可以理解为在隐性的文化清除过程中为当地的文化棺木敲进一枚关键的钉子。

观众早已习惯了强化西方语言、观念和价值观的主流文化叙事，这种行为并没有引发任何实质性的批评。为了了解肯尼科特百年庆典活动中表现出的文化迟钝，必须超越铁路和茶话会，深入研究该地区的经济和文化历史。我们需要了解这种景观的形成过程，种族在其中产生的影响，过去和现在的殖民方式以及经济转型将会产生何种影响。从公园居民和管理者的不同视角考察人类与生态史的当地和全球叙事，可以展现更为细微的影响国家公园管理的社会、历史、政治和经济因素，但目前国家公园管理局仍然难以理解这些因素。

本文将试图研究肯尼科特矿业叙事的文化特殊性，考察特定的历史事件是如何被排除在该地区的主流叙事之外的，并尝试了解这种文化清除背后更为严重的影响。一些学者也研究了如何将不断发展的前沿思想应用于国家公园的管理中，研究了原住民的声音是如何被忽视的。[2]然而，学者们并没有充分研究为了发展旅游业，国家公园管理局如何在叙事中强化民族神话与民族认同，并与当地叙事和回应结合在一起的。通过重新分析这些叙事尺度之间的相互作用，或许可以更透彻地解释国家公园、人类的迁移和不均衡的经济收益之间的联系。以下是对国家公园管理局、当地欧美裔人、阿拉斯加原住民之间复杂的物质与话语关系的记录，也是对该地区采矿史、人类史和自然史的构建。

理论框架

批判理论家布鲁斯·威廉姆斯-布劳恩（Bruce Willems-Braun）认为，过去的殖民主义潮流对现在有持续影响。[3]他提出了一个颇具影响力的观点——"隐性认知论"，认为某些思维模式是会遗传的，并且常常会产生隐性歧视和社会不平等。尤其欧美知识理论，往往继承了排外的殖民主义理解世界的方式。而且，正如杰克·科塞克（Jake Kosek）[4]所言，人们通过记忆来重塑过去，并将这些被重新赋予价值的记忆带入当下的情境。为了比较过去和现在的观点，朱莉·克鲁克尚克（Julie Cruikshank）认为叙事，尤其是口述历史形式的叙事"为我们提供了一个观测点，可以界定我们认为的'历史'和'神话'之间不断变化的界限"。[5]卡罗琳·芬尼（Carolyn Finney）根据克鲁克尚克的研究，提出叙事"为我们与环境的互动提供信息并形成了与环境问题有关的机制"。[6]即使作为体现国家环境态度的主要管理者和仲裁者，国家公园管理局在叙事时也同样如此。可以确定的是，正如公园的重要文献所详述的那样，围绕公园建设出现了保护主义和民族主义观念，与此同时，白人殖民者迁至原住民土地上，殖民入侵使得驱逐原住民成为可能。[7]

因此，叙事可以让我们深入了解国家公园管理局所做的有意或无意的决定，我们可以通过这个机构考察持续存在的殖民主义及其持续形成的加剧歧视和不平等的国家观念。叙事还为我们提供了一个关键视角，通过这个视角，我们可以审视当地人和国家公园管理局对文化历史的思考与对历史事件的特别管理之间的脱节，进一步拓展现有的分析。我认为，具体而言，国家、游客和非原住民对兰格尔-圣伊利亚斯国家公园暨保护区的元叙事揭示了他们的隐性认知方式，并在一定程度上造成持续的暴力，导致原住民迁徙，特别是对阿拉斯加原住民而言。

公正地说，国家公园管理局的许多员工对兰格尔-圣伊利亚斯国家公园暨保护区的文化资源管理怀有善意，但是有关当地的决策往往发生在其管辖范围之外。比如，大多数对肯尼科特大型机构的投资决定都是在区域和国家层面做出的。在个人层面，一些园区服务人员，尤其是现在的园区生活协调员，在许多社区备受尊重，他们的努力也获得了奖励。然而，作为一个联邦机构和一个地方管理者，国家公园管理局并不总能意识到叙事的政治性及其严重影响。换句话说，尽管付出了个人努力，但兰格尔-圣伊利亚斯国家公园暨保护区仍然是一个国家公园，不能从直接殖民的历史中将它排除。于是，历史以另外一种方式重演，通过某些叙事方式为人所知，而其他叙事则被清除。通过以下研究，我们可以更好地理解当下殖民主义话语、经济收入不均和种族差异是如何频频影响国家公园管理局的政策的。

国家公园管理局的管理背景与国家叙事对阿拉斯加的影响

20 世纪 70 年代末，在阿拉斯加，国家公园管理局开始了历史学家西奥多·卡顿（Theodore Catton）所称的对"居住的荒野"的管理试验。[8]1980 年《阿拉斯加国家利益土地保护法》（ANILCA）明确规定，不仅要保护土地的生态完整，还要保护生活在这片土地上的居民的生计和习俗。这是美国进行共同管理的早期实验，它同时适用于"原住民和非原住民"。在《阿拉斯加国家利益土地保护法》通过十年后，卡顿写道："一方面每个原住民都成为可以改变文化演变方向的主人，另一方面，保护主义者却渴望保留阿拉斯加的原始荒野，这两者间的紧张关系使得公园管理妙趣横生但也困难重重。"

19 世纪末，阿拉斯加大众叙事开始出现，主题围绕着阿拉斯加的最后荒原展开。例如，约翰·缪尔（John Muir）描述的阿拉斯加之旅影响了人与自然关系的大众叙事，他写道："文明也好，生病发烧也好，都没有使我的冰眸黯淡，我活着只是为了吸引人们去欣赏大自然的可爱。"[9]

曾经的毛皮、黄金和铜被重新商品化，以其原始形式成为"美国的皇冠宝石"[10]，因为许多美国人，特别是那些生活在阿拉斯加以外的人，认定阿拉斯加未开发的广袤土地应该被永久地保存下来。欧内斯特·格鲁宁（Ernest Gruening），美国国土局局长，后担任阿拉斯加州长和美国参议员，是第一个建议保护兰格尔-圣伊利亚斯地区的人。1938 年，他乘飞机经过该地区后，给内政部部长哈罗德·伊克斯（Harold Ickes）写了一封便函，里面写道：

> 该地区风景优美，完全达到并超过了建立国家纪念碑以及修建国家公园的标准。我个人认为，就景色而言，它是阿拉斯加最美的地区。我曾在瑞士四处旅行，飞越过安第斯山脉，对墨西哥谷地和阿拉斯加的其他地区都很熟悉。毫不夸张地说，这是我见到过的最美丽的风景，并为之折服。[11]

1980年，兰格尔-圣伊利亚斯国家公园暨保护区建立，在国家立法层面确定了一套新的法律体系和意义，并体现于公园的自然和文化景观中。在20世纪60年代和70年代的叙事中，阿拉斯加被视为制定法案以对世界最大的荒野进行保护的最后机会。《阿拉斯加国家利益土地保护法》将阿拉斯加的1.04亿英亩土地认定为荒野，包括1300万英亩的兰格尔-圣伊利亚斯国家公园暨保护区（面积超过瑞士，是黄石公园的6倍）。该法案将国家公园的规模扩大了一倍，为第49个州增加了许多新的公园和保护区。

　　然而，在国会支持保护阿拉斯加荒原的2000人中，大多数人从未涉足该州。[12]正如当时的荒野学会立法计划负责人亨利·克兰德尔（Henry Crandall）所说："阿拉斯加的工作可能会由在罗得岛打网球的老太太完成，而不是由阿拉斯加人完成。"[13]20世纪70年代，阿拉斯加联盟成员最多时曾有100多个，阿拉斯加的公共土地国家化问题成为政治上的优先事项。[14]现在，阿拉斯加联盟是保护荒原的重要倡导者，有1000多个环境保护、狩猎、宗教和劳工组织。他们对阿拉斯加的国家愿景体现在他们的道德信念中。人们普遍认为，阿拉斯加是保护荒野的"最后一个绝佳机会"，也是为"原住民和非阿拉斯加原住民"扩展生存、生活方式的新机会。[15]

尽管《阿拉斯加国家利益土地保护法》承诺认可当地的生计，但国家公园管理局仍然继续讲述肯尼科特公司的采矿故事，这加剧了美国本土 48 州与公园居民之间的叙事对立。国家公园管理局和其他机构为了吸引游客而构建的公园叙事，在许多方面都与当地人的历史和他们在该地区的利益不相符。为了吸引游客，围绕着兰格尔-圣伊利亚斯采矿时代和铁路的北疆叙事已经平和化、"迪士尼化"和规范化。这些采矿叙事越来越符合商业旅游利益和当地居民的发展利益，因为他们可以从公园的建设中受益。2013 年，旅游业是第二大私营产业，创造的就业岗位占阿拉斯加工作岗位的八分之一。

游客，特别是有一定经济实力的外州游客，往往乘飞机来公园参观，他们可能在来阿拉斯加之前就有了先入为主的看法。这些看法源于大众文学，如杰克·伦敦（Jack London）和罗伯特·塞维斯（Robert Service）的边境采矿叙事，或约翰·穆尔、奥洛斯（Olaus）、玛格丽特·穆里（Margaret Murie）和罗伯特·马歇尔（Robert Marshall）等人的早期自然主义著作。[16]今天，对边境的想象可能会受到在阿拉斯加拍摄的大量生存真人秀节目影响，包括最近探索频道的真人秀节目《阿拉斯加边缘》，该节目是在公园内拍摄的，并加入许多公园居民的叙事。长期以来，西方主流文化将北方想象成一个广阔、原始、人烟稀少的地方，而国家公园管理局的叙事与北方主流叙事交织在了一起。"最后的边疆"总是被想象成一个经历过兴衰的地方，18 世纪和 19 世纪的毛皮贸易、19 世纪末 20 世纪初的铜矿和金矿以及当今时代的石油就是例证。国家公园管理局强化了许多这样的错误观念，而不是改变或挑战这些观念。

国家公园管理局叙事框架的欠缺

虽然肯尼科特的兴衰叙事对某些人来说印象深刻，但它掩盖了描述人类和非人类世界的其他叙事。这种叙事只突出人类历史的一个特定片段，很容易将游客引导到广阔的荒野保护区。在历史悠久的肯尼科特山坡上的娱乐厅，百年庆典举行的地方，与社区共存的冰川正在迅速消退。从采矿时代一直到 20 世纪 60 年代，冰川消退了几百英尺，当地居民当时看不到对面使今天的游客惊叹的峡谷全景和冰川公路。档案照片也显示这里的自然景观发生了巨大变化。然而，这种明显的土地变化很少被写入关于肯尼科特的公园解说中。登上社区入口处的山丘，人们第一眼看到的是一个簇新的、铜质的抛光路标，标示着肯尼科特是一个采矿镇。

同时，国家公园管理局对肯尼科特的投资间接记录了工业、技术和现代性克服"自然"障碍的能力，包括在遥远的北方穿越冰川、背离该机构的保护使命、模糊该地区的生活历史。正如荒野命名已经成为对无人景观的一种想象，国家公园管理局强调肯尼科特的采矿历史，抹去了采矿后、建园前的历史，过度简化了该地区现有的多方面的社会生态史。国家公园管理局对工业时代的巅峰期备加推崇，但并没有深入调查完全工业化的后果，国家公园管理局的文献和解读，也未曾研究该地区的近代历史和人文经验。根据目前肯尼科特的资料内容，可以认为该地区的人类历史在 1938 年肯尼科特矿区关闭时就基本停止了，而采矿时代之前的人类历史也几乎没有。

然而，1938 年，当最后一列火车驶出肯尼科特时，兰格尔地区的采矿史和人文史并没有终结。但是，国家公园管理局并没有关于开采铜矿之后的详细记录。了解该地区殖民历史时期的互动，有助于我们更好地理解公园的身份和关系以及一直持续的有关公园边界和使用权的争议。国家公园管理局并不总是承认兰格尔-圣伊利亚斯公园内社会关系的多样性，也不认可原住民、非原住民和环境间的亲密关系，特别是公园建立之前的亲密关系。在该地区生活了几十年或几个世纪的人与最近涌入的新移民和新屋主之间几乎没有区别。我在这里考察的是阿拉斯加乡村白人（通常被称为"不法分子"和"返乡者"）居住的时期，他们从事与阿拉斯加原住民类似的狩猎和其他生计活动，并经常从周围的阿拉斯加原住民处学习技能和土地知识，扩大了采矿时代的文化交流。

非阿拉斯加原住民的叙事（1938~2012）

从采矿时代结束到国家公园建立时期的叙事，实际上已经被国家公园管理局关于肯尼科特的采矿叙事消除。20世纪30年代末，铜矿关闭，肯尼科特市镇衰落，留下一条未完工的铁路，留下的人几乎都是以前与肯尼科特公司有联系的人。他们不仅越来越依赖探矿和小规模采矿，而且越来越依赖捕鱼、园艺、狩猎和其他生存活动。

其中许多技能并不能离开阿拉斯加原住民社区的帮助，而是阿拉斯加非原住民在与原住民在采矿时代后期的交往中巩固和完善的。一位猎人自20世纪60年代还是孩童时就住在兰格尔-圣伊利亚斯，他说道：

> ［阿特纳人（Ahtna）］可能是地球上最坚强的人。我从未遇到过那样厉害的人……他们适应了这个地方。他们不会感冒。

他们令人吃惊……杰克·约翰只穿皮靴、羊毛袜和蓝色牛仔裤。他通常穿一件小羊毛衫和一件风衣，戴着普通的手套，在零下25摄氏度甚至零下30摄氏度，这家伙都不冷。他们中的许多人都是这样，真是天生的。杰克教我们如何诱捕猎物，如何杀死陷阱中的动物……如何剥皮，所以我欠他很多，你懂我的意思吗？你知道如何保持干燥，如何不出汗吗？有很多事情你不知道。他们走得很慢，我们就像快速移动的小人，而杰克·约翰就像隐身一样。因为快速移动会流汗，而流汗就有可能丧命。你知道，他要一直在外面，所以需要四处走动，但是要保证仅仅温暖而不出汗，这很有意思。永远不要湿，雪落到身上马上拍掉，他很擅长这些——知道我的意思吧——你在雪地里会犯这样那样的错，而他就不会。[17]

然而，这些关于非原住民从阿拉斯加原住民那里学到的生存技能的故事并没有使他们保持长久的关系。当杰克·约翰去世时，这位猎人和阿特纳人产生了矛盾，因为他们认为他多拿了杰克的财产。这位猎人的妻子保管杰克的遗嘱，说所有财产都留给了杰克的儿子。影像和照片记录了这段友谊，这位猎人的儿子也分享了他与杰克·约翰的共同经历。此外，阿特纳人还对杰克·约翰没有举行天主教葬礼表示愤怒，但这位猎人说他希望被火化并葬在他的父亲身边。

友谊的破裂有其历史背景。1920年至1930年，随着铜价下跌，现在被认定为国家公园的大部分土地在当时成了自由市场，吸引着那些希望自给自足的人和那些希望没有政府管制的人。那些没有充分掌握阿拉斯加原住民的经验和技能的滞留人员，以及那些从阿拉斯加其他地区和本土州涌入的人，很快找到了方法养活自己。他们从以前的矿井里偷窗户、罐头、盘子和厨具。当时的土地很便宜。例如，一位1953 年来到该地区的老人只用了不到 100 美元，就购买了麦卡锡（McCarthy）市中心的几栋楼。

以欧美人为主的社区也出现在该地区，欧美人不仅是为了这里剩余的矿产资源，也是为了一个以后难得的机会：肯尼科特和附近的麦卡锡废墟提供了在独特的自然环境中远离当代生活节奏的可能；很多新来者被这里的缺乏工业吸引。虽然铁路可以从全球各地运来牡蛎、咖啡和菠萝等货物，但在后采矿时代与前公园时期，社区的大部分建筑材料、食品和桶装汽油，都是通过飞机、汽车或小型手拉车运来的。很快，这些居民就利用肯尼科特公司留下的材料，为矿区原来运送铜矿石到粉碎机的活动铜箱找到了新用途。肯尼科特公司一直未建成的铁路桥倒塌后，这一设施成为肯尼科特河上的新通道。用研究国家公园的学者约瑟夫·萨克斯（Joseph Sax）的话说，铜箱被改造成了社区有轨电车：

> 象征着某种自愿接受的负担，鼓励着人们学会照顾自己，开发自己的资源。他们既不是隐士，也不是苦行僧，而是只想在旁边舒适地按按钮的人。他们要么依靠邻居，要么提高技能。特殊有轨电车的出现，意味着每个人都必须一分一分地计算他/她的生活成本。[18]

虽然这种生活方式与阿拉斯加原住民在许多方面具有相似性，但这种相似性很少得到承认。上述描述与现在肯尼科特地区大多数社区成员的经历形成了鲜明的对比。许多公园的长期居民称，在这个偏远地区，社区成员之间、成员与恶劣的社区环境之间的互动越来越少。二十年前，人们通过社区广播站的民用电台交流，90 年代中期使用电话，而如今基本上使用互联网和手机交流。这个社区某种程度上曾因远离网络而获得了浪漫的名声和旅游吸引力，如今却有越来越多的人接入了网络。人们不再需要从安克雷奇（美国阿拉斯加州南部的港口城市）或本土48州运输当季的扁豆、混合干果和其他不易腐烂的产品。最近市中心新建了一家现代化的便利店，该店以"安克雷奇"的价格出售加州牛油果和樱桃等商品。与肯尼科特矿业时代的巅峰期一样，镇上商店里再次出现了4元钱的能量棒、有机麦片和昂贵的芒果干。一位老人说："以前我们讨论过在小车上安一个轮子把货物运过肯尼科特河，现在我们换掉了小车，不再谈论这个问题了。"

与我交谈过的许多当地欧美裔人都认为，过去社区成员之间的相互依存关系有可能被新的个人主义取代。现在人们宁愿购买价格高达500美元的桥梁通行证，也不愿靠邻居帮助徒步拖着建筑材料穿过汹涌的小溪，或者由社区成员共同协作修复社区的小桥。私人车辆拉着一捆捆从家得宝（美国家居连锁店）买来的木材，通过这座桥直接运到自家屋前。汽油、进口杂货和其他用品每天都会流入社区。

不到十年的时间，社区生活就发生了变化。在访谈中，在公园建立之前到来的非原住民讲到，20世纪90年代以来，国家公园管理局加强了存在感，重建了肯尼科特公园城镇后，社区关系发生了变化。一位当地人说："艰苦的生活保证了你能在这里。它像黏合剂，将人们联结在一起。人们被迫与不喜欢的人交往。但最近十年来，这种情况已经发生了变化。现在人们相处得更加从容。你不需要对你的邻居那么好。我们很快就变得和美国其他的公园城镇一样。"[19]

一些居民还表达了对公园建造前的气氛的怀念。一位女士告诉我，她小时候在费尔班克斯，每年夏天都会去奇提诺（Chitina）公园社区，全家一起在库珀河（Copper River）捕鱼游玩。"在去奇提诺的路上，我们会捡冰块准备钓鱼。回来的时候我们会从冰川上补充冰块。但现在那里已经没有冰川了。"她感叹道。她二十多岁时负责阿拉斯加输油管道工作，大部分管道沿着公园的边界延伸。虽然她经常一周工作七天，每天工作十个到十二个小时，却有无限的精力去探索库珀河盆地，现在盆地大部分属于国家公园。"我非常喜欢这里，1976 年我失业后，租了一间小木屋，离通西纳（Tonsina）南部的泵站不远。我经常把它称为我生命中最美好的一年。"那时候公园里的人很少，她回忆道，"在那片广阔的土地上，碰巧见到人你就会觉得很高兴。这与其说是麻烦，不如说是一种享受。现在，你得去寻找平静与安宁"。

非原住民回忆说，1998 年国家公园管理局收购肯尼科特公司后，多年来这里一直是个"鬼城"。"公园没有任何改进，"她感叹道，"大部分还是原来的喷漆、原来的样子，并没有像现在这样显眼。参加百年庆典时，我很庆幸自己 90 年代末就在那里，那时候还没有发展成现在这个样子。我想收回'发展'这个词。就像一个肿瘤的发展，有什么用？"

如今，很多居民提出，国家公园管理局的工作人员已经取代了肯尼科特矿区管理者的角色。这个小镇已经变成了迪士尼乐园。他们说这里是远程操控，操控者大多来自华盛顿特区，而那些做出管理决策的人甚至从未到过阿拉斯加，更不用说兰格尔-圣伊利亚斯国家公园。居民称，大多数国家公园管理局的员工周末会离开肯尼科特，回到公园外的居所。肯尼科特的修复工作从 21 世纪初就开始了，目前已经投入数百万美元。大部分资金来自地区与国家公园管理局办事处以及私人捐助者。许多被国家公园或私人承包商雇用的当地人，时薪高达 65 美元，他们能够在夏天结束后仍然待在这里。这与公园建立之前的情况恰恰相反。公园建立前，许多当地居民在夏天离开社区，从事在阿拉斯加利润丰厚的产业，如捕鱼和狩猎。公园的居民还认为，国家公园管理局在肯尼科特的投资造成市镇收入不均，用现在的话说，可能只会给建设公园的居民带来利益。肯尼科特只是公园内 23 个居民社区中的一个，其他公园社区，如纳贝斯纳（Nabesna）和斯拉纳（Slana）也与肯尼科特有公路相连，有可能会从国家公园管理局的进一步关注和投资中受益。[20]

一位来自游客稀少的纳贝斯纳社区的非原住民资深狩猎向导告诉我，国家公园管理局对肯尼科特采取优先政策："是的，麦卡锡、肯尼科特的整片区域都是他们关注的重点，这也是他们在那边建公园管理站等设施的原因。他们带了一堆图纸给我们看这边的情况，并说他们要建一条通往冰川的路……要在那里建一个大的公园管理站或者类似的东西，但是我们都反对。你理解吗？真的需要这样做吗？"[21]

尽管国家公园管理局重点关注的是肯尼科特，但这位狩猎向导还表示，通过建立公园以及越来越多的规章制度，他的家人已经能够在向导这个行业立足了。如今，他们已经在竞争中排挤掉了其他几位阿拉斯加原住民和非原住民向导，成为唯一可以在纳贝斯纳地区狩猎的家族。

你知道，这里已经发生了巨大的变化，开始的时候有游行，但是现在大多数人实际上都像我一样观望，对，看看它到底有什么好处。你知道这里发生的事情，突然间，嗯，发现我还可以继续做向导和旅行用品商。我被允许继续打猎，因为这实际上也是公园的一种服务。所以，我必须观望，事情变了，我知道很多人也是这样，他们也享受着公园服务，不会"仇恨公园服务"，你懂我的意思吧。我的意思是说，他们已经变了，越来越多的人开始说我要到这个公园去瞅瞅。山一直在那里，他们一直都知道，对，这个公园很独特，所以我觉得它最终会融入人们的生活，并被人们接受，然后人们会说，嗯，好吧，它只是把我分开，而不是要把我切下来然后扔出去，把我分出来只是因为有些东西和以前不一样了。我想现在很多人都开始明白了，但是依然会有顽固守旧的人，是吧？你知道，这一直是一场交易，"我们必须要推翻公园管理局"，或"我们会不惜一切代价把他们赶出家园"这样的话你再也听不到了。[22]

同样，在公园的另一个只限飞行进入的区域，一位大型狩猎商品供应商也表达了对国家公园管理局的相关看法：

在 80 年代这里变成公园的时候，我们开始在这里居住，当时有一点奇怪。我的父母都觉得工作什么的都结束了。因为他的工作主要是打猎，但我们认为这提供了我们需要的娱乐机会。我更喜欢爬山，我觉得这是非消费型旅行，不管你怎么称呼它，我们从这一点上看到了未来。因此，从一开始，我们基本上都希望与公园管理局和平相处。我不能说我们所有人都对公园感到兴奋，但是看见公园的整体蓝图之后，我们意识到公园存在的时间会比我们在这里的时间要长得多，所以我们一开始就和它和平相处，欢迎他们说，嘿，来吧。[23]

因此，一些曾经反对建立公园的非原住民获得了一定的专享权和特权。公园建成之后，随着他们谋生能力的逐渐提升，这些人的观点有所缓和，甚至对国家公园管理局保护他们所依赖的经营资源的行为表示欢迎。

肯尼科特的权益分配不均：阿特纳人的叙事

国家公园管理局可以运用更深层次的叙事来修正过去的不公正，尤其是该地区的殖民迁徙史。阿特纳人的叙事为上面提及的白人土地所有者的叙事提供了重要的补充与对照。这种叙事也为土地权变更、国家公园管理局带来的变化、旅游业发展与第二套房产现象提供了另一研究视角。与国家公园管理局和旅游业的大众叙事不同的是，来自美国本土的勘探者并没有在兰格尔地区发现铜矿，也没有掌握土地使用方法。[24]以欧美裔为主的新移民与这片土地有短暂而息息相关的历史联系，而阿特纳人居住历史最长，他们所讲述的历史也往往不同。例如，很多肯尼科特居民都否认阿特纳人曾经在这片区域居住，因为这个区域没有大马哈鱼和大型猎物。然而，阿特纳人却声称他们在该区域拥有悠久的迁徙历史，他们的文化以铜为装饰性标志。他们声称，这里最富足的铜矿被从他们的酋长那里偷走了，这挑战了国家公园管理局关于铜矿的叙事——铜矿是一个阿拉斯加"探险者"在一片被误认为草地的山坡上发现的。

采矿时代与后采矿时代使兰格尔-圣伊利亚斯地区的许多阿拉斯加原住民拥有强大的、坚韧不拔的毅力，他们曾遭到强制寄宿、传教士和疾病带来的殖民、流亡和文化灌输，被迫迁徙。因为该地区夏季气温高达80华氏度，冬季可低至零下40华氏度，很多当地人通过狩猎和采集为矿工提供补给，他们还向矿工分享了适应恶劣多风环境的技巧。很多阿拉斯加原住民在铁路建设中发挥了重要作用，填补了许多需要操作重型机械的职位的空缺。因此在二战前夕，铜矿关闭后的一段时期，一些阿拉斯加原住民家庭实现了经济反弹和文化复苏。许多人开始从事狩猎向导的生意，1940 年到 1950 年，该生意在阿拉斯加的偏远地区越来越受欢迎。地方部落委员会在土地权利、家庭关系和打击犯罪等方面仍然具有影响力。1945 年，阿拉斯加通过了首批民权法案，保障公民不受歧视。早在"布朗起诉教育委员会案"的十年前，《阿拉斯加民权法案》就宣布种族隔离为非法，阿拉斯加原住民从此获得了平等权利。但是，1968 年，普拉德霍湾（Prudhoe Bay）发现石油，引发了阿拉斯加历史上规模最大、可能也是最迅速的土地索赔案。[25]

1971 年，恰逢美国民权运动，《阿拉斯加原住民权利法案》（ANCSA）颁布，象征着阿拉斯加原住民权利的另一个转折点。在美国，原住民对自己的土地拥有如此巨大的控制权还是史无前例的。与美国本土 48 州的土地制度不同，该法案将超过 4000 万英亩的土地划分为 12 个地理区域，由原住民成立的公司管理。然而，在该法案的第 4 节中，原住民的名称被消除，不同部落间的关系被简化，被并入了联邦承认的部族，但是这些部族要么不承认其与祖先故土的联系，要么不承认有殖民历史和文化创伤的经历。数百个独立的部族被精简到国家规定的有限类别。他们的身份越来越多地由血统和公司来衡量。[26]在短短二十多年的时间里，人们就确定了公园保护、州权和原住民要求。这三个联邦法案在政治、经济和种族上密不可分。《阿拉斯加原住民权利法案》通过后，不到两年的时间里，原住民部落经美国国会通过，得到联邦政府的承认。

弗雷德·比格·吉姆（Fred Big Jim）和詹姆斯·伊托·阿德勒（James Ito Adler）[27]在本地报纸《通德拉时报》（*Tundra Times*）上发

表了一系列给编辑的信，描述了许多阿拉斯加原住民忙乱繁杂、力不从心的经历：

> 我已经在这个村庄住了很多年……我们晚上没什么事情可做，直到有一天邮政飞机丢下来一捆杂志，里面内容都一样，是一则"法案"。沃利读后告诉我，这与我以后在阿拉斯加的未来有很大关系，所以我们晚上一起阅读，以此来练习"英语"。目前为止"法案"比较片面，因为"法案"中没有一点爱斯基摩语……由于"法案"中有许多新词，很难懂，所以我们便从第3节的定义开始读起。法案中定义的第一个词是"秘书"，并不像人们说的那样，秘书并不是在办公室里为老板打字的女人。这个"秘书"是内政部的"老大"。我想知道是谁替他写信，又是谁会像其他老板一样为他做决定。

> 无论如何，这位秘书似乎极为重要，因为他是"法案"中定义的第一个人，而且他显然可以做出大多数重要决定。例如，在"法案"的第3节，原住民指拥有四分之一原住民血统的人，或者是被其他原住民认可的人。第3节中还说，秘书认定的任何决定均为最终决定。所以沃利就想如果他是秘书的朋友，他是否可以被认定为原住民。至于我，我想知道如果秘书不喜欢我，他是否会阻止我被认定为原住民？我的意思是，到底谁才是原住民，是不是秘书认定的才是原住民？秘书拥有多少原住民血统才能决定谁是原住民？又是哪些原住民同意秘书可以做此决定呢？[28]

在19世纪末之前，阿拉斯加原住民使用的是世代相传的土地。

土地一般归整个社区所有。这些土地的边界不是基于书面文件或地图，而是传统和惯例。这种社区所有制在学术上被定义为"传统占有与使用"。这种所有制的政治挑战性在于没有任何收据或书面证明。在 20 世纪 50 年代末 60 年代初，当国家、公司、保护主义者和联邦政府各部门开始侵占阿拉斯加原住民世代相传的土地时，阿拉斯加原住民面临着两难境地。

1971 年 12 月 18 日，政府与阿拉斯加原住民就土地问题达成了和解方案。阿拉斯加原住民的权利要求是史无前例的，然而在许多情况下，大多数阿拉斯加原住民获得的权利不足以延续其传统生活方式，而且在公园建立的过程中，他们的土地权利逐渐减少。如今，虽然肯尼科特附近的公园内半亩土地的售价已超过 25 万美元，公园内 23 个居民社区中有几个社区仍然是全国最贫穷的社区。与颁布《阿拉斯加原住民权利法案》之前的情况类似，公园里阿拉斯加原住民的酗酒率、婴儿死亡率和失业率都是全美最高的，而收入和识字率最低。学者们认为这种情况与征用土地和推翻传统社区土地所有制有关。[29]

叙事纠葛

公园建成十年后，一个阿特纳家族骑马旅行队倒闭了。该家族的一个朋友解释说，他们无法应对连续不断的书面文件，也竞争不过非本地向导。此外，在公园建成后，这个家族再也不能到以前的自由放牧区放牧马匹了。在一次采访中，一位前公园员工解释说，在推动公园建立期间，"阿拉斯加原住民喜欢自给自足的生活。但他们也认为公园将为原住民创造就业机会，会在兰格尔有偿雇用劳动力。但实际上这些从未实现"。[30]

一名阿特纳男子对纳贝斯纳社区没有得到更多发展旅游业的机会感到难过。他认为，"国家公园管理局没有真正向能让阿特纳人受益的小微企业投资"。他认为虽然国家公园管理局付出了很大努力，使纳贝斯纳社区得到了更多基金，但他指出，这一社区的治理投入远远低于国家公园管理局对肯尼科特的投入。早在 20 世纪 70 年代，他就强烈地感觉到，公园的建成会造成利益不均。他认为，"那些已经拥有黄金的人得到了更多黄金"。

以铁路修建百年庆典为例，公园目前的做法是通过采矿的兴衰故事以及附加在这个简化故事上的象征意义，强化地方和国家的边疆叙事：对于公园中的阿拉斯加原住民社区而言，矿业代表了巨大的转变，虽然其影响复杂，但在某种程度上带来了恢复的机会。然而现在，在兰格尔-圣伊利亚斯国家公园成立时，管理部门不公正地代表了声音最响亮的那一部分居民。早期的国家公园管理局文件将以前的大部分（欧美）狩猎和向导行业联合会称为"兄弟会"。1981 年，兰格尔-圣伊利亚斯国家公园负责人写的一封信中，要求新任命的公园巡视员"躲避媒体的风头"，[31] 并恭维当地向导和狩猎者的季节性收获。国家公园管理局的当地工作人员被禁止从事其他生计："我们接受公众的严格监督。我们不能出现利益冲突的情况。我们的言行被严格审查。"

从兰格尔-圣伊利亚斯国家公园建立之初，阿拉斯加农村的原住民就令巡视管理人员头疼。1978 年，当地的抗议活动席卷了整个兰格尔地区，卡特总统的肖像被烧，因为最初是他通过《文物法》并把该地区定为保护区的。正如约翰·麦克菲（John McPhee）的热销书《走进乡村》（*Coming into the Country*）所描述的那样，包括推土机司机、猎人和返乡者在内的阿拉斯加当地居民对国家公园管理局进行了强烈抵制。[32]

如今，这些叙事在国家公园管理局工作人员和当地社区成员中仍然具有强大的影响力。2012 年夏天，在一次国家公园管理局小组讨论中，当一些前国家公园管理局的管理员描述公园的不友好环境时，人们不禁回想起早期公园管理员的经历。现任和前任国家公园管理局工作人员回忆说，他们无法购买天然气或食物，在公园内及附近的社区中找不到居住的地方。正如前文所述，如今许多之前不喜欢和不接受国家公园管理局的当地人都在与该管理局密切合作。一些当地居民（主要是非原住民）认为在国家公园管理局工作比反对该机构更好。总的来说，国家公园管理局的工作人员不再像以前那样担忧，他们中的许多人在该机构的鼓励下常年居住在公园内并参加当地的活动。

然而早在 20 世纪 70 年代，在涉及公园建设的谈判桌上，有些声音就已经不太受欢迎了。尽管阿特纳人大多支持保护公园，但许多阿特纳人对国家公园管理局官员和当地人描述的公园早期的这些斗争并不同情。接受我采访的一位阿特纳男子说，在《阿拉斯加国家利益土地保护法》颁布前，阿拉斯加原住民的激烈抗议从未被媒体注意，也很少出现在会议报告和研究材料中。他对早期国家公园管理局员工的困境不太同情，因为他觉得在 1971 年《阿拉斯加原住民权利法案》讨论通过的那段时间，他遇到的敌意远远大于《阿拉斯加国家利益土地保护法》通过之后公园员工所经历的。他说："他们没有我身上的伤疤和弹孔。"[33]

他批评说，公园管理者只是用"一维的快照来反映四维的"现实，而"片面的观点只反映了当权者的立场"。他还认为，国家公园管理局和某些公园居民一直有一种倾向，"他们根据自己所需要的目标与任务来看待和利用历史。如果历史不符合目的，他们就会无视它"。[34]虽然他没有单独指责，但他将公园管理者静态的、简单化的理解方式与阿特纳人进行了对比。阿特纳人认为，万物都是有联系的，人与自然是不可分离的。他们认为人、动物、土壤、水或者我们讲述的历史之间没有明显的区别。这位受访者提出，英语错误地区别并固化了这一切，他把英语称为"财产的语言"。这种区别可能通过国家公园管理局的政策得到进一步强化。

矿业时代的工作模式使许多阿特纳家庭离开几千年来已经成为文化传统一部分的土地，重新适应新的土地和社会生态环境。在 20 世纪 50 年代，另一波来自美国本土 48 州的移民来到这里，他们主要从事小规模的采矿作业和狩猎向导业务——他们被一位阿特纳人称为"不法分子"。当时，几个阿特纳家族慢慢地被挤出向导行业，因此随着公园的建立，迁徙变得不可避免。一个阿特纳人说，"外地的不法分子家庭"在 20 世纪 50 年代偷走了他们的土地。在阿拉斯加国家公园建立初期，这些"不法分子"的叙事在国家公园管理局和支持公园的环保界获得了很大关注：

> 1980 年国家公园管理局成立的时候，有很多公园负责人。首先是护林人和管理员，后来一些外来人加入，发生了一些伤害事件。他们认为自己是受害者，在这个过程中，那些为了自己的利益开始利用公园的人成了他们的朋友……不法分子的残余势力。这些人为了他们的利益背叛了国家公园管理局……你要明白，在我的家乡，这些人是不法分子，而在你们这里他们成了英雄，只因为他们没有"暴力"反对国家公园管理局。[35]

阿特纳人的叙事对国家公园管理局和非原住民的叙事提出了挑战。在《阿拉斯加原住民权利法案》颁布后，建成的公园并没有使阿特纳人像许多欧美家庭那样从旅游业、房地产开发和投机中获得利益。虽然建立公园的政治框架来自本土 48 州的环保运动叙事，本意是保护原住民的生存生活方式，但阿特纳社区并没有从旅游业中获取同等机会。一个阿特纳人告诉我："我们想开一家徒步旅行公司，但我们买不起保险。"[36]另一位阿特纳人解释说，他母亲以前捕鱼的地方现在都私有化了。"我妈妈不再捕鱼了，因为她没有许可证。买一个鱼架和渔网要花几百美元。"[37]

虽然阿特纳族纳贝斯纳的叙事发生在过去，但现在仍会引起有关殖民遭遇、公园历史、气候变化和当地知识的辩论。在兰格尔-圣伊利亚斯地区，由于阿拉斯加非原住民和国家政策的叙事被强化，关于当地知识和阿拉斯加原住民迁徙的叙事已经渐渐消失。旅游业的优先地位和肯尼科特公司矿区市镇的修复与国家公园管理局的主导叙事相呼应，把游客体验排在该地区全面的、动态的、鲜活的历史之前。虽然许多阿拉斯加非原住民仍在极力抗议公园建立导致的迁徙，但事实上许多人从公园的建立中受益——也从阿拉斯加原住民叙事的消失中受益。这种做法促使具有象征意义的暴力产生，而重要的历史被掩盖了。阿特纳人的叙事深刻地说明，阿拉斯加的殖民主义并不属于遥远的过去。具有讽刺意味的是，阿拉斯加原住民才是塑造了阿拉斯加荒野并与之共同进化的人。因此，国家公园管理局所支持和依赖的荒野叙事，掩盖了阿拉斯加原住民在阿拉斯加环境形成中的作用。

结　语

国家公园管理局如何构建兰格尔-圣伊利亚斯地区的叙事，不仅关系到公园居民，也关系到大众对阿拉斯加的理解。目前国家公园管理局的叙事与阿拉斯加过于简单化的叙事相契合。这一点在四处传播的大众文学和不断发展的真人秀电视节目中尤其明显，它们进一步将阿拉斯加景观精简化、浪漫化，将阿拉斯加与讲述矿工、罪犯和外来者的夸张的民间故事联系在一起。然而，这些简化的叙事对于我们理解这个地方动态的人类经验，理解原住民和非原住民与非人类环境之间的具体叙事以及这些关系是如何随着时间推移而变化的，几乎没有任何帮助。

在兰格尔-圣伊利亚斯国家公园，肯尼科特公司短暂的采矿历史已成为公园叙事的基本框架。对于一个负责管理和保护美国最大的国家公园的联邦机构来说，将旅游业集中在肯尼科特或许是一个明智的策略。然而，本文考察了为什么不能轻易地将征服史嫁接到一个以保护历史和生态环境为己任的机构上。国家公园管理局和当地旅游业对矿业的关注远远不止铁路庆典。肯尼科特已经成为公园的一张明信片，吸引着来自世界各地的游客。现在，肯尼科特的形象在安克雷奇机场与德纳里峰（Denali）、冰川、大马哈鱼和灰熊的形象齐名。虽然来到这个占地 1320 万英亩的保护区的游客大多是看了国家公园管理局网站和旅游手册才来的，但是这个广阔的地方拥有 23 个不同的居民社区，矿业城只是其中之一。然而，不论是过去还是现在，国家公园管理局一直把肯尼科特作为一个自由企业发展区进行推广，极大地淡化了人类体验和人类与土地的关系。国家公园管理局还间接地使一些文化产业凌驾于其他产业之上，例如旅游业之于生存。

国家公园管理局需要扩大和丰富肯尼科特叙事，从而有机会更好地解决公园内更复杂、更交互、更多样的叙事问题。在公园"长期发展计划"[38]中，根据立法和国会记录、特殊资源研究和公园规划，公园的"意义"被定义如下：

兰格尔-圣伊利亚斯国家公园暨保护区是世界上最大的陆上保护区之一，主要保护地质生态、水文生态以及生物多样性。

兰格尔-圣伊利亚斯国家公园暨保护区面积广阔，山峰高耸，有冰川和荒野，提供在世界一流水平的偏远环境中发现、思考、无限制娱乐和冒险的机会。

兰格尔-圣伊利亚斯国家公园暨保护区认识到，数千年来，人类一直是环境的一部分。该公园是世界性环境保护的一部分，人们作为保护区的一部分在此生活。

兰格尔-圣伊利亚斯国家公园暨保护区保护、管理和展示人类的共同遗产，这些遗产将持续深刻地影响区域、国家和国际政治经济的发展。

对采矿业主题之外的其他叙事给予更多关注，将使该机构更好地实现保护资源的使命。此外，正如本文所述，许多原住民的叙事都提到了这片土地上的重大生态变化，这些变化对于公园管理局管理这个最大的国家公园具有很大意义，而目前公园常年只雇用一名生态学家。或许美国公众可以更多地了解当地人是如何经历气候变化的，而不是在媒体宣传下固化北极冰雪消融导致海象和北极熊搁浅的观念。这或许会使广大公众产生更多同理心，从而改变他们的行为。

然而，在兰格尔-圣伊利亚斯国家公园暨保护区的采矿主体叙事中有一种深层次的缺失，即原住民如何看待自己的文化被清除、重建，然后以静态形式重现，之后又被作为娱乐、经济机遇或者庆典的一部分被重新消费。[40]有时就像铁路百年庆典一样，大众叙事的瓦解使我们认识到其不足、缺失与简化之处。但是在兰格尔-圣伊利亚斯国家公园暨保护区，简化叙事不只是对人类历史的概念化和框架化。这片广阔的区域被建为国家公园，进而转化为旅游商品，不仅改变了关于该地区人类历史的叙事，也强化了暴力殖民史，而不是抓住机会抵制那段历史。正如政治生态学家爱丽丝·凯利（Alice Kelly）所言，一旦一个地方"被赋予了新的价值和经济意义，虚构商品由想象变为现实可能只是时间问题"。[41]

我们如何看待一个地方的历史以及人与这个地方的关系，会决定地方管理者的角色，影响公众理解管理的方式和管理目标。如果要使最大公园的叙事更加具有包容性，就必须放弃简单的单一模式，尤其不能像肯尼科特那样，所有的历史都围绕着某个特定时期展开。本文中讨论的各种简化的问题是，对于决策者和土地管理者来说，在他们简化叙事之前也并不完全清楚这些叙事，只是将一个抽象理念建立在另一个理念之上。对于这种过度简化，可以在进行文化资源管理的过程中，更多关注历史和当代叙事之间的互动。通过更多关注地方叙事和国家叙事的互动，可能会形成一种新的想象叙事的空间。这可能会给阿拉斯加原住民社区带来更多利益。如果保护区和文化历史的管理者在更多关注地方、国家和全球范围内叙事互动的基础上构建管理体系，或许能够构思出更优质的管理模式。通过更加关注公园叙事的互动性和了解人们如何理解他们与非人类环境以及彼此之间的互动，可能会使政策和干预措施更有效、公正，从而被更广泛地接受。

致　谢

感谢兰格尔-圣伊利亚斯地区居民、加州大学伯克利分校奖学金、乔治·梅伦德斯·赖特协会、穆里科学与学习中心、国家公园管理局和美国林务局的研究支持。感谢加州大学伯克利分校班克罗夫特图书馆、丹佛公共图书馆、兰格尔山脉中心、安克雷奇和库珀森特国家公园管理局提供的文献帮助，感谢路易丝·福特曼和内森·赛尔实验室小组，特别是西比尔·戴弗（Sibyl Diver）、克莱尔·科宾（Chryl Corbin）、卡罗琳娜·普拉多（Carolina Prado）、朱丽叶·卢（Juliet Lu）、梅瓦·蒙特内哥罗（Maywa Montenegro）、安妮·沙特克（Annie Shattuck）、珍妮佛·杜兰特（Jennifer Durant）、珍妮佛·巴卡（Jennifer Bacca）、杰夫·马丁（Jeff Martin）和丽兹·卡莱尔（Liz Carlisle）提供的写作建议。

注释

1. 肯尼科特公司（Kennecott Company）的单词拼写与肯尼科特小镇（Kennecott）一样，其中的字母是"e"，肯尼科特冰川（Kennicott）和肯尼科特河（Kennicott）的单词中间是"i"。肯尼科特（Kennicott）是该社区居民经常使用的拼写方式。

2. 参见 D. M. Spence, *Dispossessing the Wilderness: Indian Removal and the Making of the National Parks*（New York：Oxford University Press，1999），and A. Runte, *National Parks: The American Experience*（New York：Taylor Trade Publishing，2000），R. Solnit, *Savage Dreams*（Berkeley：University of California Press，2000），A. Chase, *Playing God in Yellowstone*（New York：Mariner Books，1987），M. Dowie, *ConservationRefugees: The Hundred-Year Conflict Between Global Conservation and Native Peoples*（Cambridge，MA：MIT Press，2009），等等。

3. B. Willems-Braun, "Buried Epistemologies：The Politics of Nature in（Post）Colonial British Columbia," *Annals of the Association of American Geographers* 87, no. 1（1991）：3-31. 4. J. Kosek, *Understories: The Political Life of Forests in Northern New Mexico*（Durham，NC：Duke University Press Books，2006）.

5. J. Cruikshank, *Life Lived Like Story: Life Stories of Three Native Yukon Elders*（Lincoln：University of Nebraska Press，1991）.

6. C. Finney, *Black Faces, White Spaces: Reimagining the Relationship of African Americans to*

the Great Outdoors（Chapel Hill：University of North Carolina Press，2014）.

7. 参见 Spence，*Dispossessing the Wilderness*；Runte，*National Parks*；Solnit，*Savage Dreams*；and Chase，*Playing God in Yellowstone*；等等。

8. T. Catton，*Inhabited Wilderness: Indians，Eskimos，and National Parks in Alaska*（Albuquerque：University of New Mexico Press，1997）.

9. J. Muir，*Travels in Alaska*（Berkeley：Sierra Club，1915）.

10. S. Haycox，*Frigid Embrace: Politics，Economics，and Environment in Alaska*（Corvallis：Oregon State University Press，2002）.

11. E. Gruening，"Memorandum to the Secretary of the Interior，"Washington，DC，November 7，1938，History files，WRST.

12. 所有的采访都在保密的情况下进行，受访者的名字都被隐去。马戈·希金斯于 2012 年 12 月 11 日进行的电话采访。

13. J. Turner，*The Promise of Wilderness*（Seattle：University of Washington Press，2012），144.

14. 同上。

15. 使用"原住民"这个词，不仅因为它是联邦立法的官方用语，也因为与作者交谈的大多数阿拉斯加原住民都用这个词自称。

16. S. Kollin，*Nature's State: Imagining Alaska as the Last Frontier*（Chapel Hill：University of North Carolina Press，2001）.

17. 2012 年 7 月 18 日，第二位受访者在阿拉斯加的家中接受了马戈·希金斯的采访。

18. J. Sax，"Keeping Special Places Special：McCarthy-Kennecott and the Wrangell-St. Elias National Park：A Great Challenge，a Unique Opportunity，"Wrangell Mountains Center white paper，1990.

19. 2011 年 6 月 21 日，马戈·希金斯在第三位受访者的办公室进行采访。

20. 近年来，纳贝斯纳地区得到了改善，包括在阿特纳人土地上建立了一个新的营地。然而，这只是肯尼科特得到的资金的很小一部分。

21. 2012 年 7 月 18 日，第四位受访者在阿拉斯加的家中接受了马戈·希金斯的采访。

22. 同上。

23. 2012 年 7 月 2 日，第五位受访者在他位于阿拉斯加的家中接受马戈·希金斯的采访。

24. 参见 Henry T. Allen，Report of an Expedition to the Copper，Tananá，and Kóyukuk Rivers：In the Territory of Alaska，in the Year 1885（Washington，DC：US Government Printing Office，1887）. 25. Haycox，Frigid Embrace。

26. J. Smith，"Locating Alaska in Ethnic Studies：Blood，Land and Capitalism，"presentation at Perspectives on Native Landscapes Conference，University of California，Berkeley，February 11，2014.

27. 阿拉斯加原住民报纸《苔原时报》（*Tundra Times*）创办于 1962 年，是联系遥远和孤立的原住民社区的一种手段。其读者包括原住民和非原住民，很快成为一份有影响力的全州性报纸。关于《苔原时报》的更多信息，见 Elizabeth James，"Toward Alaska Native Political Organization，" *The Western Historical Quarterly* 41，no. 3（2010）：285-303。

28. F. Big Jim and F. Ito-Adler，*Letters to Howard: An Interpretation of Alaska Land Claims*（Anchorage：Alaska Methodist University，1974）.

29. 参见 Mikyta Daugherty，William James，Craig Love，and William Miller，"Substance Abuse among Displaced and Indigenous Peoples，" in *Changing Substance Abuse Through Health and Social Systems*，eds. William Miller and Constance Weiner（New York：Springer，2002），225 – 239，and A. Garcia，*The Pastoral Clinic: Addiction and Dispossession along the Rio Grande*（Berkeley：University of California Press，2010）。

30. 2014 年 10 月 4 日，第六位受访者接受马戈·希金斯的电话采访。

31. Wrangell St. -Elias Historic Administrative Records，1959 – 1999 ACC WRST00214，National Park Service Headquarters，Copper Center，Alaska，

32. John McPhee，Coming Into the Country（New York：Farrar Straus and Giroux，1977）.

33. 2013 年 2 月 13 日，第六位受访者接受马戈·希金斯的电话采访。

34. 同上。

35. 同上。

36. 第七位受访者，于 2014 年 3 月 12 日接受马戈·希金斯的电话采访。

37. 第八位受访者，于 2014 年 5 月 17 日接受马戈·希金斯的电话采访。

38. National Park Service，Long Range Interpretive Plan for Wrangell-St. Elias National Park and Preserve，prepared by the Department of the Interior and Harper's Ferry Interpretive Planning，2005.

39. 有关该主题的相关文章，参见 Ernestine Hayes，"What Will We Do With Our Histories，" lecture given at the Egan Library，University of Alaska Southeast，November 2013，and available online at https：//www. youtube. com/ watch？v = EtsYZzLI2uc（accessed October 4，2016）。

40. A. B. Kelly，"Conservation Practice as Primitive Accumulation，" *Journal of Peasant Studies* 38，no. 4（2011）：683-701.

参考文献

Allen，H. T. *Report of an Expedition to the Copper，Tananá，and Kóyukuk Rivers: In the Territory of Alaska，in the Year 1885.* Washington，DC：US Government Printing Office，1887.

Big Jim，F. ，and F. Ito-Adler. *Letters to Howard: An Interpretation of Alaska Land Claims.* Alaska Methodist University，1974.

Catton, T. *Inhabited Wilderness: Indians, Eskimos, and National Parks in Alaska.* Albuquerque: University of New Mexico Press, 1997.

Chase, A. *Playing God in Yellowstone.* New York: Mariner Books, 1987.

Cruikshank, J. *Life Lived Like Story: Life Stories of Three Native Yukon Elders.* Lincoln: University of Nebraska Press, 1991.

Daugherty, Mikyta, William James, Craig Love, and William Miller. "Substance Abuse among Displaced and Indigenous Peoples." In *Changing Substance Abuse Through Health and Social Systems*, edited by William Miller and Constance Weiner, 225-239. New York: Springer, 2002.

Dowie, M. *Conservation Refugees: The Hundred-Year Conflict Between Global Conservation and Native Peoples.* Cambridge, MA: MIT Press, 2009.

Finney, C. *Black Faces, White Spaces: Reimagining the Relationship of African Americans to the Great Outdoors.* Chapell Hill: University of North Carolina Press, 2014.

Garcia, A. *The Pastoral Clinic: Addiction and Dispossession along the Rio Grande.* Berkeley: University of California Press, 2010.

Gruening, E. "Memorandum to the Secretary of the Interior." Washington, DC, November 7, 1938, History files, WRST.

Haycox, S. *Frigid Embrace: Politics, Economics, and Environment in Alaska.* Corvallis: Oregon State University, 2002.

Hayes, Ernestine. "What Will We Do With Our Histories." Lecture given at the Egan Library, University of Alaska Southeast, November 2013, and available online at https: // www. youtube. com/watch? v = EtsYZzLI2uc (accessed October 4, 2016).

Kelly, A. B. "Conservation Practice as Primitive Accumulation." *Journal of Peasant Studies* 38, no. 4 (2011): 683-701.

Kollin, S. *Nature's State: Imagining Alaska as the Last Frontier.* Chapel Hill: The University of North Carolina Press, 2001.

Kosek, J. *Understories: The Political Life of Forests in Northern New Mexico.* Durham, NC: Duke University Press Books, 2006.

McPhee, J. *Coming into the Country.* New York: Farrar Straus and Giroux, 1977.

Muir, J. *Travels in Alaska.* Berkeley: Sierra Club, 1915.

National Park Service. *Long Range Interpretive Plan for Wrangell-St. Elias National Park and Preserve.* Prepared by the U. S. Department of the Interior and Harper's Ferry Interpretive Planning, 2005.

Runte, A. *National Parks: The American Experience.* New York: Taylor Trade Publishing, 2000.

Sax, J. "Keeping Special Places Special: McCarthy-Kennecott and the Wrangell-St. Elias National Park: A Great Challenge, a Unique Opportunity." Wrangell Mountains Center white paper, 1990.

Smith, J. "Locating Alaska in Ethnic Studies: Blood, Land and Capitalism." Presentation at Perspectives on Native Landscapes Conference, University of California, Berkeley, February 11, 2014.

Solnit, R. *Savage Dreams: A Journey into the Hidden Wars of the American West*. Berkeley: University of California Press, 2000.

Spence, M. D. *Dispossessing the Wilderness: Indian Removal and the Making of the National Parks*. New York: Oxford University Press, 1999.

Turner, J. *The Promise of Wilderness*. Seattle: University of Washington Press, 2012.

Willems-Braun, B. "Buried Epistemologies: The Politics of Nature in (Post) Colonial British Columbia." *Annals of the Association of American Geographers* 87, no. 1 (1991): 3–31.

作者介绍

　　阿利森·K. 阿森（Allison K. Athens），加州大学圣克鲁兹分校讲师，主讲写作和文学，于2013年获得文学博士学位，研究女性主义。她的研究重点是北方叙事，探讨跨语言、民族、性别和物种边界的故事。

　　科蒂斯·博耶（Kurtis Boyer），瑞典隆德大学政治科学系博士研究生，主要研究人类的同理心和认知的概念及其在政治领域的作用。他在《动物政治与政治动物》（*Animal Politics and Political Animals*）（帕尔格雷夫出版社，2014）一书中撰写了"物种倡导的局限性"一章。

　　卡莉·多克斯（Carly Dokis），尼皮辛大学社会与人类学系副教授，《河流交汇之处：萨赫图地区的发展与参与式管理》（*Where the Rivers Meet: Development and Participatory Management in the Sahtu Region, Northwest Territories*）（英属哥伦比亚大学出版社，2015）一书的作者。她的研究兴趣包括政治生态学、发展人类学、合作研究方法。她与安大略省北部和西北地区的社区合作，研究参与式环境管理的社会、经济和政治影响。

威尔·艾略特（Will Elliott），阿拉斯加大学东南分校英语系教授。他采用环境人文主义的方法研究 20 世纪和 21 世纪的美国文学，以生态学和后人文主义为指导研究极北地区的环境和文化。

罗素·菲尔丁（Russell Fielding），地理学家，目前是田纳西州西瓦尼市南方大学环境研究项目的副教授。他的研究重点是沿海或岛屿环境中人类与环境的相互作用，对生存、文化传统和资源保护等问题感兴趣。自 2005 年以来，他一直参与大西洋人工捕鲸传统的研究，在加勒比海的法罗群岛、纽芬兰岛、圣文森特岛和圣卢西亚岛进行实地考察。

谢丽尔·J. 菲施（Cheryl J. Fish），纽约城市大学曼哈顿社区学院英语系教授，芬兰赫尔辛基大学世界文化系特聘教师。她的研究兴趣包括萨米电影、环境正义和种族问题。

皮特·汉摩森（Peter Hemmersam），奥斯陆建筑与设计学院城市主义与景观研究所副教授、建筑师，他的研究重点是城市设计、可持续城市和城市中的新数字技术。他参与了“未来北方项目”，研究转型中的北方景观。

马戈·希金斯（Margot Higgins），马卡莱斯特学院环境研究客座助理教授。她在加州大学伯克利分校的环境科学、政策和管理系获得博士学位。自 2004 年以来，她作为学者、教师和顾问一直在兰格尔-圣伊利亚斯国家公园工作。

苏珊·科林（Susan Kollin），蒙大拿州立大学英语教授，2011～2014 年文学与科学学院特聘教授。著有《自然的状态：想象阿拉斯加最后的边疆》（*Nature's State: Imagining Alaska as the Last Frontier*）（北卡罗莱纳大学出版社，2001），研究兴趣包括西方流行电影和小说、美国跨国研究和环境人文学科。编辑有《美国西部文学史》（*A*

History of Western American Literature)（剑桥大学出版社，2015）一书。

加尼科·坎普福德·拉森（Janike Kampevold Larsen），奥斯陆建筑与设计学院城市主义与景观研究所学者和副教授。她是特罗姆瑟景观与国土研究学院主任，也是"未来北方项目"的负责人。

凯文·迈尔（Kevin Maier），阿拉斯加大学东南分校人文学院英语系副教授*兼主任。曾在《海明威评论》（*The Hemingway Review*）、《文学与环境之跨学科研究》（*ISLE: Interdisciplinary Studies in Literature and Environment*）、《美国自然主义研究》（*Studies in American Naturalism*）等期刊以及专辑《海明威的环境》（*Hemingway in Context*）上发表论文，并主编环境教学读本《海明威作品中的自然世界教学》（*Teaching Hemingway and the Natural World*，2018）。

约翰·米勒（John Miller），谢菲尔德大学讲师，讲授 19 世纪文学，曾在格拉斯哥大学、爱丁堡大学、东安格利亚大学和北英属哥伦比亚大学工作。他的第一部专著《帝国与动物的身体》（*Empire and the Animal Body*）（Anthem，2012）探讨了维多利亚时代和爱德华时代冒险小说中奇异动物的表现。

丹尼尔·蒙提斯（Daniel Monteith），阿拉斯加大学东南分校人类学系副教授，自 1999 年以来一直在该校任教。他在阿拉斯加东南部生活并进行了近 25 年的民族志和民族历史研究，主要研究东南部和南部的部落历史，与萨克斯曼社区合作，帮助联邦委员会恢复当地的生活状态。

萨拉·加切特·雷（Sarah Jaquette Ray），洪堡州立大学环境科

---

* 现为教授。——译者注

学系副教授，环境研究项目主持人。代表作为《生态的另一面：美国文化的环境排外主义》（*The Ecological Other: Environmental Exclusion in American Culture*）（亚利桑那大学出版社，2013），并与杰·斯伯拉（Jay Sibara）合编《残疾问题与环境人文主义：生态理论》（*Disability Studies and the Environmental Humanities: Toward an Eco-Crip Theory*）。她目前正在研究关于环境科学课程的影响、实施、范围的课题。

切·萨卡其巴拉（Chie Sakakibara），欧柏林学院助理教授。作为一名文化地理学家，她的教学和研究兴趣是从人文视角考察全球环境变化中的原住民和边缘社区，特别是文化弹性和社会环境正义。2004 年以来，她一直与阿拉斯加的因纽皮亚克社区合作，研究气候变化和文化生存，她是阿拉斯加巴罗市两个捕鲸队的成员。

伊斯珀·图洛（Elspeth Tulloch），加拿大魁北克拉瓦尔大学加拿大文学系副教授。近期论文发表于《欧洲英语研究杂志》（*European Journal of English Studies*）、《双重经历：加拿大文学与电影的交集》（*Double-Takes: Intersections between Canadian Literature and Film*）、《地点与替代：加拿大西部论文集》（*Place and Replace: Essays on Western Canada*）、《伊甸西部：加拿大草原文学的新方法》（*West of Eden: New Approaches in Canadian Prairie Literature*）。

肯德拉·特纳（Kyndra Turner），研究文学、电影和生态批评，她在亚利桑那州立大学英语系获得博士学位，论文题目是《从弗兰肯斯坦到第九区：古典与当代的小说和电影生态阅读》（"From Frankenstein to District 9: Ecocritical Readings of Classic and Contemporary Fiction and Film"）。

图书在版编目（CIP）数据

多极北方：空间、自然与理论／（美）萨拉·加切
特·雷（Sarah Jaquette Ray），（美）凯文·迈尔
（Kevin Maier）主编；孙厌舒，李燕飞，朱坤玲译 . --
北京：社会科学文献出版社，2024.12
（北冰洋译丛）
书名原文：Critical Norths：Space，Nature，
Theory
ISBN 978-7-5228-3529-7

Ⅰ.①多…　Ⅱ.①萨…　②凯…　③孙…　④李…　⑤朱
…　Ⅲ.①北极-生态环境保护　Ⅳ.①X171.1

中国国家版本馆 CIP 数据核字（2024）第 080633 号

北冰洋译丛

多极北方：空间、自然与理论

主　　编／〔美〕萨拉·加切特·雷（Sarah Jaquette Ray）　　〔美〕凯文·迈尔（Kevin Maier）
译　　者／孙厌舒　李燕飞　朱坤玲
审　　校／曲　枫

出 版 人／冀祥德
责任编辑／张晓莉　叶　娟
责任印制／岳　阳

出　　版／社会科学文献出版社·区域国别学分社（010）59367078
　　　　　　地址：北京市北三环中路甲 29 号院华龙大厦　邮编：100029
　　　　　　网址：www.ssap.com.cn
发　　行／社会科学文献出版社（010）59367028
印　　装／三河市龙林印务有限公司

规　　格／开本：787mm×1092mm　1/16
　　　　　　印张：20.25　字数：248 千字
版　　次／2024 年 12 月第 1 版　2024 年 12 月第 1 次印刷
书　　号／ISBN 978-7-5228-3529-7
著作权合同
登 记 号　　／图字 01-2022-5875 号
定　　价／98.00 元

读者服务电话：4008918866